普通高等学校计算机类一流本科专业建设系列教材

浙江省普通本科高校"十四五"重点教材

数 据 结 构

主　编　陈志贤

副主编　韩　嵩　邵　俊

科学出版社

北　京

内 容 简 介

　　本书以数据的逻辑结构、存储结构和运算三个要素为主线,讨论了线性表,栈和队列,数组、串和广义表,树和二叉树,图等各种基本类型的数据结构及其应用;综合分析并比较了查找和排序的各种实现方法。全书采用标准 C 语言作为数据结构和算法的描述语言。全书概念严谨、逻辑严密、语言精练、用词达意,对不同的数据结构类型设计了大量经典的实际应用案例,图文并茂、由浅入深,注重实用性和应用性。书中算法或程序的编码都遵循程序设计的规范和标准,力求高效、简洁、易读。

　　本书是浙江省精品课程、一流课程"数据结构"的教学用书,也是计算机国家级一流本科专业、国家级特色专业的重点建设教材,可作为普通高等院校计算机类专业或信息类相关专业的教材及考研辅导用书,也可作为数据结构和算法入门的自学读物或辅助读物。

图书在版编目(CIP)数据

数据结构 / 陈志贤主编. —— 北京:科学出版社,2022.1
普通高等学校计算机类一流本科专业建设系列教材
ISBN 978-7-03-069977-0

Ⅰ. ①数 …　　Ⅱ. ①陈 …　　Ⅲ. ①数据结构 - 高等学校 - 教材
Ⅳ. ①TP311.12

中国版本图书馆 CIP 数据核字(2021)第 201958 号

责任编辑:于海云 / 责任校对:杜子昂
责任印制:赵　博 / 封面设计:迷底书装

*科学出版社*出版
北京东黄城根北街 16 号
邮政编码:100717
http://www.sciencep.com
北京凌奇印刷有限责任公司印刷
科学出版社发行　各地新华书店经销
*
2022 年 1 月第　一　版　　开本:787×1092　1/16
2025 年 1 月第四次印刷　　印张:16 3/4
字数:430 000

定价:59.00 元
(如有印装质量问题,我社负责调换)

前　　言

1968 年，著名计算机科学家 Donald E. Knuth 教授在著作《计算机程序设计艺术　卷1：基本算法》中首次较系统地阐述了数据的逻辑结构和存储结构及其操作，开创了数据结构的课程体系。"数据结构"成为计算机学科中一门综合性的专业基础课程，也是介于数学、计算机硬件和计算机软件三者之间的一门核心课程。它不仅是一般程序设计(特别是非数值性程序设计)的基础，而且是设计和实现编译系统、操作系统、数据库系统及其他系统程序与大型应用程序的基础。

本书以数据的逻辑结构、存储结构和运算三个要素为主线，讨论线性表，栈和队列，数组、串和广义表，树和二叉树，图等各种数据结构，以及程序设计中经常使用到的各种查找、排序和索引算法。全书共分为 8 章，第 1 章综述数据、数据结构和抽象数据类型等基本概念；第 2～6 章从抽象数据类型的角度，结合大量实例分别讨论上述几种基本类型的数据结构及其应用；第 7 章和第 8 章分别探讨查找与排序的各种算法。全书采用标准 C 语言作为数据结构和算法的描述语言。

全书概念严谨、逻辑严密、语言精练、用词达意，对不同的数据结构类型设计了大量经典的实际应用案例，图文并茂、由浅入深，更加注重数据结构的综合应用。每个算法或程序的编码都遵循程序设计的规范和标准，力求高效、简洁、易读，以培养学生良好的编程风格，代码完整、自成一体，帮助学生将数据结构与工程应用有机地结合起来，从而培养新工科人才运用 C 语言和常用算法编写程序来解决复杂工程问题的能力。

本书由具有多年一线教学经验的骨干教师编写，由陈志贤组织并统稿。其中，第 1、3、5、6、7 章由陈志贤编写，第 2、4、8 章由韩嵩、邵俊和陈志贤共同编写。特别感谢吴海燕、王江轶、谢满德、刘春晓、杨文武、彭浩宇、胡智文、潘伟丰、朱继祥、任思琪等同仁在本书编写过程中给予的宝贵建议。

在本书的编写过程中，参考了多部前辈学者的著作，本书的写作结构、书中很多的算法思路和编程灵感皆源自前辈的著作，在此向他们致以崇高的敬意，同时也参阅了大量的图书资料和网络资源，在此向其作者表示衷心的感谢。

本书配套数字课程资源网站(http://www.istep.cc)已上线试运行。由于作者水平有限，书中疏漏和不足之处在所难免，欢迎读者批评指正。

作　者

2021 年 3 月于浙江杭州

目　录

第1章 绪 论

数据结构是计算机学科知识结构的核心和技术体系的基石，也是计算机及相关专业研究生考试和水平等级考试的必考科目。通过该课程的学习，培养数据抽象能力，在实际应用中有效合理地组织、存储和处理具有复杂关系的数据，正确、高效地设计并实现算法，具备分析和评价算法的能力。

1.1 为什么要学习数据结构

数据存储的主要目的是方便后期对数据的使用。比如我们使用数组存储某个学生的成绩{96, 82, 61, 54, 73}是为了后期对这些成绩再加工、分析和处理。无缘无故的数据存储行为是对存储空间的不负责任。

计算机在用于数值计算时，其解题过程通常是这样的：首先从实际问题或者具体情境中抽象出数学模型，然后设计求解该数学模型的算法，最后编写程序，进行调试、测试，直至解决问题。然而在现实社会中还存在着许多非数值计算问题，其数学模型难以用数学方程描述。我们先来看下面几个例子。

例 1-1 员工信息管理系统。

人事部门使用计算机对公司的所有员工信息统一管理。员工的基本信息包括工号、姓名、性别、籍贯、部门、入职日期等，如表 1-1 所示。每个员工的基本信息按照不同的顺序号，依次存放在"员工基本信息表"中，可根据需要对这张表进行查找。每个员工的基本信息记录按顺序号排列，形成了员工基本信息记录的线性序列，呈一种线性关系。

表 1-1 员工基本信息表

工号	姓名	性别	籍贯	部门	入职日期
20080801	张三	男	山东	采购部	2016.05.01
20080802	李四	女	浙江	财务处	2017.03.15
20080803	王五	男	山东	总裁办	2018.01.01
20080804	赵六	女	陕西	销售部	2020.06.18

诸如此类的线性表结构还有学生学籍管理系统、图书馆书目管理系统等。在这类问题中，计算机处理的对象是各种表，表中元素之间存在简单的一对一的线性关系，因此这类问题的数学模型就是各种线性表，施加于对象上的操作有插入、删除、修改、查找和排序等。这类数学模型称为"线性"的数据结构。

例 1-2 家谱管理系统。

假如要存储这样一组数据："岑夫子""岑守仁""岑守义""岑守礼""岑守信""岑克勤""岑克俭"。数据之间具有这样的关系：岑夫子是岑守仁、岑守义、岑守礼和岑守信的父亲，岑守义又是岑克勤和岑克俭的父亲，数据之间的关系如图 1-1 所示。

对于这类具有复杂关系的数据，用变量或数组来存储数据也是可以的，比如定义数组：

char name[7][20] = {"岑夫子","岑守仁","岑守义","岑守礼","岑守信","岑克勤","岑克俭"};

但是这样做无法体现数据之间的逻辑关系，也会给后期的数据使用和维护带来极大的不便，甚至导致数据无法使用，显然这并不是一种有效合理的数据存储方式。此类数据对象的元素之间是一对多的层次关系，施加于对象上的操作有插入、删除、修改、查找和排序等。这类数据模型称为"树"的数据结构。

例 1-3 自驾游路线规划。

A、B 两个城市之间有多条线路，且每条线路耗时不同，那么，如何选择一条线路，使得从城市 A 到城市 B 的耗时最短呢？这类问题可抽象为图的最短路径问题。如图 1-2 所示，图中顶点代表城市，边代表两个城市之间的通路，边上的权值代表从一个城市到另一个城市的耗时。求解 A 到达 B 的最短耗时，就是要在图中 A 点到 B 点的多条路径中，寻找一条各边权值之和最小的路径，即最短路径。很显然，图中的这些数据绝不能简单地使用变量或数组进行存储，那样对于数据的使用无疑是一个灾难。

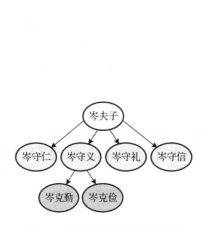

图 1-1　数据及数据之间的关系

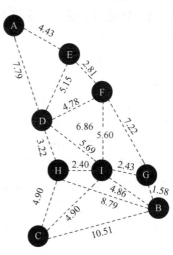

图 1-2　自驾游路线规划

诸如此类的图结构还有通信线路图、网络拓扑图和施工进度计划图等。此类问题的元素之间是多对多的网状关系，施加于对象上的操作同样有插入、删除、修改、查找和排序等。这类数学模型称为"图"的数据结构。

从以上例子我们可以看出，描述这类非数值计算问题的数学模型不再是数学方程，而是诸如表、树和图的数据结构。因此，简单地说，"数据结构"是一门研究非数值计算的程序设计问题中计算机的操作对象以及这些对象之间的关系和操作的学科。

因此，数据在计算机存储空间中的存放，不应该是随意的、杂乱无序的，需要我们选择一种合适的方式来存储数据，才能对它们进行有效的处理，设计出高效的算法。如何合理地组织数据、高效地处理数据，这正是数据结构的核心研究内容。

1.2　基本概念和术语

接下来，我们先介绍数据结构中常用的一些概念和术语。

数据(Data)：指所有能输入计算机中的描述客观事物的符号。数据是计算机存储、加工和处理的对象，它不仅仅包括整型、实型等数值类型，还包括文本、声音、图形、图像、视频等非数值类型。

数据元素(Data Element)：数据的基本单位，在计算机中通常作为一个整体进行考虑和处理。在某些情况下，数据元素也称为元素、记录、结点、顶点。例如，表 1-1 中，每一行即每个员工的基本信息都是一个数据元素，也称为一条记录。有时，数据元素可以由若干个数据项(Data Item)组成。数据项是数据的有独立含义的最小标识单位，也称为字段、域、属性。例如，表 1-1 中，每一列如"工号""姓名""性别""籍贯""部门""入职日期"等均为数据项。

数据对象(Data Object)：性质相同的数据元素的集合，是数据的一个子集。例如，表 1-1中，所有员工记录的集合就是数据对象。

数据结构(Data Structure)：相互之间存在一种或多种特定关系的数据元素的集合。不同数据元素之间不是孤立的，而是存在特定的关系，这些关系称为"结构"。因此，数据结构是带"结构"的数据元素的集合。数据结构包含逻辑结构、存储结构和运算三个要素。其中，运算即对数据施加的操作。

1.2.1　逻辑结构

逻辑结构是指数据对象中数据元素之间的相互关系。它与数据的存储无关，独立于计算机，是从具体问题中抽象出来的数学模型。逻辑结构分为以下四种。

1.　集合结构

集合结构：数据元素间除了同属于一个集合外，没有其他关系。集合中的元素是离散的、无序的，它们之间没有什么关系。而数据结构重点研究的是数据之间的关系，因此，集合虽然是一种数据结构，但在该课程中却不予讲述。

2.　线性结构

线性结构：数据元素之间是一对一的关系，如线性表(典型的线性结构)、栈和队列(操作受限的线性表)、数组(线性表的推广，它的数据元素是一个线性表)、串、广义表(线性表的推广，它的数据元素是一个线性表，但不同构，或是单元素，或是线性表)。非空的线性结构有唯一的开始结点和唯一的终端结点，除了第一个元素外，每个元素都有唯一的直接前驱；除了最后一个元素外，每个元素都有唯一的直接后继。

3.　树形结构

树形结构：数据元素之间存在一对多的层次关系，好像一棵倒立的树。

4.　图状结构

图状结构：数据元素之间存在多对多的关系。

其中，集合结构、树形结构(树和二叉树)和图状结构(有向图和无向图)都属于非线性结构。

从以上例子可以看出，逻辑结构是针对具体问题的，为了解决某个问题，在对问题理解的基础上，选择一个合适的数据结构(线性表、树或图)来表示数据元素之间的逻辑关系。可以说，算法的设计取决于数据的逻辑结构。

1.2.2　存储结构

存储结构又称为物理结构，是指数据元素及其关系在计算机中的存储表示。除了存储各数据元素的数据，数据的存储结构还应该正确反映数据元素之间的逻辑关系。如何存储数据之间的逻辑关系，是实现物理结构的重点和难点。

数据元素在计算机中有四种存储结构：顺序存储、链式存储、散列存储和索引存储。

1. 顺序存储

顺序存储是指逻辑上相邻的元素在计算机内的存储位置也是相邻的。数据元素存放在地址连续的存储空间中，元素间的逻辑关系是由元素在存储空间中的相对位置来表示的。通常借助于程序设计语言中的数组类型来描述。

2. 链式存储

链式存储是把数据元素存放在任意的存储单元里，这些存储单元可以是连续的，也可以是不连续的。数据元素在存储空间内的相对位置并不能反映其逻辑关系，因此需要给每个元素附加指针域，用于存放相关联数据元素的地址。通常借助于程序设计语言中的指针类型来描述。

3. 散列存储

散列存储又称为哈希(Hash)存储，是把数据元素存放在一段连续的存储空间中，由元素的关键字(Key)来决定该元素的存储地址。用散列函数确定数据元素的存储地址与关键字之间的对应关系。

4. 索引存储

索引存储是指除存储元素信息外，还建立附加的索引表来标识元素的存储地址。索引表由若干索引项组成.若每个元素在索引表中都有一个索引项用于指示该元素所在的存储位置，则该索引表称为稠密索引。若一组元素在索引表中只对应一个索引项，该索引项指示这一组元素的起始存储位置，则该索引表称为稀疏索引。索引项的一般形式是关键字、地址，如图 1-3 所示。

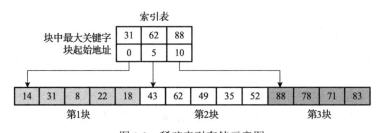

图 1-3　稀疏索引存储示意图

其中，关键字是数据元素中某个数据项(字段)的值，又称为键值，用它可以标识一个数据元素或该数据项，该数据项称为关键码。若此关键字可以唯一地标识一个数据元素，则称此关键字为主关键字(Primary Key)。这也就意味着，对于不同的数据元素，其主关键字必然不同。主关键字所在的数据项称为主关键码。而对于可以识别多个数据元素的关键字，我们称为次关键字(Secondary Key)，它不能唯一标识一个数据元素，它对应的数据项就是次关键码。例如，表 1-1 中，"工号"就是主关键码，"20080801"是主关键字，它可以唯一标识一条记录。"性别"就是次关键码，"性别"为"女"(次关键字)的记录在表中有两条。换句话说，"字"是数据项的值，而"码"是数据项(或称为字段)，是值的"统一名称"。

在实际应用中，往往需要根据具体的数据结构来决定采用哪种存储方式。同一逻辑结构采用不同的存储方法，可以得到不同的存储结构。选择何种存储结构来表示相应的逻辑结构，视具体要求而定，主要考虑运算方便及算法的时空复杂度要求。也就是说，算法的实现依赖于采用的存储结构。

1.2.3 数据类型和抽象数据类型

1. 数据类型

数据类型(Data Type)是指一组性质相同的值的集合及定义在此集合上的一些操作的总称。例如，C 语言中的整型和实型。

数据类型可分为两类：原子类型和结构类型。原子类型是不可再分解的基本类型，如整型、实型、字符型等；结构类型是由若干个类型组合而成的，是可以再分解的，如整型数组是由若干个整型数据组成的。

2. 抽象数据类型

抽象是指抽取出事物所具有的普遍性的本质，是计算机求解问题的基本方式和重要手段，它使得一种设计可以应用于多种场景。通过抽象可以屏蔽底层的实现细节，使设计更加简单、理解更加方便。

抽象数据类型(Abstract Data Type，ADT)一般指用户定义的、表示应用问题的数学模型，以及定义在该模型上的一组操作的总称。可以理解为将数据对象、数据对象之间的关系和对数据对象的基本操作封装在一起的一种表达方式。

抽象数据类型的定义格式如下：

ADT 抽象数据类型名 {

    数据对象 D(Data Object)：数据对象的说明

    数据关系 S(Structure)：数据元素之间逻辑关系的描述

    基本操作 P(Perform)：基本操作的定义

        基本操作 1：

            初始条件描述

            操作结果描述

        基本操作 2：

            …

基本操作 n：

  …

  }

  "抽象"描述数据类型的方法是不依赖于具体实现的，即数据对象、基本操作的描述与存放数据的机器无关、与数据存储的物理结构无关、与实现操作的算法和编程语言均无关。简而言之，抽象数据类型独立于具体实现，它只是描述数据对象和基本操作"做什么"，并不涉及"怎么做"的问题。

  这种描述方法与面向对象的思想是一致的，将数据和操作封装在一起，对于需要调用这些操作的用户而言，只需要按照事先规定的接口调用，并不需要知道操作内部具体是怎么实现的，从而实现了数据封装和信息隐藏。这也就意味着，无论操作内部的具体实现如何改变，只要对外描述的接口不变，就不影响使用，实现"接口与实现相分离"的设计原则。

1.3　算法和算法分析

1.3.1　算法的定义及特性

  算法(Algorithm)是对特定问题求解步骤的一种描述，它是指令的有限序列。每条指令表示一个或多个操作。

  算法具有五个重要特性：有穷性、确定性、可行性、输入、输出。

  (1)有穷性。算法必须在执行有限的步骤后结束，并且每一个步骤都必须在有限的时间内完成。

  (2)确定性。算法的每一个步骤都必须具有确切的含义，不会产生二义性。

  (3)可行性。算法的每一个步骤都必须是可行的，也就是每一个步骤都可以通过执行有限次的运算完成。

  (4)输入。算法有零个或多个输入。当用函数来描述算法时，输入往往是通过形参表示的，在它们被调用时，从主调函数获得输入值。但有些特殊的算法，不需要任何输入参数，比如计算π或者打印"Hello, data structure!"。

  (5)输出。算法有一个或多个输出，它们是算法进行信息加工、处理后得到的结果，无输出的算法没有任何意义。输出的形式可以是打印输出，也可以是返回一个或多个值。

1.3.2　算法的设计要求

  算法的设计要求主要包括正确性、可读性、健壮性和高效性。

  (1)正确性。算法能够满足具体问题的需求，在合理的数据输入情况下，能够在有限的运行时间内得到正确的结果。

  (2)可读性。一个好的算法，应该便于人们阅读、理解和交流。可读性高的算法有助于人们理解算法，晦涩难懂的算法往往隐含错误，不易被发现，且难以调试和修改。在具体编码实现算法时，应该遵循标识符命名规则，简洁、易懂，注释语句恰当、描述准确，方便自己和他人阅读，也便于后期的调试和维护。

  (3)健壮性。算法应该能对输入数据不合法的情况做适当的处理，而不会产生异常或者莫名其妙的输出结果。例如，在员工信息管理系统中，登记员工性别时，输入"难"，系统应该提示错误。

(4)高效性。高效性包括时间和空间两方面。时间高效是指算法设计合理，执行效率高，即算法运行所消耗的时间短，可以用时间复杂度来度量；空间高效是指算法占用存储空间少，可以用空间复杂度度量。时间复杂度和空间复杂度是衡量算法的两个主要指标。

1.3.3　算法的时间复杂度

设计算法要尽量提高效率，效率是衡量、比较算法优劣的主要指标。衡量算法效率的方法主要有两类：事后统计法和事前分析估算法。

(1)事后统计法。这种方法主要是先将算法实现，通过设计好的测试程序和数据，利用计算机对不同算法编制的程序测算其时间和空间开销，从而确定算法效率的高低。但这种方法存在明显缺陷：一是必须把算法转换成可执行的程序，这通常需要花费大量的时间和精力；二是时空开销的测算结果依赖于计算机的软硬件等环境因素，这容易掩盖算法本身的优劣；三是算法的测试数据设计难度高，因为程序的时空开销往往与测试数据的规模有很大关系。

(2)事前分析估算法。在计算机程序编制前，依据统计方法对算法进行估算，通过计算算法的渐近时间复杂度来衡量算法的效率。经过分析，我们发现，一个用高级程序设计语言编写的程序在计算机上运行时所消耗的时间取决于下列因素：①算法采用的策略、方法；②编译产生的代码质量；③问题的输入规模；④机器执行指令的速度。

其中，因素①当然是算法好坏的根本，一旦算法设计完成就定型，因素②需要编译软件的支持，因素④要看计算机硬件性能，这就意味着假如不考虑计算机的软硬件等环境因素，影响算法时间代价的最主要因素就是因素③。

1. 问题规模和语句频度

问题规模是指算法求解问题输入量的多少，是问题大小的本质表示，一般用整数 n 表示。问题规模 n 对不同问题的含义不同，例如，在排序运算中，n 为参加排序的记录数；在矩阵运算中，n 为矩阵的阶数；在树运算中，n 为树的结点个数；在图运算中，n 为图的顶点数或边数。显然，n 越大，算法的执行时间越长。

一个算法的执行时间 = 算法中每条语句的执行时间之和。

每条语句的执行时间 = 语句的重复执行次数(即语句频度，Frequency Count)×语句执行一次所需时间。

算法用程序实现后，每条语句执行一次所需的具体时间与机器的软硬件环境(如机器速度、编译程序质量等)有关。因此，算法分析只是针对算法中语句的执行次数做出估计，从中得到算法执行时间的信息，而并非精确统计算法的实际执行所需时间。

设每条语句执行一次所需的时间均是单位时间，则一个算法的执行时间就是该算法中所有语句的频度之和。

例 1-4 求 $1+2+3+\cdots+n$ 的算法。

算法 1：

```
int i, sum = 0, n = 100;          //执行 1 次
for (i = 1; i <= n; i++)          //执行 n+1 次，最后判断条件不成立，循环结束
```

```
    sum += i;                              //执行 n 次
printf("和=%d", sum);                      //执行 1 次
```

算法 2：

```
int sum = 0, n = 100;                      //执行 1 次
sum = (1 + n) * n / 2;                     //执行 1 次
printf("和=%d", sum);                      //执行 1 次
```

显然，算法 1 共执行了 2n+3 次；而算法 2 执行了 3 次。算法好坏显而易见。

算法中所有语句频度之和，是问题规模 n 的函数，用 $f(n)$ 表示。换句话说，算法的执行时间与 $f(n)$ 成正比。算法 1 的 $f(n) = 2n + 3$，算法 2 的 $f(n) = 3$。

2. 算法的时间复杂度定义

而对于较复杂的算法，直接计算出算法中所有语句频度之和可能比较困难，因此，为了客观地反映一个算法的执行时间，可以只用算法中的"基本语句"的执行次数来度量算法的工作量。"基本语句"是指算法中重复执行次数和算法的执行时间成正比的语句，它对算法运行时间的贡献最大。通常，算法的执行时间是随问题规模增长而增长的，因此我们只需要考虑当问题规模充分大时，算法中基本语句的执行次数在渐近意义下的阶。如例 1-4 的求和算法 1，当 n 趋向无穷大时，显然有

$$\lim_{n \to \infty} f(n) / n = \lim_{n \to \infty} (2n + 3) / n = 2$$

即当 n 充分大时，$f(n)$ 与 n 之比是一个不等于 0 的常数，即 $f(n)$ 与 n 是同阶的，或者说它们的数量级相同。

在这里，我们用数学符号"O"来表示数量级，记作

$$T(n) = O(f(n))$$

上式表示随问题规模 n 的增大，算法执行时间的增长率和 $f(n)$ 的增长率相同，称为算法的渐近时间复杂度，简称时间复杂度。其中 $f(n)$ 是算法中基本语句重复执行的次数，是问题规模 n 的某个函数。

数学符号"O"严格的数学定义为：$T(n) = O(f(n))$ 表示存在常数 $C > 0$，$n_0 > 0$，使得当 $n \geqslant n_0$ 时有 $T(n) \leqslant Cf(n)$。

3. 算法的时间复杂度分析举例

分析算法时间复杂度的基本方法：找出所有语句中语句频度最大的那条语句作为基本语句，计算基本语句的频度得到问题规模 n 的某个函数 $f(n)$，取其数量级用符号"O"表示即可。在计算算法时间复杂度时，忽略所有低次幂项，只保留最高次幂项，同时忽略其系数，以简化算法分析，也体现了增长率的含义。

例 1-5 常数阶示例。

```
int sum = 0, n = 100;                      //执行 1 次，基本语句
sum = (1 + n) * n / 2;
printf("和=%d", sum);
```

这个算法的执行时间 $f(n)=3$，是一个与问题规模 n 无关的常数，所以算法的时间复杂度为 $T(n)=O(1)$，称为常数阶。注意：不要写成 $O(3)$。

例 1-6 线性阶示例。

```
int i, sum = 0, n = 100;
for (i = 1; i <= n; i++)
    sum += i;                          //执行 n 次，基本语句
printf("和=%d", sum);
```

循环体内一条基本语句的频度为 $f(n)=n$，所以算法的时间复杂度为 $T(n)=O(n)$，称为线性阶。

例 1-7 对数阶示例。

```
int count = 1;
while (count < n)
    count = count * 2;                 //基本语句
```

假设循环体内一条基本语句的频度为 $f(n)$，则有 $2^{f(n)} \leq n$，$f(n) \leq \log_2 n$，所以算法的时间复杂度为 $T(n)=O(\log n)$，称为对数阶。

例 1-8 线性对数阶示例。

```
int sum = 0;
for (i = 1; i < n; i *= 2)
    for (j = 1; j <= n; j++)
        sum++;                         //执行 nlogn 次，基本语句
```

内循环中一条基本语句的频度为 $f(n)=n\log n$，所以算法的时间复杂度为 $T(n)=O(n\log n)$，称为线性对数阶。

例 1-9 平方阶示例。

```
int i, j, sum = 0;
for (i = 0; i < n; i++)
    for (j = 0; j < n; j++)
        sum += i * j;                  //执行 n² 次，基本语句
```

内循环中一条基本语句的频度为 $f(n)=n^2$，所以算法的时间复杂度为 $T(n)=O(n^2)$，称为平方阶。在多数情况下，当有若干个循环语句时，算法的时间复杂度往往是由最内层循环里的基本语句的频度决定的。

4. 最好、最坏和平均时间复杂度

例 1-10 在一维数组 $a[n]$ 中顺序查找元素 x，返回其下标 i，如果没找到，则返回 -1。

```
for (i = 0; i < n; i++)                //循环遍历数组
    if (a[i] == x) return i;           //如果找到，则返回其下标 i，基本语句
return -1;                             //如果没找到，返回-1
```

此算法中基本语句的频度不仅与问题规模 n 有关，还与数组 $a[n]$ 中各元素值以及待查找

元素 x 的取值有关。假设数组 $a[n]$ 中不存在值等于 x 的元素，那么查找失败，则 $f(n)=n$。假设查找成功，则基本语句的执行频度依赖于 x 在数组中的位置，如果第一个元素就是 x，那么执行 1 次，$f(n)=1$（最好情况）；如果最后一个元素是 x，则执行 n 次，$f(n)=n$（最坏情况）；如果考虑 x 在数组中分布概率均等，则平均执行次数为 $\frac{n+1}{2}$ 次，$f(n)=\frac{n+1}{2}$（平均情况）。

算法在最好情况下的时间复杂度称为最好时间复杂度，最坏情况下的时间复杂度称为最坏时间复杂度。平均时间复杂度是指算法在所有可能的输入实例以等概率出现的情况下，算法的运行时间期望。

在本书后面章节讨论的时间复杂度，除特别说明外，均指最坏情况下的时间复杂度，即只分析在最坏情况下，算法执行时间的上界。

5. 常见的时间复杂度

图 1-4 直观地展示了不同级别函数的表现。常见函数的时间复杂度按照数量级递增排列依次为

$$O(1) < O(\log n) < O(n) < O(n^2) < O(n^3) < O(2^n) < O(n!) < O(n^n)$$

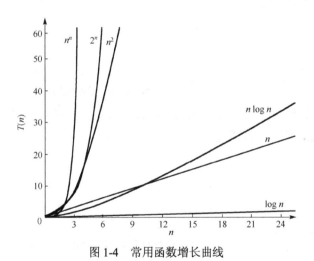

图 1-4 常用函数增长曲线

在设计算法时，必须全力避免指数阶如 $O(2^n)$ 复杂度的算法，更不用说阶乘阶 $O(n!)$ 或者 $O(n^n)$ 的算法了。

1.3.4 算法的空间复杂度

类似于算法的时间复杂度，我们采用渐近空间复杂度（Space Complexity）作为算法所需存储空间的度量，简称空间复杂度，它也是问题规模 n 的函数，记作：

$$S(n)=O(f(n))$$

一般将算法的辅助空间作为衡量空间复杂度的标准。

例 1-11 数组逆序，将数组 $a[n]$ 中的元素逆序后存放到原数组中。

算法 1：

```
int temp;                                    //temp 为辅助空间
for (i = 0; i < n / 2; i++)
{
    temp = a[i];
    a[i] = a[n – i – 1];
    a[n – i – 1] = temp;
}
```

算法 2：

```
for (i = 0; i < n ; i++)
    b[i] = a[n – i – 1];
for (i = 0; i < n; i++)
    a[i] = b[i];
```

例 1-11 中算法 1 执行时所需的辅助空间与问题规模 n 无关，相对于输入数据量而言，辅助空间是一个常数，因此算法 1 的空间复杂度为 $O(1)$。也称此类算法为原地工作。

而算法 2 需要借助一个大小为 n 的辅助数组 $b[n]$，因此它的空间复杂度为 $O(n)$。

算法的时间复杂度和空间复杂度合称为算法的复杂度。在通常情况下，鉴于运算空间较为充足，人们重点关注的是算法的时间复杂度，这也是本书讨论的重点。

1.3.5 算法的描述形式

算法描述（Algorithm Description）是指对设计出的算法，以某种方式进行详细的描述，以便与人交流。算法可采用多种描述语言来描述，如自然语言、计算机语言、伪代码、传统流程图、结构化流程图等。各种描述语言在对问题的描述能力方面存在一定的差异。例如，自然语言较为灵活，但不够严谨；而计算机语言虽然严谨，但由于语法方面的限制，灵活性稍显不足。

一般而言，描述算法最合适的语言是介于自然语言和计算机语言之间的伪代码，它兼具计算机语言的严谨性和自然语言的灵活性，因而被广泛接受。它的控制结构往往类似于 C、C++ 等程序设计语言，但可使用任何表达能力强的方法来使得算法表达更加清晰和简洁，而不至于陷入具体的程序设计语言的某些细节。

但从易于上机验证算法和提高实际程序设计能力角度考虑，在本书中，所有算法的实现，我们均采用标准 C 语言作为讲解载体，辅以详尽的注释，做到紧扣知识点，易于理解且可扩展性强。

1.4 本 章 小 结

本章介绍了数据结构的基本概念和术语，以及算法和算法复杂度的分析方法。主要内容如下。

（1）基本概念：数据、数据元素、数据项、数据类型、数据结构、逻辑结构、存储结构、线性结构、非线性结构。

(2)数据结构包含逻辑结构、存储结构和运算三个要素。

数据结构 $\begin{cases} \text{逻辑结构：集合结构、线性结构、树形结构、图状结构} \\ \text{存储结构：顺序存储、链式存储、散列存储、索引存储} \\ \text{运算：初始化、增加、删除、修改、查找、排序、遍历等} \end{cases}$

(3)抽象数据类型的三个要素：数据对象、数据关系、基本操作。

(4)算法的五个特性：有穷性、确定性、可行性、输入、输出。

(5)算法的四个设计要求：正确性、可读性、健壮性、高效性。

(6)衡量算法效率的两类主要方法：事后统计法和事前分析估算法。

(7)衡量算法的两个主要指标：时间复杂度(最好、最坏、平均时间复杂度)、空间复杂度。

习　题

1.1　试分析下列各算法的时间复杂度。

(1)

```
int i = 1, sum = 0;
while (i < n)
    sum += (i++) * 10;
```

(2)

```
int i = 1, j = 0;
while (i + j <= n)
    i > j ? j++ : i++;
```

(3)

```
int i = n, j = 0;
while (i >= j * j)
    j++;
```

(4)

```
int i = 10, j = 10;
while (j > 0)
{
    if (i >= 20)
        i -= 10, j--;
    else i++;
}
```

(5)

```
int i, j, sum = 0;
for (i = 1; i <= n; i *= 2)
```

```
for (j = 1; j <= i; j++)
        sum++;
```

1.2　按增长率从小到大的顺序排列下列各函数：

$$500, \left(\frac{5}{4}\right)^n, \left(\frac{4}{5}\right)^n, n^n, n^{0.5}, n!, 5^n, \log n, n^{\log n}, n^{(5/4)}$$

1.3　简述下列概念：数据、数据元素、数据项、数据对象、数据结构、逻辑结构、存储结构、线性结构、非线性结构、数据类型、抽象数据类型。

1.4　试举一个数据结构的例子，叙述其逻辑结构、存储结构、运算三个要素的含义。

1.5　试给出判断 n 是否为质数的算法，要求其时间复杂度为 $O(n^{0.5})$。

1.6　试给出计算 x^n 的时间复杂度为 $O(\log n)$ 的算法。

第 2 章 线 性 表

线性结构是一种常见且简单的数据结构，而线性表则是最基本、最常用的一种线性结构。本章将讨论线性表的逻辑结构、存储结构和相关运算，以及线性表的应用实例。本章是整个课程的重点与核心内容，也是其他后续章节的重要基础。

2.1 线性表的定义

线性表（Linear List）是由 n（$n \geqslant 0$）个同一类型的数据元素构成的有限序列，记为 $L = (a_1, a_2, \cdots, a_{i-1}, a_i, a_{i+1}, \cdots, a_n)$。线性表中元素的个数 n（$n \geqslant 0$）称为线性表的长度。当 $n = 0$ 时，称为空表（Empty List）。线性表的第一个元素 a_1 称为表头（Head），最后一个元素 a_n 称为表尾（Tail）；a_{i+1} 称为 a_i 的直接后继，a_{i-1} 称为 a_i 的直接前驱。

对于非空的线性表或线性结构，其特点是：

(1) 存在唯一的一个被称为"第一个"的数据元素。

(2) 存在唯一的一个被称为"最后一个"的数据元素。

(3) 除第一个外，结构中的每个数据元素有且只有一个直接前驱[①]。

(4) 除最后一个外，结构中的每个数据元素有且只有一个直接后继。

直接前驱和直接后继反映了数据元素之间一对一的邻接逻辑关系。

下面是几个线性表的例子。

COLOR = ("Red", "Orange", "Yellow", "Green", "Blue", "Black", "White")

TOP = （信息安全，体育教育，医学影像学，音乐学，计算机，编辑出版学，软件工程，小学教育，播音与主持艺术，物联网工程，材料物理，动物医学）

SCORE = (87, 74, 92, 59, 37, 64, 100, 83, 72, 90)

下面给出线性表的抽象数据类型定义：

ADT List {

 数据对象：$D = \left\{ a_i \mid a_i \in \mathrm{ElemSet}, i = 1, 2, \cdots, n, n \geqslant 0 \right\}$

 数据关系：$R = \left\{ < a_{i-1}, a_i > \mid a_{i-1}, a_i \in D, i = 2, 3, \cdots, n \right\}$，数据元素间呈线性关系。

 基本操作：

  InitList(List *L)：线性表的初始化操作，构造一个空线性表 L。

  DestroyList(List *L)：销毁线性表 L。

  ClearList(List *L)：将线性表 L 置为空表。

  IsEmpty(List *L)：若线性表 L 为空表，则返回 TRUE，否则返回 FALSE。

  IsFull(List *L)：若线性表 L 的存储空间已满，则返回 TRUE，否则返回 FALSE。

---

① 为了描述方便，除非特别说明，本书中提到的前驱和后继均指直接前驱和直接后继。

ExpandSpace(List *L, int newSize)：扩充线性表 L 的存储空间，使其可容纳 newSize 个数据元素，若成功，则返回 TRUE，否则返回 FALSE。

ListLength(List *L)：返回线性表 L 中数据元素的个数。

GetElem(List *L, int pos, ElementType *e)：用 e 返回 L 中第 pos 个位置数据元素的值。

LocateElem(List *L, ElementType e)：已知 e，返回线性表 L 中与 e 相同的第一个数据元素的位置，若不存在，则返回特殊错误标志 ERROR。

InsertList(List *L, int pos, ElementType e)：插入操作。在线性表 L 中第 pos 个位置之前插入新的数据元素 e，若成功，则返回 TRUE；否则返回 FALSE。

DeleteList(List *L, int pos, ElementType *e)：删除操作。从线性表 L 中删除第 pos 个位置的元素，并用 e 返回其值，若成功，则返回 TRUE；否则返回 FALSE。

TraverseList(List *L)：对线性表 L 进行遍历，在遍历过程中对 L 的每个结点访问且仅访问一次。

}

上述抽象数据类型中给出的操作只是基本操作，在实际应用中，可以根据实际情况予以调整。例如，操作函数的名称、参数以及返回值类型都可以根据实际情况进行设计。其次，抽象数据类型仅是一个模型的定义，并不涉及模型的具体实现，换句话说，定义中只描述这些基本操作的功能是"做什么"，而并不涉及"怎么做"等具体实现细节。此外，在不同应用场合中，数据元素可能有多种类型，到时可根据具体需要选择使用不同的数据类型。

线性表有两种存储方式：顺序存储和链式存储。采用顺序存储方式实现的线性表称为顺序表，采用链式存储的线性表称为链表。链表又分为单链表、双向链表和循环链表，本章将分别予以讨论。

2.2 线性表的顺序表示和实现

2.2.1 顺序表的定义和特点

线性表的顺序存储是指在内存中用地址连续的一组存储单元顺序存放线性表的数据元素。通常，这种存储结构的线性表称为顺序表(Sequential List)。其特点是：逻辑上相邻的数据元素在内存中的存储位置也是相邻的。

假设顺序表中数据元素的数据类型为 ElementType，则每个元素所占用存储空间的大小为 sizeof(ElementType)，整个顺序表所占用存储空间的总大小为 $n \times$ sizeof(ElementType)，其中 n 为线性表的长度。

一般来说，线性表中的第 i 个数据元素 a_i 在存储空间中的存储位置为

$$\text{Loc}(a_i) = \text{Loc}(a_1) + (i-1) \times \text{sizeof(ElementType)}, \qquad 1 \leq i \leq n \qquad (2\text{-}1)$$

式中，$\text{Loc}(a_1)$ 为线性表中第一个数据元素 a_1 的存储位置，通常称为线性表的起始位置或基地址，显然表中相邻的元素 a_i 和 a_{i+1} 的存储位置 $\text{Loc}(a_i)$ 和 $\text{Loc}(a_{i+1})$ 也是相邻的。从式(2-1)还

可以看出，只要确定了线性表的起始位置，则表中任一数据元素的存储位置都是可计算的，即可以实现随机存取，所以线性表的顺序存储结构是一种随机存取的存储结构。

2.2.2　顺序表的存储及其操作

通常采用数组来描述数据结构中的顺序表存储结构。根据存储空间分配方法的不同，又可以分为静态分配和动态分配。

顺序表的静态分配方法是使用一个定长的一维数组 data[MAXSIZE]来存储数据元素，其最多容纳 MAXSIZE 个元素，表中已存储元素个数即顺序表的长度用变量 size 表示，如图 2-1所示。

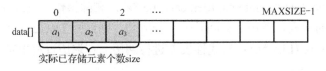

图 2-1　静态分配顺序表

顺序表的静态分配顺序存储结构的类型定义如下：

```
#define MAXSIZE 100                          //定义线性表的最大容量
//元素类型 ElementType 根据实际情况而定，可以是基本类型，也可以是构造类型，这里假设为整型
typedef int ElementType;
typedef struct {
    ElementType data[MAXSIZE];               //存储元素的数组，线性表容量为 MAXSIZE
    int size;                                //线性表中已存储元素的个数，size≤MAXSIZE
} List;                                       //顺序表的结构体类型定义
```

采用静态分配方法，定长数组需要事先分配一段固定大小的连续空间，这种方式操作非常简单。但是在运算过程中，如插入、合并等操作，容易超过预分配的空间长度而导致溢出，因此，静态分配只适合于顺序表中元素个数稳定，并且元素最大个数预知的情况。

解决静态分配的溢出问题，可以采用动态分配的方法。在程序运行过程中根据需要动态分配一段连续的空间，其存储结构除了用一个一维数组和一个记录表中已存储元素个数的变量组成，另外用一个变量 maxSize 来存储线性表的最大容量，这样便于判断什么时候表是满的。

顺序表的动态分配顺序存储结构的类型定义如下：

```
//定义线性表中元素的位置序号类型①，根据实际情况而定，这里假设为整型，在链式存储中可以是指针型
typedef int Position;
typedef struct {
    ElementType *data;                       //存储元素的数组，data 为指针，代表首地址
    int size;                                //线性表中已存储元素的个数，size≤maxSize
    int maxSize;                             //线性表的最大容量为 maxSize
} List;                                       //顺序表的结构体类型定义
```

---

① 注意：位置序号是从 1 开始的，而 C 语言数组的下标是从 0 开始的，所以要注意区分元素的位置序号和该元素在数组中的下标位置之间的对应关系，位置序号和下标通常相差 1。

采用动态分配的存储结构，在运算过程中，如果发现存储空间不足，则可以另外开辟一块更大的存储空间，用以替换原来的存储空间，从而达到扩充数据存储空间的目的；同时将表示数组大小的 maxSize 放在顺序表的结构内定义，可以动态地记录扩充后数组空间的大小，进一步提高了存储结构的灵活性。动态分配操作灵活，适合于顺序表中元素个数未知的情况。

代码 2-1 以动态分配存储空间的方法为例，分别介绍顺序表的初始化、取值、插入、删除、查找、遍历、销毁等基本操作。

代码 2-1 顺序表的存储及基本操作

```
#include <stdio.h>
#include <stdlib.h>
typedef int ElementType;              //定义顺序表元素的数据类型为整型
typedef int Position;                 //定义顺序表元素的位置序号类型为整型
Position NotFound = -1;               //查找失败时的特殊标志，须顺序表元素取不到的位置序号
typedef enum {FALSE, TRUE} Boolean;   //重命名枚举类型，枚举值为 FALSE(0)和 TRUE(1)
typedef struct {
    ElementType *data;                //存储元素的数组，data 为指针，代表首地址
    int size;                         //顺序表长度，即表中已存储元素的个数，size≤maxSize
    int maxSize;                      //顺序表最大容量为 maxSize
} List;

//初始化操作，通过动态内存分配构造一个空顺序表
void InitList(List *l, int maxSize)   //形参为指针类型，对应实参应该为某个顺序表实例的地址
{
    //为顺序表在内存的动态存储区中分配一段可容纳 maxSize 个数据元素的连续空间，由 l->data 指向
    l->data = (ElementType *) malloc(maxSize * sizeof(ElementType));
    if (!l->data) exit(1);            //分配失败，则退出程序
    l->size = 0;                      //分配成功，设置顺序表长度为 0，表示空表
    l->maxSize = maxSize;             //设置顺序表最大容量为 maxSize
}
//销毁操作，销毁顺序表
void DestroyList(List *l)
{
    free(l->data);                    //释放顺序表占用的存储空间
    l->data = NULL;                   //置顺序表的存储空间首地址为 NULL
    l->size = l->maxSize = 0;         //顺序表表长和最大容量均置为 0
}
//将顺序表清空
void ClearList(List *l)
{
    l->size = 0;                      //顺序表表长恢复到初始状态 0，即空表状态
}
//判断顺序表是否为空，若顺序表为空，则返回 TRUE，否则返回 FALSE
Boolean IsEmpty(List *l)
{
    if (l->size == 0) return TRUE;    //若顺序表为空，返回 TRUE
```

```
        else return FALSE;                      //否则，返回 FALSE
}
//判断顺序表是否满，若顺序表满，则返回 TRUE，否则返回 FALSE
Boolean IsFull (List *l)
{
        if (l->size == l->maxSize) return TRUE;  //若顺序表满，返回 TRUE
        else return FALSE;                      //否则，返回 FALSE
}
//返回顺序表的长度
int ListLength (List *l)
{
        return l->size;                         //返回顺序表的当前长度，如为空表则返回 0
}
//扩充顺序表的存储空间，使其可容纳 newSize 个数据元素，成功则返回 TRUE，否则返回 FALSE
Boolean ExpandSpace (List *l, int newSize)
{
        //将顺序表的存储空间大小扩充为可容纳 newSize 个数据元素，由临时指针 t 指向，原存储空间的数据
    由系统自动复制到新的存储空间，无须用户干预
        ElementType *t = (ElementType *) realloc (l->data, newSize * sizeof(ElementType));
        if (!t) return FALSE;                   //存储空间扩充失败，返回 FALSE
        l->data = t;                            //成功，则修改顺序表的存储空间首地址为 t
        l->maxSize = newSize;                   //修改顺序表的最大容量为 newSize
        return TRUE;
}
//插入操作，在顺序表的第 pos 个位置之前插入新的数据元素 e，成功则返回 TRUE；否则返回 FALSE
Boolean InsertList (List *l, Position pos, ElementType e)
{
        Position i;
        //若插入位置序号 pos 值不合法，返回 FALSE。注意：l->size 个元素共有 l->size+1 个插入位置
        if (pos < 1 || pos > l->size + 1) return FALSE;
        if (IsFull (l))                         //若顺序表的存储空间已满
            if (!ExpandSpace (l, 2 * l->maxSize))
                return FALSE;                   //则动态扩充存储空间为原来的 2 倍，失败则返回 FALSE
        for (i = l->size - 1; i >= pos - 1; i—)
            l->data[i + 1] = l->data[i];        //插入位置及之后的元素依次后移
        l->data[pos - 1] = e;                   //将新元素 e 放入第 pos 个位置
        l->size++;                              //顺序表表长加 1
        return TRUE;                            //返回 TRUE
}
//删除操作，删除顺序表的第 pos 个位置的元素，成功则返回 TRUE；否则返回 FALSE
Boolean DeleteList (List *l, Position pos, ElementType *e)
{
        Position i;
        //若删除位置序号 pos 值不合法，返回 FALSE。注意：l->size 个元素共有 l->size 个删除位置
        if (pos < 1 || pos > l->size) return FALSE;
        *e = l->data[pos - 1];                  //被删除元素值赋给 e
        for (i = pos; i <= l->size - 1; i++)
```

```
        l->data[i – 1] = l->data[i];          //被删除元素之后的元素依次前移
        l->size—;                              //顺序表表长减 1
        return TRUE;                           //返回 TRUE
}
//获取顺序表的第 pos 个位置的元素，用 e 返回其值，成功则返回 TRUE；否则返回 FALSE
Boolean GetElem (List *l, Position pos, ElementType *e)
{
    if (pos < 1 || pos > l->size)
        return FALSE;                          //若位置序号 pos 值不合法，返回 FALSE
    *e = l->data[pos – 1];                     //第 pos 个位置元素的值赋给 e
    return TRUE;
}
//查找顺序表的首个元素值等于 e 的元素位置，成功则返回其位置序号；否则返回 NotFound
Position LocateElem (List *l, ElementType e)
{
    Position i;
    for (i = 0; i <= l->size – 1; i++)         //遍历顺序表中所有元素
        if (l->data[i] == e)                   //若元素值等于 e
            return i + 1;                      //则返回其位置序号(下标值+1)
    return NotFound;                           //否则返回查找失败时的特殊标志 NotFound
}
//遍历输出顺序表中各个数据元素的值
void TraverseList (List *l)
{
    Position i;
    for (i = 0; i <= l->size – 1; i++)         //遍历顺序表中各个元素
        printf("%3d", l->data[i]);             //输出其值，格式说明符%3d 用于输出数据对齐
    printf("\n");
}
int main ()
{
    Position i;
    List l;                                    //定义顺序表实例1(结构体变量)
    ElementType e;                             //定义 ElementType 类型变量 e
    InitList (&l, 10);                         //初始化顺序表，最大容量设置为 10
    for (i = 1; i <= 10; i++)
        InsertList (&l, i, i);                 //依次插入整数 1,2,...,10 到顺序表中
    TraverseList (&l);                         //遍历输出顺序表中元素值
    if (IsFull (&l))                           //如果顺序表的存储空间已满
        printf("此时表存储空间已满\n");
    InsertList (&l, 11, 11);                   //将元素 11 插入顺序表中第 11 个位置
    printf("插入元素 11 到表中第 11 个位置，当前表长=%d\n", ListLength (&l));
    InsertList (&l, 1, 0);                     //将元素 0 插入顺序表中第 1 个位置
    printf("插入元素 0 到表中第 1 个位置，当前表长=%d\n", ListLength (&l));
```

```
        TraverseList(&l);                    //遍历输出顺序表中元素值
        if ((i = LocateElem(&l, 8)) != NotFound)
            printf("值为 8 的元素位置=%d\n", i);
        else printf("找不到值为 8 的元素\n");
        if (GetElem(&l, 1, &e))
            printf("第 1 个位置的元素值=%d\n", e);
        if (DeleteList(&l, 10, &e))          //删除表中第 10 个位置的元素
            printf("第 10 个位置的元素删除成功，其值=%d，当前表长=%d\n", e, ListLength(&l));
        ClearList(&l);                       //将顺序表置为空表
        if (IsEmpty(&l))
            printf("此时表为空\n");
        DestroyList(&l);                     //销毁顺序表
        return 0;
}
```

2.2.3　顺序表的性能分析

在顺序表的所有操作中，最复杂、最耗时的就是查找、插入和删除运算。分析顺序表的性能，主要是分析这三种操作的时间复杂度和空间复杂度。

1. 查找

Position LocateElem(List *L, ElementType e) 是顺序表的顺序查找算法。其主要思想是：从表中第一个元素 a_1 起依次和 e 比较，直到找到一个与 e 相等的数据元素，返回它在顺序表中的位置序号；若查遍整个表都没有找到与 e 相等的元素，则返回错误信息 ERROR。

显然，当在顺序表中查找一个数据元素时，其时间主要耗费在数据的比较上，而比较的次数取决于被查元素在线性表中的位置。在查找成功时，为确定元素在表中的位置，需和给定值进行比较的数据元素个数的期望值称为查找算法在查找成功时的平均查找长度（Average Search Length，ASL）。下面分最好、最坏和平均三种情况分析顺序表查找算法的时间复杂度。

(1) 最好情况。如果被查元素正好在第一个位置，仅比较一次就查找成功，则时间复杂度为 $O(1)$。

(2) 最坏情况。如果被查元素正好在最后一个位置，需要比较 n 次才查找成功，则时间复杂度为 $O(n)$。

(3) 平均情况。假设 p_i 是查找表中第 i 个元素的概率，c_i 为找到表中该元素时需要与给定值进行比较的次数，则在长度为 n 的线性表中，如果每个元素的查找概率相等，即 $p_i = 1/n$，则查找成功时的平均查找长度为

$$\text{ASL} = \sum_{i=1}^{n} p_i c_i = \frac{1}{n} \sum_{i=1}^{n} i = \frac{1}{n}(1 + 2 + \cdots + n) = \frac{n+1}{2} \tag{2-2}$$

因此，顺序表按值查找算法的平均时间复杂度为 $O(n)$。

2. 插入

线性表的插入操作是指在表的第 i 个位置插入一个新的数据元素 e,使长度为 n 的线性表 $L=(a_1,a_2,\cdots,a_{i-1},a_i,\cdots,a_n)$ 变成长度为 $n+1$ 的线性表 $L=(a_1,a_2,\cdots,a_{i-1},e,a_i,\cdots,a_n)$,如图 2-2 所示。数据元素 a_{i-1} 和 a_i 之间的逻辑关系发生了变化。

由于在线性表的顺序存储结构中,逻辑上相邻的数据元素要求在物理位置上也是相邻的。因此,除非插入位置是表中最后一个元素后面,否则必须移动元素才能反映这个逻辑关系的变化。

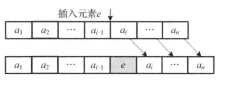

图 2-2 顺序表插入操作

通常情况下,在表中第 i 个位置插入一个新的数据元素时,需将 a_n 起直至 a_i 共 $n-i+1$ 个元素依次向后移动一个位置。

显然,在顺序表中插入一个数据元素时,其时间主要耗费在移动元素上,而移动元素的次数取决于插入元素的位置。

假设 p_i 是在表中第 i 个元素之前插入一个元素的概率,则在长度为 n 的线性表中,如果表中任何位置插入元素的概率相等,即 $p_i=\dfrac{1}{n+1}$,则所需移动元素次数的期望值,即平均移动次数为

$$\sum_{i=1}^{n+1} p_i(n-i+1) = \frac{1}{n+1}\sum_{i=1}^{n}(n-i+1) = \frac{n}{2} \tag{2-3}$$

因此,顺序表插入算法的平均时间复杂度为 $O(n)$。

3. 删除

如图 2-3 所示,线性表的删除操作是指将表的第 i 个元素删掉,使长度为 n 的线性表 $L=(a_1,\cdots,a_{i-1},a_i,a_{i+1},\cdots,a_n)$ 变成长度为 $n-1$ 的线性表 $L=(a_1,\cdots,a_{i-1},a_{i+1},\cdots,a_n)$。同样地,数据元素 a_{i-1} 和 a_{i+1} 之间的逻辑关系发生了变化,为了在存储结构上反映该变化,同样需要移动元素。

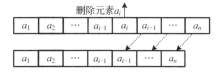

图 2-3 顺序表删除操作

通常情况下,在表中删除第 i 个位置的数据元素时,需将 a_{i+1} 起直至 a_n 共 $n-i$ 个元素依次向前移动一个位置。

显然,在顺序表中删除一个数据元素时,其主要时间耗费也是在移动元素上,而移动元素的次数取决于删除元素的位置。

假设 p_i 是将表中第 i 个元素删除的概率,则在长度为 n 的线性表中,如果表中任何位置元素的删除概率相等,即 $p_i=1/n$,则所需移动元素次数的期望值,即平均移动次数为

$$\sum_{i=1}^{n} p_i(n-i) = \frac{1}{n}\sum_{i=1}^{n}(n-i) = \frac{n-1}{2} \tag{2-4}$$

因此,顺序表删除算法的平均时间复杂度为 $O(n)$。

此外，还有一种特殊情形：如果在插入元素和删除元素时，对表中原来的数据排列顺序没有要求，即无须保持原来的元素顺序关系，则可以采用如下方式：在插入元素时，每次都是把新元素追加在表的尾部，如图 2-4(a) 所示；在删除元素时，将表中最后一个元素 a_n 直接填充到第 i 个待删除元素的位置，如图 2-4(b) 所示。在这种情形下，插入元素时需要移动的元素个数为 0，删除元素时仅需要移动 1 个元素。因此，插入元素和删除元素的时间复杂度均为 $O(1)$。

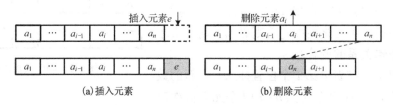

(a) 插入元素　　　　　　　　　　　(b) 删除元素

图 2-4　元素排列顺序无要求的线性表插入和删除

顺序表的优点：可以随机存取表中任一元素，其存储位置可通过一个简单、直观的公式来计算；存储密度高，无须为表示表中元素间的逻辑关系而增加额外的存储空间。

顺序表的缺点：插入和删除操作需要移动大量(近一半)元素，效率低；当线性表长度变化较大时，难以确定存储空间的容量。采用静态分配方法，存储空间分配过大，容易造成资源浪费，过小则容易产生溢出；采用动态分配方法，虽然可以在程序运行过程中根据实际需要动态分配存储空间，但时间开销较大。

为了克服顺序表的上述缺点，可以采用链式存储来表示线性表。

2.3　线性表的链式表示和实现

2.3.1　单链表的定义和表示

线性表的链式存储是指用一组任意的存储单元存储线性表的数据元素，这组存储单元可以是连续的，也可以是不连续的。因此，为了表示每个数据元素 a_i 与其直接后继数据元素 a_{i+1} 之间的逻辑关系，对数据元素 a_i 来说，除了存储其本身的信息之外，还需存储一个指示其直接后继的信息(即直接后继的存储位置)。我们把存储数据元素信息的域称为数据域，把存储其直接后继存储位置的域称为指针域。指针域中存储的信息称为指针或链。这两部分信息组成数据元素 a_i 的存储映像，称为结点(Node)。

n 个结点(a_i 的存储映像)链接成一个链表，即线性表 $(a_1, a_2, \cdots, a_n)$ 的链式存储结构，因为此链表的每个结点中只包含一个指针域，所以称为单链表，又称为线性链表。用单链表表示线性表时，数据元素之间的逻辑关系是由结点中的指针指示的。单链表正是通过每个结点的指针域将线性表的数据元素按其逻辑关系链接在一起，如图 2-5 所示。

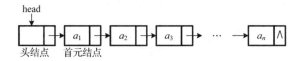

图 2-5　带头结点的单链表

在链表中，存储第一个数据元素 a_1 的结点称为首元结点。空表的首元结点为空指针 NULL。

头结点是在首元结点之前附设的一个结点，其指针域指向首元结点。头结点的数据域可以不存储任何信息，也可存储与数据元素类型相同的其他附加信息。比如，当数据元素为整型时，头结点的数据域中可存放该线性表的长度 n。头结点的引入是为了操作的统一和方便，使得对链表的第一个数据元素的操作和其他结点相同，而无须特殊处理。

头指针是指向链表中第一个结点的指针。若链表设有头结点，则头指针指向该链表的头结点，如图 2-5 所示；若链表不设头结点，则头指针指向该链表的首元结点，如图 2-6 所示。

不管是否设有头结点，链表的最后一个结点都没有后继，其指针域中存放一个空指针 NULL（在图中用符号 ∧ 表示），表示链表的终结。

假设单链表长度 $n = 0$，即单链表为空表时，首元结点为 NULL，若该单链表不设头结点，则头指针 head 应该指向首元结点，head 指针为空（判定空表的条件可记为 head == NULL）；若该单链表设有头结点，则头指针 head 应该指向头结点，头结点的指针域指向首元结点，即 head->next 为空（判定空表的条件可记为 head->next == NULL），如图 2-7 所示。

图 2-6　不设头结点的单链表　　　　　　　图 2-7　空单链表

单链表是非随机存取的存储结构，在单链表中要取得第 i 个数据元素必须从头指针出发顺着链逐个寻找，称为顺序存取。

2.3.2　单链表的存储及其操作

单链表的存储结构的类型可定义如下：

```
typedef int Position;              //定义线性表中元素的位置序号类型为整型
typedef int ElementType;           //定义线性表元素的数据类型为整型
typedef struct node {
    ElementType data;              //数据域，存储数据元素信息
    struct node *next;             //指针域，指向其直接后继结点
} NODE, *List;                     //单链表的结构体类型定义
```

为了提高程序的可读性，在此对结构体类型定义了别名 NODE，对结构体指针类型定义了别名 List。通常习惯上用 List 定义单链表的头指针，强调定义的是单链表；用 NODE *定义指向单链表中任意结点的指针变量。例如，若定义 List l，则 l 为单链表的头指针；若定义 NODE *p，则 p 为指向单链表中某个结点的指针，*p 代表该结点。

注意：为了行文简洁，本书的代码注释中形如"指针 p 指向的结点"常简写为"p 结点"，同样，"指针 p 所指向的结点的数据域/指针域"常简写为"p 结点的数据域/指针域"，希望不要引起混淆。

代码 2-2 以带头结点的单链表的实现为例，分别介绍单链表的初始化、取值、插入、删除、查找、遍历、销毁等基本操作。

代码 2-2　单链表的存储及基本操作

```
#include <stdio.h>
#include <stdlib.h>
typedef int ElementType;                        //定义单链表元素的数据类型为整型
typedef int Position;                           //定义单链表元素的位置序号类型为整型
Position NotFound = −1;                         //查找失败的特殊标志，须为单链表元素取不到的位置序号
typedef enum {FALSE, TRUE} Boolean;             //重命名枚举类型，枚举值为 FALSE(0) 和 TRUE(1)
typedef struct node {
    ElementType data;                           //数据域，存储数据元素信息
    struct node *next;                          //指针域，指向其直接后继结点
} NODE, *List;                                  //单链表的结构体类型定义

//初始化操作，构造一个空单链表。List 本身是结构体指针类型，因此形参1是二级指针类型。标准 C 语言
  不支持引用调用，否则形参可定义为 List &l，这样程序代码会更加简洁
void InitList(List *l)
{
    NODE *s;
    s = (NODE *)malloc(sizeof(NODE));           //生成新结点作为头结点，用指针 s 指向该结点
    if (!s) exit(1);                            //头结点空间分配失败，则退出程序
    s->next = NULL;                             //空表，头结点的指针域置为空
    *l = s;                                     //新创建的单链表头指针指向头结点
}
//销毁操作，销毁单链表
void DestroyList(List *l)
{
    NODE *p = *l;                               //指针 p 指向头结点
    while (p)                                   //若指针 p 不为空
    {
        NODE *q = p;                            //指针 q 指向 p 结点
        p = p->next;                            //指针 p 指向其后继结点
        free(q);                                //释放 q 结点的空间
    }
    *l = NULL;                                  //将单链表头指针置为空
}
//将单链表清空
void ClearList(List *l)
{
    DestroyList(&((*l)->next));                 //销毁首元结点及之后的所有结点，仅保留头结点
}
//判断单链表是否为空，若单链表为空，则返回 TRUE，否则返回 FALSE
Boolean IsEmpty(List l)
{
    if (l->next == NULL) return TRUE;           //判断首元结点是否为空
    else return FALSE;
```

```
}
//返回单链表的长度
int ListLength (List l)
{
    NODE *p = l->next;                      //指针 p 指向首元结点
    int length = 0;                         //初始化长度计数器为 0
    while (p)
    {
        length++;                           //长度计数器加 1
        p = p->next;                        //指针 p 指向其后继结点
    }
    return length;
}
//插入操作，在单链表的第 pos 个位置之前插入新的数据元素 e，成功则返回 TRUE；否则返回 FALSE
Boolean InsertList (List l, Position pos, ElementType e)
{
    NODE *p = l, *s;                        //初始化，指针 p 指向头结点
    int i = 0;                              //位置指针(虚拟)i 初始化为 0，表明 p 指向头结点
    while (p && i < pos - 1)                //查找第 pos-1 个位置结点，让指针 p 指向它
    {
        p = p->next;                        //指针 p 指向其后继结点
        i++;                                //同时位置指针加 1
    }
    if (!p || pos < 1) return FALSE;        //若 pos>n+1 或 pos<1，表示插入位置不合法，返回 FALSE
    s = (NODE *) malloc (sizeof (NODE));    //生成新结点 s
    if (!s) exit (1);                       //新结点空间分配失败，则退出程序
    s->data = e;                            //s 结点的数据域置为 e
    s->next = p->next;                      //s 结点的指针域指向表中第 pos 个位置结点
    p->next = s;                            //p 结点的指针域指向新插入的 s 结点
    return TRUE;
}
//删除操作，删除单链表的第 pos 个位置的元素，成功则返回 TRUE；否则返回 FALSE
Boolean DeleteList (List l, Position pos, ElementType *e)
{
    NODE *p = l, *q;                        //初始化，指针 p 指向头结点
    int i = 0;                              //位置指针(虚拟)i 初始化为 0，表明 p 指向头结点
    while (p->next && i < pos - 1)          //查找第 pos-1 个位置结点，让指针 p 指向它
    {
        p = p->next;                        //指针 p 指向其后继结点
        i++;                                //同时位置指针加 1
    }
    if (! (p->next) || pos < 1)
        return FALSE;                       //若 pos>n 或 pos<1，表示删除位置不合法，返回 FALSE
    q = p->next;                            //保存指向待删结点的指针，以备释放空间
    *e = q->data;                           //待删结点的数据存入 e，带回主调函数
    p->next = q->next;                      //链接待删结点的前驱结点和后继结点
    free (q);                               //释放被删结点的存储空间
```

```
        return TRUE;
}
//获取单链表的第 pos 个位置的元素，用 e 返回其值，成功则返回 TRUE；否则返回 FALSE
Boolean GetElem (List l, Position pos, ElementType *e)
{
        NODE *p = l;                        //初始化，指针 p 指向头结点
        int i = 0;                          //位置指针（虚拟）i 初始化为 0，表明 p 指向头结点
        while (p && i < pos)                //查找第 pos 个位置结点，让指针 p 指向它
        {
                p = p->next;                //指针 p 指向其后继结点
                i++;                        //同时位置指针加 1
        }
        if (!p || pos < 1) return FALSE;    //若 pos>n 或 pos<1，表示元素位置不合法，返回 FALSE
        *e = p->data;                       //第 pos 个位置结点的数据存入 e
        return TRUE;
}
//查找单链表的首个元素值等于 e 的元素位置，成功则返回其位置序号；否则返回 NotFound
Position LocateElem (List l, ElementType e)
{
        NODE *p = l->next;                  //初始化，指针 p 指向首元结点
        int i = 1;                          //位置指针（虚拟）i 初始化为 1，表明 p 指向首元结点
        while (p && p->data != e)           //比较 p 结点的数据域和 e
        {
                p = p->next;                //指针 p 指向其后继结点
                i++;                        //同时位置指针加 1
        }
        if (p) return i;                    //查找成功，则返回结点的位置序号
        return NotFound;                    //否则返回查找失败时的特殊标志 NotFound
}
//遍历输出单链表中各个数据元素的值
void TraverseList (List l)
{
        NODE *p = l->next;                  //初始化，指针 p 指向首元结点
        while (p)                           //尚未遍历到表尾
        {
                printf("%3d", p->data);     //输出 p 结点的数据域
                p = p->next;                //指针 p 指向其后继结点
        }
        printf("\n");
}
int main ()
{
        Position i;
        List l;                             //定义单链表指针实例 l（结构体指针变量）
        ElementType e;                      //定义 ElementType 类型变量 e
        InitList (&l);                      //初始化单链表
        for (i = 1; i <= 10; i++)           //依次插入整数 1,2,...,10 到单链表中
```

```
        InsertList (l, i, i);                  //采用尾插法，新插入结点处在表尾
        //InsertList (l, 1, i);                //采用头插法，新插入结点成为新的首元结点
    TraverseList (l);                          //遍历输出单链表中元素值
    InsertList (l, 11, 11);                    //将元素 11 插入单链表中第 11 个位置
    printf("插入元素 11 到表中第 11 个位置，当前表长=%d\n", ListLength (l));
    InsertList (l, 1, 0);                      //将元素 0 插入单链表中第 1 个位置
    printf("插入元素 0 到表中第 1 个位置，当前表长=%d\n", ListLength (l));
    TraverscList (l);                          //遍历输出单链表中元素值
    if ((i = LocateElem (l, 8)) != NotFound)
        printf("值为 8 的元素位置=%d\n", i);
    else printf("找不到值为 8 的元素\n");
    if (GetElem (l, 1, &e))
        printf("第 1 个位置的元素值=%d\n", e);
    if (DeleteList (l, 10, &e))                //删除表中第 10 个位置的元素
        printf("第 10 个位置的元素删除成功，其值=%d，当前表长=%d\n", e, ListLength (l));
    ClearList (&l);                            //将单链表置为空表
    if (IsEmpty (l))
        printf("此时表为空\n");
    DestroyList (&l);                          //销毁单链表
    return 0;
}
```

2.3.3　单链表的性能分析

同样地，下面从单链表的查找、插入和删除运算的时间复杂度这三种基本操作来分析单链表的性能。

在函数 GetElem (List L, Position pos, ElementType *e) 中，算法的基本操作是比较 i 和 pos 并后移指针 p，while 循环体中的语句频度与位置 pos 有关。若 $1 \leqslant \text{pos} \leqslant n$，则频度为 pos，一定能取值成功；若 $\text{pos} > n$，则频度为 $n+1$，取值失败；若 $\text{pos} < 1$，则频度为 0，取值失败。因此该函数中算法的最坏时间复杂度为 $O(n)$。

假设每个位置上元素的取值概率相等，即 $p_i = 1/n$，则成功取值的平均查找长度为

$$\text{ASL} = \frac{1}{n}\sum_{i=1}^{n} i = \frac{n+1}{2} \tag{2-5}$$

因此，单链表取值算法的平均时间复杂度为 $O(n)$。

以相同的方法分析单链表的插入和删除操作可知，在单链表上插入、删除一个结点，必须先定位到其前驱结点，因此其时间复杂度均为 $O(n)$。

2.3.4　单链表的应用实例

下面我们将通过几个实例来帮助读者更好地理解单链表的操作，其算法的具体实现均基于代码 2-2。

例 2-1　带头结点的单链表的就地逆置 (图 2-8)，其算法如代码 2-3 所示。"就地"是指算法的辅助空间为 $O(1)$。

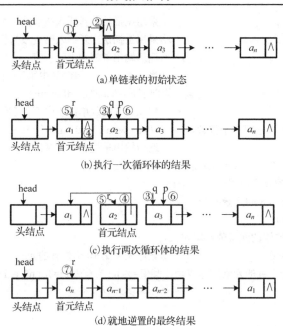

(a)单链表的初始状态

(b)执行一次循环体的结果

(c)执行两次循环体的结果

(d)就地逆置的最终结果

图 2-8　单链表的就地逆置

代码 2-3　单链表的就地逆置

```
void ReverseList（List l）
{
    NODE *p, *q, *r;
    p = l->next;                        //①初始化，指针 p 指向原单链表的首元结点
    r = NULL;                           //②指针 r 指向完成逆序的结点链接成的单链表，初始为空
    while（p）                          //遍历原单链表的各个结点
    {
        q = p->next;                    //③q 指向 p 结点的后继结点
        p->next = r;                    //④p 结点加入 r 所指向的单链表，成为该表新的首元结点
        r = p;                          //⑤指针 r 指向加入 p 结点后的单链表
        p = q;                          //⑥指针 p 指向原单链表的下一个结点
    }
    l->next = r;                        //⑦头结点的指针域指向完成逆序的结点链接成的单链表
}
int main（）
{
    Position i;
    List l;                             //定义单链表指针实例 l(结构体指针变量)
    InitList（&l）;                     //初始化单链表
    for（i = 1; i <= 10; i++）          //依次插入整数 1,2,...,10 到单链表中
        InsertList（l, 1, i）;          //采用头插法，新插入结点成为新的首元结点
    TraverseList（l）;                  //遍历输出就地逆置前单链表中元素值
    ReverseList（l）;                   //调用就地逆置算法
    TraverseList（l）;                  //遍历输出就地逆置后单链表中元素值
    return 0;
}
```

例 2-2　以带头结点的单链表的首元结点值 a_1 为基准，对单链表中的各个结点重新排列，小于首元结点值的结点排在单链表前面，大于等于首元结点值的结点排在单链表后面，首元结点居于中间。要求算法的时间复杂度为 $O(n)$，空间复杂度为 $O(1)$。

解题思路：程序中引入一个辅助单链表，用于链接所有小于首元结点值的结点，如图 2-9 所示，算法如代码 2-4 所示。

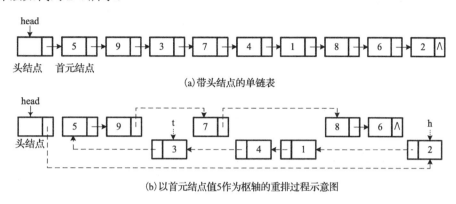

(a) 带头结点的单链表

(b) 以首元结点值5作为枢轴的重排过程示意图

图 2-9　单链表的重排

代码 2-4　单链表的重排

```
void ReorderList(List l)
{
    NODE *p = l->next, *q, *h, *t;          //初始化，指针 p 指向单链表的首元结点
    int pivot;
    if (p == NULL || p->next == NULL)
        return;                             //若该表为空表或者仅有首元结点，则无须重排，直接返回
    //指针 h 指向单链表中所有小于首元结点值的结点链接成的辅助单链表，指针 t 指向其表尾结点，初始为空
    h = t = NULL;
    pivot = p->data;                        //首元结点值作为枢轴
    while (p->next)
        if (p->next->data < pivot)          //若 p 的后继结点值小于枢轴
        {
            q = p->next;                    //则 q 指向 p 的后继结点
            p->next = q->next;              //链接 q 结点的前驱结点和后继结点
            if (t == NULL) t = q;           //指针 t 指向辅助单链表的表尾结点
            q->next = h;                    //q 结点加入辅助单链表
            h = q;                          //指针 h 指向新加入的 q 结点，即辅助单链表新的首元结点
        }
        else p = p->next;                   //若 p 的后继结点值大于或等于枢轴，则 p 指向其后继结点
    if (h)                                  //若 h 不为空
    {
        //把单链表中所有大于或等于枢轴的结点链在辅助单链表的表尾结点后
        t->next = l->next;
        l->next = h;                        //头结点的指针域指向辅助单链表的首元结点
    }
```

```
}
int main ()
{
    Position i;
    List l;                              //定义单链表指针实例1(结构体指针变量)
    ElementType data[9] = {5, 9, 3, 7, 4, 1, 8, 6, 2};
    InitList (&l);                       //初始化单链表
    for (i = 0; i < 9; i++)
        InsertList (l, i + 1, data[i]);  //依次往单链表的位序 i+1 插入新结点, 结点值为 data[i]
    TraverseList (l);                    //遍历输出重排前单链表中元素值
    ReorderList (l);                     //调用单链表重排算法
    TraverseList (l);                    //遍历输出重排后单链表中元素值
    return 0;
}
```

例 2-3　在带头结点的非空单链表上实现冒泡排序，如图 2-10 所示，算法如代码 2-5 所示。要求采用交换结点的指针域，而不是交换整个结点的方法来实现冒泡排序，使得结点的数据域按非递减有序排列。

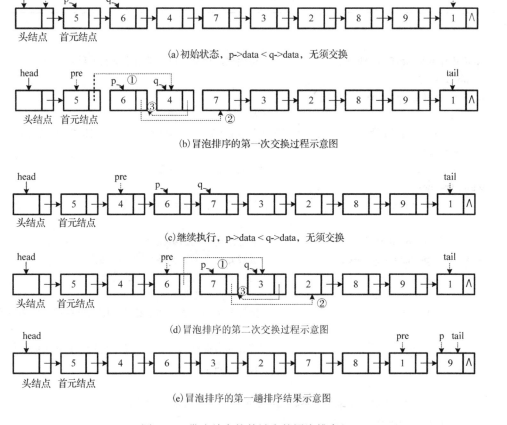

(a)初始状态，p->data < q->data，无须交换

(b)冒泡排序的第一次交换过程示意图

(c)继续执行，p->data < q->data，无须交换

(d)冒泡排序的第二次交换过程示意图

(e)冒泡排序的第一趟排序结果示意图

图 2-10　带头结点的单链表的冒泡排序

代码 2-5 单链表的冒泡排序

```
void BubbleSort (List l)
{
    NODE *pre, *p, *q, *tail;
    if (l->next == NULL || l->next->next == NULL)
        return;                                     //若该表为空表或者仅有首元结点，则无须排序，直接返回
    for (tail = l; tail->next; tail = tail->next);  //令指针 tail 指向某一趟待排序序列的末尾结点
    while (tail != l->next)                         //若首元结点成了待排序序列的末尾结点，则排序结束
    {
        pre = l;                                    //指针 pre 指向头结点
        p = pre->next;                              //指针 p 指向 pre 的后继结点，即首元结点
        while (p != tail)                           //若指针 p 指向本趟待排序列的末尾结点，则本趟排序结束
        {
            q = p->next;                            //指针 q 指向 p 的后继结点
            if (p->data > q->data)                  //比较 p 结点和 q 结点的数据域大小，若逆序则交换
            {
                pre->next = q;                      //①pre 结点的指针域指向 q 结点
                p->next = q->next;                  //②p 结点的指针域指向 q 的后继结点
                q->next = p;                        //③q 结点的指针域指向 p 结点
                if (q == tail) tail = p;            //若 q 是末尾结点，则交换后 p 变成末尾结点
            }
            pre = pre->next;                        //指针 pre 指向它的后继结点
            p = pre->next;                          //指针 p 指向 pre 的后继结点
        }
        //本趟排序结束，下一趟待排序序列的末尾结点修改为本趟末尾结点的前驱
        tail = pre;
    }
}
int main ()
{
    Position i;
    List l;                                         //定义单链表指针实例 l（结构体指针变量）
    ElementType data[9] = {5, 6, 4, 7, 3, 2, 8, 9, 1};
    InitList (&l);                                  //初始化单链表
    for (i = 0; i < 9; i++)
        InsertList (l, i + 1, data[i]);             //依次往单链表的位序 i+1 插入新结点，结点值为 data[i]
    TraverseList (l);                               //遍历输出排序前单链表中元素值
    BubbleSort (l);                                 //调用冒泡排序算法进行排序
    TraverseList (l);                               //遍历输出排序后单链表中元素值
    return 0;
}
```

单链表冒泡排序的交换过程如图 2-10 所示，n 个数据元素的冒泡排序共需要执行 $n-1$ 趟。

用单链表来表示线性表，使得插入和删除元素变得很方便，只要直接修改链中结点指针域的值，无须移动表中的元素，就能高效地实现插入和删除操作。

在单链表中，每个结点除了存储自己数据的数据域外，还要存储其后继结点的指针域，

因此可以轻松访问其直接后继结点，所需时间开销为 $O(1)$ 。但如果想访问其前驱结点则比较麻烦，必须从表的头结点开始循链依次访问每个结点，观察哪个结点的后继是指定结点，那么该结点即其直接前驱，时间开销达到 $O(n)$ 。为了解决这些问题，出现了单链表的其他变形，如循环链表和双向链表等。

2.4　循　环　链　表

循环链表(Circular Linked List)是另一种形式的链式存储结构，它的结点结构与单链表相同，不同的是链表中表尾结点的指针域不是 NULL，而是指向头结点，整个单链表形成一个环，如图 2-11 所示。可以看出，从表中任一结点出发均可以找到其他任意结点，包括该结点的前驱结点。

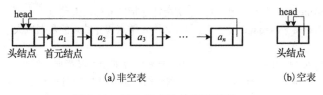

(a)非空表　　　　　　　　　　　　　(b)空表

图 2-11　带头结点的单循环链表

循环单链表的操作和单链表基本一致，区别仅在于：当链表遍历时，判断当前指针 p 是否指向表尾结点的条件不同，在单链表中，判断条件是 p->next != NULL，而在循环单链表中，判断条件则是 p->next != head。

例如，在循环单链表的表尾结点(设由指针 p 指向)后插入一个由指针 s 所指向的新结点，主要代码段如下：

```
s->next = p->next;
p->next = s;
```

在循环单链表的头结点之后插入一个由指针 s 所指向的新结点，主要代码段如下：

```
s->next = head->next;
head->next = s;
```

在某些情况下，在循环单链表中不设头指针，而是设置了指向表尾结点的尾指针，可使一些操作得到简化。例如，当将两个循环单链表合并成一个表时，有了尾指针就非常简单，如图 2-12 所示。

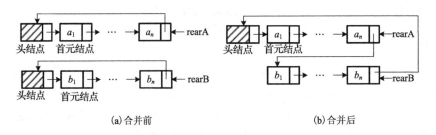

(a)合并前　　　　　　　　　　　　　(b)合并后

图 2-12　仅设尾指针的单循环链表合并

合并操作仅需改变两个指针值即可，主要代码段如下：

```
p = rearB->next;                        //指针 p 指向 B 表的头结点
rearB->next = rearA->next;              //rearB 结点的指针域指向 A 表的头结点
rearA->next = p->next;                  //rearA 结点的指针域指向 B 表的首元结点
free(p);                                //释放 B 表的头结点空间
```

2.5　双　向　链　表

不管单链表还是单循环链表，表中结点中只有一个指示其直接后继的指针域，因此，从某个结点出发只能循链向后寻查其他结点。若要寻查结点的直接前驱，则必须从表头指针出发。也就是说，在单链表中，查找结点直接后继的时间复杂度为 $O(1)$，查找结点直接前驱的时间复杂度则为 $O(n)$。为了克服单链表这种单向性的缺点，可以采用双向链表（Double Linked List）。

顾名思义，在双向链表中每个结点均有两个指针域，一个指向直接后继，另一个指向直接前驱，如图 2-13 所示。

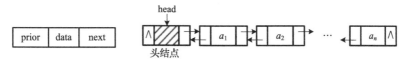

(a) 双向链表结点结构　　　　　　　(b) 带头结点的双向链表

图 2-13　双向链表示意图

```
typedef int ElementType;                //定义双向链表元素的数据类型为整型
typedef struct node {
    ElementType data;                   //数据域，存储数据元素信息
    struct node *prior;                 //前指针域，指向其直接前驱结点
    struct node *next;                  //后指针域，指向其直接后继结点
} NODE, *List;                          //双向链表的结构体类型定义
```

和单循环链表类似，也有双向循环链表，如图 2-14 所示，带头结点的双向循环链表中形成两个环。

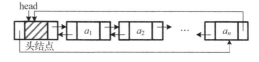

(a) 空的双向循环链表　　　　　　　(b) 非空的双向循环链表

图 2-14　带头结点的双向循环链表

双向链表是单链表扩展出来的结构，很多操作（如求链表长度 ListLength、查找元素的 GetElem 和获取元素位置的 LocateElem 等）只涉及单一方向的指针，则它们的操作和算法描述是相同的。但在插入和删除结点时，在双向链表中需要更改的是两个方向上的指针，如图 2-15 所示。

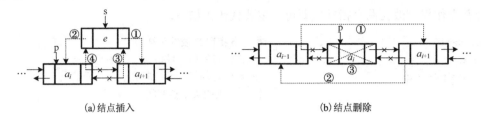

(a) 结点插入　　　　　　　　　　　　　　　(b) 结点删除

图 2-15　双向链表的结点插入和删除

其主要代码段为：

s->next = p->next;	//①s 结点的后指针指向 p 结点的后继结点
s->prior = p;	//②s 结点的前指针指向 p 结点
p->next->prior = s;	//③p 结点的后继结点的前指针指向 s 结点
p->next = s;	//④p 结点的后指针指向 s 结点

同样地，删除操作的主要代码段为：

p->prior->next = p->next;	//①p 结点的前驱结点的后指针指向其后继结点
p->next->prior = p->prior;	//②p 结点的后继结点的前指针指向其前驱结点
free(p);	//③释放 p 结点的空间

关于双向链表的创建、初始化、插入、删除、查找等操作的具体实现留给读者思考。

2.6　链表的应用：一元多项式的运算

2.6.1　一元多项式的表示及存储

在数学上，一个一元多项式 $A_n(x)$ 可按升幂表示为

$$A_n(x) = a_0 + a_1x + a_2x^2 + \cdots + a_nx^n$$

可以看出，它由 $n+1$ 个系数唯一确定。因此，可以将一元多项式 $A_n(x)$ 抽象为一个由 $n+1$ 个元素组成的有序序列，可用一个线性表 A 来表示：

$$A = (a_0, a_1, a_2, \cdots, a_n)$$

此时，每一项的指数 i 隐含在其系数 a_i 的序号中。

例 2-4　两个一元多项式求和。

设有两个一元多项式 $A_n(x) = a_0 + a_1x + \cdots + a_nx^n$ 和 $B_m(x) = b_0 + b_1x + \cdots + b_mx^m$，分别用线性表 $A = (a_0, a_1, \cdots, a_n)$ 和 $B = (b_0, b_1, \cdots, b_m)$ 来表示，则两个多项式求和的过程也就是合并同类项的过程。

不失一般性，设 $m \leq n$，则两个一元多项式相加的结果 $C_n(x) = A_n(x) + B_m(x)$ 可用线性表 $C = (a_0 + b_0, a_1 + b_1, \cdots, a_m + b_m, \cdots, a_n)$ 来表示。此运算用上述数组表示的顺序存储结构便可容易实现。

但在实际应用中，多项式的指数可能很高且变化很大，如 $S(x) = 1 + 3x^{10000} + 5x^{20000}$，这

种稀疏多项式如果采用上述表示方法，将使得线性表中出现很多零元素，从而造成存储空间的极大浪费。为了避免这种问题，一种解决办法是只存储非零元素，通过改变线性表中的元素设定，对多项式的每一个非零项，可用系数和指数唯一确定。因此，$S(x)$ 就可以用线性表 $((1, 0), (3, 10000), (5, 20000))$ 来表示。这种表示方法将大大节省空间。

接下来需要考虑的是表示一元多项式的线性表的存储结构问题。

如果多项式属于非稀疏多项式，又分为两种情况：①若只对多项式进行"求值"等不改变多项式的系数和指数的运算，可采用数组表示的顺序存储结构，实现简单；②若对多项式进行"求和"等可能改变多项式的系数和指数的运算，如果还是采用顺序存储结构，则可能发生频繁的顺序线性表的插入和删除操作，导致算法的时间复杂度较差，改进方案则是利用链式存储结构来表示多项式的线性表。

如果多项式属于稀疏多项式，采用数组表示的顺序存储结构，由于事先无法确定多项式的非零项数，所以只能根据预估可能的最大值来定义数组的大小，这种存储空间的分配方式不够灵活，且可能会带来两种问题：一种是实际非零项数比较小，浪费了大量存储空间；另一种是实际非零项数超过了预估最大值，存储空间不够。此外，在实现多项式的求和运算时，还需要开辟一个新的数组来保存运算结果，导致算法的空间复杂度较高。改进方案同样是利用链式存储结构来表示多项式的线性表，以提高灵活性。

用链表表示一元多项式时，每个链表结点存储多项式中的一个非零项，包括系数和指数两个数据域以及一个指向其后继非零项的指针域。对应的数据结构可定义为

```
typedef struct node {
    float coef;                    //一元多项式非零项的系数
    int exp;                       //一元多项式非零项的指数
    struct node *next;             //指向多项式下一个非零项的指针
} NODE, *List;
```

对于 $A(x) = 1 + 3x + 5x^8 + 7x^{24}$ 和 $B(x) = 2x + 4x^5 - 5x^8$，其单链表存储结构如图 2-16 所示。

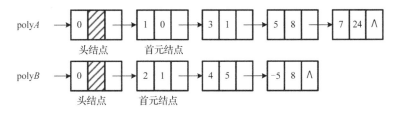

图 2-16　一元多项式的单链表存储结构

2.6.2　一元多项式的求和

假设头指针为 polyA 和 polyB 的单链表分别为一元多项式 A 和 B 的存储结构，链表中结点均按升幂排列，指针 pa 和指针 pb 分别指向 A 和 B 中当前进行比较的某个结点，则逐一比较两个结点中的指数项，对于指数相同的项，应该合并同类项，对应系数相加，若和不为零，则作为"和多项式"中的一项插入"和多项式"链表中；对于指数不相同的项，则通过比较先将指数值较小的项插入"和多项式"链表中，指数值较大的项继续参与后续比较。"和多

项式"链表中的所有结点无须重新生成，而应该从两个多项式的链表中摘取。图 2-16 所示的两个多项式相加的结果如图 2-17 所示，图中的长方形框表示已被释放的结点。

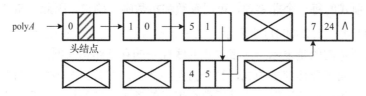

图 2-17　一元多项式相加得到的和多项式

首先，指针 pa 和 pb 初始化，分别指向单链表 A 和 B 的首元结点。

循环比较 pa 和 pb 所指向结点对应的指数值(pa->exp 与 pb->exp)，存在下列三种情况：

(1)当 pa->exp < pb->exp 时，pa 结点是和多项式的一项，pa 指针指向后继结点，pb 指针保持不动。

(2)当 pa->exp > pb->exp 时，pb 结点是和多项式的一项，将 pb 结点插入 pa 结点之前，pb 指针指向其后继结点，pa 指针保持不动。

(3)当 pa->exp = pb->exp 时，将两个结点中的系数相加，若和不为零，则修改 pa 结点中的系数值，同时删除 pb 结点；若和为零，则删除 pa 结点和 pb 结点，pa 指针和 pb 指针分别指向其后继结点。

重复上述过程直到 pa = NULL 或 pb = NULL，若 pb = NULL，那么运算结束，若 pa = NULL，则将单链表 B 中剩余段连到 A 表尾即可。一元多项式的求和运算如代码 2-6 所示。

代码 2-6　一元多项式的求和运算

```c
#include <stdio.h>
#include <stdlib.h>
typedef struct node {
    float coef;                              //一元多项式非零项的系数
    int exp;                                 //一元多项式非零项的指数
    struct node *next;                       //指向多项式下一个非零项的指针
} NODE, *List;

//创建一个带头结点的有序单链表
List CreatePolynomial ()
{
    NODE *head, *pre, *s, *p;
    float coef;
    int exp;
    if (! (head = (NODE *) malloc (sizeof (NODE))))
        exit (1);                            //生成头结点，若存储空间分配失败，则退出程序
    head->next = NULL;                       //单链表初始为空表，头结点指针域置为空
    while (1)
    {
        scanf ("%f%d", &coef, &exp);         //输入系数和指数
```

```
        if (coef == 0) break;                    //若输入的系数为 0,表示创建结束,退出循环
        s = (NODE *) malloc (sizeof (NODE));
        if (!s) exit (1);                         //生成新结点 s,若存储空间分配失败,退出程序
        s->coef = coef;                           //新结点的系数数据域赋值
        s->exp = exp;                             //新结点的指数数据域赋值
        s->next = NULL;                           //新结点的指针域置为空
        pre = head;                               //指针 pre 用于指向 p 的前驱结点,初始指向头结点
        p = pre->next;                            //指针 p 指向首元结点
        while (p && p->exp < s->exp)              //通过比较指数找出第一个大于输入项指数的项
        {
            pre = p;
            p = p->next;
        }
        s->next = p;                              //新结点 s 插入 p 结点及其前驱结点 pre 之间
        pre->next = s;
    }
    return head;
}
//实现带头结点的两个一元多项式的相加
void AddPolynomial (List polyA, List polyB)
{
    NODE *pa, *pb, *pre, *pDel;
    float sum;
    pa = polyA->next;                             //指针 pa 指向单链表 A 的首元结点
    pb = polyB->next;                             //指针 pb 指向单链表 B 的首元结点
    pre = polyA;                                  //指针 pre 指向和多项式的当前结点,初始指向表 A 头结点
    while (pa && pb)                              //指针 pa 和 pb 均非空
    {
        if (pa->exp < pb->exp)                    //单链表 A 当前结点的指数较小
        {
            pre->next = pa;                       //将 pa 结点链在 pre 之后
            pre = pa;                             //指针 pre 指向 pa 结点
            pa = pa->next;                        //指针 pa 指向其后继结点,即多项式 A 后一项
        }
        else if (pa->exp == pb->exp)              //单链表 A 当前结点和 B 当前结点的指数相等
        {
            sum = pa->coef + pb->coef;            //变量 sum 保存两项的系数和
            if (sum != 0)
            {
                pa->coef = sum;                   //修改单链表 A 当前结点的系数值为两项系数的和
                pre->next = pa;                   //将修改后的 pa 结点链在 pre 之后
                pre = pa;                         //指针 pre 指向 pa 结点
                pa = pa->next;                    //指针 pa 指向其后继结点,即多项式 A 后一项
                pDel = pb;                        //指针 pDel 指向待删除 pb 结点
```

```
            pb = pb->next;                    //指针 pb 指向其后继结点，即多项式 B 后一项
            free(pDel);                       //释放 pDel 结点空间
        }
        else                                  //系数和为 0
        {
            NODE *t;
            //释放单链表 A 当前结点空间，pa 指向多项式 A 后一项
            t = pa->next; free(pa); pa = t;
            //释放单链表 B 当前结点空间，pb 指向多项式 B 后一项
            t = pb->next; free(pb); pb = t;
        }
    }
    else                                      //单链表 B 当前结点的指数较小
    {
        pre->next = pb;                       //将 pb 结点链在 pre 之后
        pre = pb;                             //指针 pre 指向 pb 结点
        pb = pb->next;                        //指针 pb 指向其后继结点，即多项式 B 后一项
    }
}
pre->next = pa ? pa : pb;                      //将两链表中剩余段链接在 pre 之后
free(polyB);                                   //释放单链表 B 的头结点空间
}
//遍历输出带头结点的单链表
void PrintPolynomial(List head)
{
    for (head = head->next; head; head = head->next)
        //%g 表示以%f 和%e 中较短的输出宽度输出单、双精度实数，且去掉小数点后面多余的零，
          +号表示若所输出的数据为正数时其前面的正号不省略，目的是使输出的表达式完整
        printf("%+g*x^%d", head->coef, head->exp);
    printf("\n");
}
int main()
{
    NODE *pa, *pb;
    printf("请输入多项式 A 的各项系数和指数，以 0 x 作为结束标记\n");
    pa = CreatePolynomial();                   //创建一个带头结点的有序单链表 pa
    printf("请输入多项式 B 的各项系数和指数，以 0 x 作为结束标记\n");
    pb = CreatePolynomial();                   //创建一个带头结点的有序单链表 pb
    AddPolynomial(pa, pb);                     //实现带头结点的两个一元多项式的相加，结果存入 pa
    printf("A + B = ");
    PrintPolynomial(pa);                       //输出运算结果
    return 0;
}
```

2.7 本 章 小 结

线性表是整个"数据结构"课程的重要基础，本章主要内容如下：

(1)从数据结构三要素(逻辑结构、存储结构、运算)出发，讲解线性表，具体内容如图2-18所示。

线性表
- 逻辑结构
  - n个相同类型的数据元素组成的有限序列
  - 数据元素之间是线性关系
- 存储结构
  - 顺序存储结构：顺序表
  - 链式存储结构：单链表、循环链表、双向链表
- 运算：初始化、创建、销毁、取值、查找、插入、删除

图 2-18 线性表的三要素

(2)顺序表和链表各有所长，两者的优缺点和适用情况如表2-1所示。

表 2-1 顺序表和链表的比较

项目		顺序表	链表
空间	存储空间	预先分配，会导致空间闲置或溢出现象	动态分配，不会出现空间闲置或溢出现象
	存储密度	不需要额外的存储开销来表示元素间的逻辑关系，存储密度等于1	需要借助指针来表示元素间的逻辑关系，存储密度小于1
时间	存取元素	随机存取，时间复杂度为 $O(1)$	顺序存取，时间复杂度为 $O(n)$
	插入、删除	约平均移动表中一半元素，时间复杂度为 $O(n)$	不需移动元素，确定插入、删除位置后，时间复杂度为 $O(1)$
适用情况		①表长变化不大，且能事先确定变化的范围；②很少进行插入或删除操作，经常按元素位置序号访问数据元素	①长度变化较大；②频繁进行插入或删除操作

习 题

2.1 已知长度为 n 的线性表 A 采用顺序存储结构，请设计一个时间复杂度为 $O(n)$、空间复杂度为 $O(1)$ 的算法，用于删除线性表中所有值为 e 的数据元素。

2.2 将两个递增的有序链表合并为一个递增的有序链表。要求结果链表仍使用原来两个链表的存储空间，不额外占用其他的存储空间。表中不允许有重复的数据。

2.3 将两个非递减的有序链表合并为一个非递减的有序链表。要求结果链表仍使用原来两个链表的存储空间，不额外占用其他的存储空间。表中允许有重复的数据。

2.4 已知两个链表 A 和 B 分别表示两个集合，其元素递增排列。请设计一个算法，用于求出两个集合 A 和 B 的差集(即仅由在 A 中出现而不在 B 中出现的元素所构成的集合)，并存放在 A 链表中。

2.5 已知两个链表 A 和 B 分别表示两个集合，其元素递增排列。请设计一个算法，用于求出两个集合 A 和 B 的交集，并存放在 A 链表中。

2.6 已知两个链表 A 和 B 分别表示两个集合，其元素递增排列。请设计一个算法，用于

求出两个集合 A 和 B 的并集，并存放在 A 链表中。

2.7　设计算法将一个带头结点的单链表 A 分解为两个具有相同结构的链表 B 和 C，其中 B 表中的结点为 A 表中值小于零的结点，而 C 表中的结点为 A 表中值大于零的结点(链表 A 中的元素为非零整数，且要求 B 和 C 表利用 A 表中的结点)。

2.8　设计一个算法，通过一趟遍历确定长度为 n 的单链表中值最大的结点。

2.9　设计一个算法,删除递增有序链表中所有值大于 min 且小于 max 的元素(min 和 max 是给定的两个参数，其值可以和表中的元素相同，也可以不同)。

2.10　已知 p 指向双向循环链表中的一个结点，其结点结构为 prior、data、next 三个域，写出算法 Change(p)，通过只调整指针(而不是数据)来交换 p 结点的前驱结点和后继结点。

2.11　约瑟夫(Josephus)环问题是下面的游戏：n 个人从 1 到 n 编号，围坐成一个圆圈。从 1 号开始传递一个热土豆，经过 m 次传递后拿着热土豆的人被清除离座，围坐的圆圈缩紧，由坐在被清除的人后面的人拿起热土豆继续进行游戏。最后剩下的人获胜。因此，假如 $n=5$，$m=0$，则依次清除后，5 号获胜；假如 $n=5$，$m=1$，3 号获胜，被清除的人的顺序是 2, 4, 1, 5。编写一个程序解决给定 n 和 m 的 Josephus 环问题，输出获胜号码及被清除的人的顺序，应使程序尽可能高效，同时确保不再使用的空间得到及时释放。

第3章 栈和队列

栈和队列是两种重要的线性结构,在程序设计中被广泛使用。它们是操作受限的特殊线性表。本章除了讨论栈和队列的定义、表示方法和实现外,还将给出一些实际应用的例子。

3.1 栈 的 定 义

栈(Stack)是限定仅在表尾进行插入和删除操作的线性表。允许插入和删除的一端即表尾端,称为栈顶(Top),另一端即表头端称为栈底(Bottom)。不含任何数据元素的栈称为空栈。

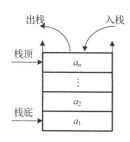

图 3-1　栈的示意图

假设栈 $S = (a_1, a_2, \cdots, a_n)$,则称 a_1 为栈底元素, a_n 为栈顶元素。也就是说,栈的修改是按照"后进先出"的原则进行的,如图 3-1 所示。因此,栈又称为后进先出(Last In First Out, LIFO)的线性表。

栈的基本操作除了进栈(也称为压栈、入栈)和出栈(也称为弹栈)外,还有栈的初始化、栈的清空、栈空的判断、栈满的判断以及获取栈顶元素等。由于栈是一种操作受限的线性表,因此栈的存储结构也分为顺序和链式两种形式。顺序存储的栈称为顺序栈,链式存储的栈称为链栈。

下面给出栈的抽象数据类型定义:

ADT Stack {

　　数据对象: $D = \{a_i \mid a_i \in \text{ElemSet}, i = 1, 2, \cdots, n, n \geq 0\}$

　　数据关系: $R = \{< a_{i-1}, a_i > \mid a_{i-1}, a_i \in D, i = 2, 3, \cdots, n\}$,数据元素间呈线性关系。约定 a_1 端为栈底, a_n 端为栈顶。

　　基本操作:

　　　　InitStack(Stack *S): 栈的初始化操作,构造一个空栈 S。

　　　　ClearStack(Stack *S): 将栈 S 清空。

　　　　IsEmpty(Stack S): 若栈 S 为空,则返回 TRUE,否则返回 FALSE。

　　　　IsFull(Stack S): 若栈 S 为满,则返回 TRUE,否则返回 FALSE。

　　　　Push(Stack *S, ElementType e): 入栈操作。若栈 S 不满,则插入元素 e 到栈 S 成为新的栈顶元素,并返回 TRUE;否则返回 FALSE。

　　　　Pop(Stack *S, ElementType *e): 出栈操作。若栈 S 非空,则删除 S 的栈顶元素,并用 e 返回其值,并返回 TRUE;否则返回 FALSE。

　　　　GetTop(Stack S, ElementType *e): 获取栈顶元素。若栈 S 非空,则用 e 返回 S 的栈顶元素,栈顶指针保持不变;否则返回特殊错误标志 ERROR。

}

3.2　栈的表示和实现

栈有两种存储表示方式：顺序存储(顺序栈)和链式存储(链栈)。在实际应用中，顺序存储实现方式更加常见和方便，因此本节将重点分析顺序栈的表示和实现。

1. 栈的顺序存储实现

栈的顺序存储结构通常由一个一维数组和一个记录栈顶元素位置的变量组成，另外用一个变量来存储栈的最大容量 maxSize，这样便于判断什么时候栈是满的。我们用一个动态分配内存的一维数组 data[maxSize]（下标 0～maxSize−1）存储一个栈的所有元素，用一个整型变量 top 表示栈顶指针，用于指示栈顶元素的位置。当 top = −1 时，表示空栈；当 top = maxSize − 1 时，表示满栈。

用 C 语言描述顺序栈的结构可定义为：

```
typedef int ElementType;              //定义栈元素的数据类型为整型
typedef struct {
    ElementType *data;                //存储元素的数组，data 为指针，代表首地址
    int top;                          //栈顶指针，记录当前栈顶元素的下标值
    int maxSize;                      //栈的最大容量
} Stack;                              //栈的结构体类型定义
```

由于顺序栈的入栈操作受到数组上界的约束，当对栈的最大容量估计不足时，可能发生栈的上溢(Stack Overflow)，因此，在执行入栈操作前必须先检查栈是否已满。若栈不满，top 加 1，并将新元素放到栈顶位置；否则入栈操作失败。

同样地，在进行出栈操作前，要判断栈是否为空。若栈不为空，删除栈顶元素，并返回其值，同时将 top 减 1；否则出栈操作失败。具体的数据结构和函数描述如代码 3-1 所示。

代码 3-1　顺序栈的表示和实现

```
#include <stdio.h>
#include <stdlib.h>
typedef int ElementType;                        //定义栈元素的数据类型为整型
ElementType ERROR = 142857;                     //特殊错误标志，必须是正常的栈元素不可能取到的值
typedef enum {FALSE, TRUE} Boolean;             //重命名枚举类型，枚举值为 FALSE(0) 和 TRUE(1)
typedef struct {
    ElementType *data;                          //存储元素的数组，data 为指针，代表数组的首地址
    int top;                                    //栈顶指针，记录当前栈顶元素的下标值
    int maxSize;                                //栈的最大容量
} Stack;                                        //栈的结构体类型定义

//初始化操作，构造一个空栈
void InitStack(Stack *s, int maxSize)           //形参为指针类型，对应实参应该为某个栈实例的地址
{
    //为顺序表在内存的动态存储区中分配一段可容纳 maxSize 个数据元素的连续空间，由 s->data 指向
    s->data = (ElementType *) malloc(maxSize * sizeof(ElementType));
```

```
        if (!s->data) exit(1);                    //存储空间分配失败，则退出程序
        s->top = -1;                              //分配成功，设置栈顶指针为-1，表示空栈
        s->maxSize = maxSize;                     //设置栈最大容量为 maxSize
}
//将栈清空
void ClearStack(Stack *s)
{
        s->top = -1;                              //栈顶指针恢复到初始状态-1，即空栈状态
}
//判断栈是否为空，若栈为空，则返回 TRUE，否则返回 FALSE
Boolean IsEmpty(Stack *s)
{
        if (s->top == -1) return TRUE;            //若栈为空，返回 TRUE
        else return FALSE;                        //否则，返回 FALSE
}
//判断栈是否满，若栈满，则返回 TRUE，否则返回 FALSE
Boolean IsFull(Stack *s)
{
        if (s->top == s->maxSize - 1)
              return TRUE;                        //若栈满，返回 TRUE
        else return FALSE;                        //否则，返回 FALSE
}
//入栈操作，若栈 s 不满，则插入元素 e 到栈中并成为新的栈顶元素，返回 TRUE；否则返回 FALSE
Boolean Push(Stack *s, ElementType e)
{
        if (IsFull(s)) return FALSE;              //若栈满，返回 FALSE
        s->top++;                                 //否则，栈顶指针加 1
        s->data[s->top] = e;                      //将新插入元素 e 放到栈顶位置
        return TRUE;                              //返回 TRUE
}
//出栈操作，若栈 s 非空，则删除 s 的栈顶元素，并用 e 返回其值，返回 TRUE；否则返回 FALSE
Boolean Pop(Stack *s, ElementType *e)
{
        if (IsEmpty(s)) return FALSE;             //若栈空，返回 FALSE
        *e = s->data[s->top];                     //否则，待出栈的栈顶元素赋给 e
        s->top--;                                 //栈顶指针减 1
        return TRUE;                              //返回 TRUE
}
//获取栈顶元素，若栈 s 非空，则返回 s 的栈顶元素，栈顶指针保持不变；否则返回 ERROR
ElementType GetTop(Stack *s)
{
        if (IsEmpty(s)) return ERROR;             //若栈空，返回特殊错误标志 ERROR
        return s->data[s->top];                   //否则，返回栈顶元素，栈顶指针保持不变
}
int main()
{
        Stack s;                                  //定义栈实例 s(结构体变量)
```

```
    ElementType e1, e2, e3;                    //定义 ElementType 类型变量 e1、e2 和 e3
    InitStack(&s, 100);                        //初始化栈 s, 实参为栈实例 s 的地址, 栈容量设置为 100
    printf("元素 6 入栈\n");
    Push(&s, 6);                               //将元素 6 压入栈
    printf("元素 28 入栈\n");
    Push(&s, 28);                              //将元素 28 压入栈
    if (Pop(&s, &e1))                          //弹出栈顶元素, 并赋给 e1
        printf("栈顶元素出栈, 其值=%d\n", e1);
    if (Pop(&s, &e2))                          //弹出栈顶元素, 并赋给 e2
        printf("栈顶元素出栈, 其值=%d\n", e2);
    if ((e3 = GetTop(&s)) == ERROR)            //获取栈顶元素, 并赋给 e3
        printf("栈已空\n");                      //如果 e3 等于特殊错误标志, 则打印 "栈已空"
    else printf("栈顶元素值=%d\n", e3);
    return 0;
}
```

2. 栈的链式存储实现

采用链式存储结构实现的栈称为链栈。通常链栈用单链表来表示, 但其操作受限, 插入和删除操作只能在链栈的栈顶进行。栈顶指针 top 就是单链表的头指针, 指向链栈的栈顶结点。栈中的所有结点通过它们的指针域 next 链接起来, 栈底结点的指针域为 NULL。

用 C 语言描述链栈的结构可定义为:

```
typedef int ElementType;                       //定义栈元素的数据类型为整型
typedef struct node {
    ElementType data;                          //数据域, 存储数据元素信息
    struct node *next;                         //指针域, 指向其直接后继结点
} NODE;                                        //链栈结点的结构体类型定义
typedef struct {
    NODE *top;                                 //栈顶指针, 指向栈顶元素结点
    int size;                                  //链栈中已存储元素的个数
} LinkStack;                                   //链栈的结构体类型定义
LinkStack *s;                                  //定义指向链栈的指针变量
```

不带头结点的链栈的基本操作如图 3-2 所示, 其初始化操作就是构造一个空栈, 直接将栈顶指针置为空即可。

```
s->top = NULL;                                 //①栈顶指针置空
```

若将元素 y 压入链栈, 该元素的结点用指针 p 指向, 则入栈操作的主要代码段如下:

```
p->next = s->top;                              //②将 p 结点插入栈顶
s->top = p;                                    //③修改栈顶指针为 p
```

同样地, 链栈的出栈操作的主要代码段如下:

```
p = s->top;                                    //④指针 p 指向原栈顶元素, 以备释放
s->top = s->top->next;                         //⑤修改栈顶指针
```

注意，访问完原栈顶元素后，须通过 free(p) 释放其所占用内存空间。

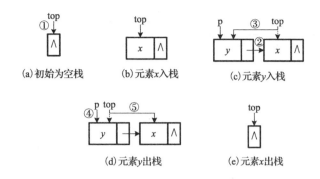

图 3-2 不带头结点的链栈的基本操作

3.3 栈 的 应 用

栈"后进先出"的特点使得栈成为程序设计中的有用工具，在许多实际问题中都利用栈作为一个辅助的数据结构来进行求解。栈在计算机中应用得非常广泛，例如，编译器检查语法错误(如检查各种括号是否成对出现)、表达式求值、函数调用等。这一节将通过几个简单的例子来说明栈的具体应用。

3.3.1 数制转换

十进制数 N 和其他 d 进制数之间的相互转换是计算机实现计算的基本问题，其解决方法很多，其中有一种简单算法是基于下列原理的：

$$N = (N \text{ div } d) \times d + N \bmod d$$

式中，div 为整除运算；mod 为求余运算。

例如，$(496)_{10} = (760)_8$，其运算过程如表 3-1 所示。

表 3-1 运算过程

N	$N \text{ div } 8$	$N \bmod 8$
496	62	0
62	7	6
7	0	7

假如现在要编制一个满足下列要求的程序：对于输入的任意一个非负十进制整数，输出与其等值的八进制数。问题很明确，就是要输出计算过程中所产生的八进制数的各个数位。然而从计算过程可见，八进制数的各个数位产生的顺序是从低位到高位的，而输出顺序一般来说是从高位到低位，这正好和计算过程相反。因此，需要先保存在计算过程中得到的八进制数的各个数位，然后逆序输出，因为它是按"后进先出"的规律进行的，所以使用栈较为合适。

在代码 3-1 的基础上，数值转换算法的具体实现如代码 3-2 所示。

代码 3-2　　十进制数到八进制数的转换

```
//对于输入的任意一个非负十进制整数，打印输出与其等值的八进制数
void DecimalToOctal (int n)
{
    Stack s;                          //定义栈
    ElementType e;                    //定义 ElementType 类型变量 e
    if (n < 0) return;                //限定输入的 n 为非负整数
    InitStack (&s, 100);              //初始化栈 s，栈容量设置为 100
    while (n)
    {
        Push (&s, n % 8);             //把 n 与 8 求余得到的八进制"余数"压入栈 s
        n /= 8;                       //n 更新为 n 与 8 的商
    }
    while (!IsEmpty (&s))
    {
        Pop (&s, &e);                 //弹出栈顶元素，并赋给 e
        printf("%d", e);              //输出 e
    }
}
int main ()
{
    DecimalToOctal (496);             //调用数制转换算法
    return 0;
}
```

3.3.2　括号匹配检验

假设表达式中允许包含两种括号：圆括号和方括号。其嵌套的顺序随意，如（[]（））或 [（[][]）] 等为正确的格式，[（]）或（[]（）或（（]）均为错误的格式。要求检验一个给定表达式中的括号是否正确匹配。

检验括号是否匹配的方法中，对于"左括号"来说，后出现的比先出现的"优先"或者更急迫等待检验，对于"右括号"来说，每个出现的右括号要寻找在它之前"最后"出现的左括号去匹配。显然，必须把所有左括号按照出现的先后顺序依次保存，为了反映这个优先程度，保存左括号的结构用栈最为合适。这样对出现的右括号来说，只要与"栈顶元素"相匹配即可。如果栈顶的左括号正好与之相匹配，则将该左括号出栈。具体算法可描述如代码 3-3 所示。

代码 3-3　　括号匹配检验

```
//检验表达式中所含括号是否正确匹配，正确则返回 TRUE，否则返回 FALSE
Boolean ParenthesisMatchingChecker (char exp[])
{
    Stack s;                          //定义栈实例 s(结构体变量)
    ElementType e;                    //定义 ElementType 类型变量 e
```

```
    int flag = 1;                            //标志位,用于标记匹配结果以控制循环及返回结果
    int i = 0;
    InitStack(&s, 100);                      //初始化栈 s,栈容量设置为 100
    while (exp[i] != '\0' && flag)           //字符串尚未扫描结束,且匹配标志位为 1
    {
        switch (exp[i])
        {
            case '(':
            case '[':
                Push(&s, exp[i]);            //若是左括号"("或者"[",则将其压入栈
                break;
            case ')':                        //若是")",则根据当前栈顶元素的值分情况考虑
                //若栈非空且栈顶元素是"("
                if (!IsEmpty(&s) && GetTop(&s) == '(')
                    Pop(&s, &e);             //正确匹配,弹出栈顶元素
                else flag = 0;               //否则,匹配失败,置标志位 flag 为 0
                break;
            case ']':                        //若是"]",则根据当前栈顶元素的值分情况考虑
                //若栈非空且栈顶元素是"["
                if (!IsEmpty(&s) && GetTop(&s) == '[')
                    Pop(&s, &e);             //正确匹配,弹出栈顶元素
                else flag = 0;               //否则,匹配失败,置标志位 flag 为 0
                break;
        }
        i++;                                 //继续读入下一个字符
    }
    if (IsEmpty(&s) && flag) return TRUE;    //若栈空且标志位 flag 为 1,则匹配成功,返回 TRUE
    else return FALSE;                       //否则,匹配失败,返回 FALSE
}
int main()
{
    char exp[1000];
    scanf("%s", exp);
    if (ParenthesisMatchingChecker(exp))     //调用括号匹配检验算法
        printf("通过括号匹配检验! \n");
    else printf("检验失败! \n");
    return 0;
}
```

3.3.3　迷宫问题

求迷宫中从入口到出口的路径是一个经典的程序设计问题。计算机求解此类问题时,通常采用的是"穷尽法",即从入口出发,顺某一方向向前探索,若能走通,则继续往前走;否则沿原路退回,换一个方向再继续探索,直到所有可能的通路都探索到为止。为了保证在任何位置上都能沿原路退回,需要用一个后进先出的结构来保存从入口到当前位置的路径。因此,在求迷宫通路的算法中应用栈结构是合适的。

如图 3-3 所示,迷宫中的每个方块或为通道(以空白方块表示),或为墙壁(以带阴影的方

块表示)。要求所求路径必须是简单路径,即在求得的路径上不能重复出现同一通道块。换句话说,基本原则是不走回头路。

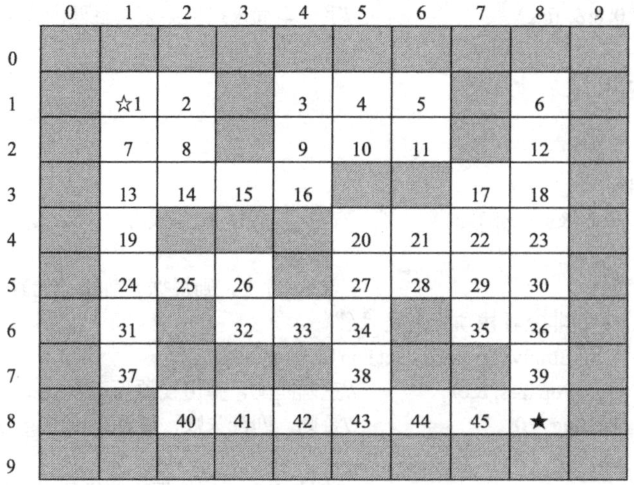

图 3-3 迷宫问题

假设"当前位置"指的是在探索迷宫过程中某一时刻所处的图中某个方块的位置,则求迷宫中一条通路算法的基本思想是:按照某种次序依次探索当前位置周边四个方向的方块,若下一位置"可通",则先把当前位置纳入"当前路径",再朝"下一位置"行进,即切换"下一位置"为"当前位置",然后继续探索,如此重复直至到达出口;若当前位置周边四个方向方块均"不可通",则应顺着"来向"退回到"前一通道块",并从"当前路径"上删除该通道块,然后朝着除"来向"之外的其他方向继续探索。"下一位置"指的是"当前位置"周边四个方向上相邻的方块的位置。假设以栈记录"当前路径",则栈顶位置存放的是当前路径上最后一个通道块。由此,"纳入路径"的操作就是"当前位置入栈";从当前路径上删除前一通道块即出栈操作。

此处的位置可通,指的是未曾走过的通道块,即要求该方块位置不仅是通道块,而且既不在当前路径上(否则所求路径就不是简单路径),也不是曾经纳入当前路径的通道块(否则只能在死胡同内转圈)。例如,在图 3-3 中,若当前位置为方块 2,依次顺时针探索其正北、正东方向,均不可通,继续探索其正南方向,发现方块 8 可通,此时先把方块 2 纳入当前路径,再行进至方块 8,并切换方块 8 为当前位置,之后同样先探索方块 8 的正北方向,发现方块 2 曾经走过,则认为方块 2 不可通,继续探索其他方向。如果又行进至方块 2,就会造成在方块 2 和方块 8 之间来回转圈。

求迷宫中一条从入口到出口的路径的算法可用伪代码 3-1 描述如下。

伪代码 3-1 迷宫问题

初始化 mark 数组,值=0 表示该位置没走过,值=1 表示该位置曾经走过;
迷宫入口位置信息(坐标及起始探索方向)入栈;
while (出口尚未找到 && 栈非空)
{
    弹出栈顶元素,设定当前位置和当前探索方向;

```
while (出口尚未找到 && 当前位置周边四个方向未全部探索完)
{
        探索下一位置，即尝试往 dir 指示的方向前进一步;
        if (下一位置非墙壁 && 下一位置未走过)
        {
                将当前位置信息以及方向信息入栈;
                下一位置=>新的当前位置，即往前真正前进一步;
                探索方向重置为北，即 dir = 0;
                标记当前位置曾走过;
                判断当前位置是否为迷宫出口，若是则置成功标志;
        }
        else
                改变 dir 值，即顺时针换一个方向继续探索;
}
}
if (成功标志 == 1)
        打印从迷宫入口到出口的路径;
else
        该迷宫问题无可行解，程序退出;
```

代码 3-4 在代码 3-1 和伪代码 3-1 的基础上给出迷宫问题求解算法的具体实现。

代码 3-4　迷宫问题求解

```
#include <stdio.h>
#include <stdlib.h>
typedef struct {
        int row;                              //行号
        int col;                              //列号
        int dir;                              //方向，对应偏移量数组的下标
} ElementType;                                //迷宫中的位置结构体类型
ElementType ERROR = {-1, -1, -1};             //特殊错误标志，必须是正常的迷宫位置不可能取到的值
typedef enum {FALSE, TRUE} Boolean;           //重命名枚举类型，枚举值为 FALSE(0) 和 TRUE(1)
typedef struct {
        ElementType *data;                    //存储元素的数组，data 为指针，代表数组的首地址
        int top;                              //栈顶指针，记录当前栈顶元素的下标值
        int maxSize;                          //栈的最大容量
} Stack;                                      //栈的结构体类型定义
typedef struct {
        int vertical;                         //纵向偏移
        int horizontal;                       //横向偏移
} Offset;                                     //前进的偏移量结构体类型
//定义结构体数组 move 并初始化，表示迷宫往四个方向前进一步的偏移量
Offset move[4] = {{-1, 0}, {0, 1}, {1, 0}, {0, -1}};
#define ENTRY_ROW 1                           //定义迷宫入口位置行坐标
#define ENTRY_COL 1                           //定义迷宫入口位置列坐标
#define EXIT_ROW 8                            //定义迷宫出口位置行坐标
#define EXIT_COL 8                            //定义迷宫出口位置列坐标
```

```
//定义并初始化 maze 数组来表示迷宫地图，0 表示通路，最外围都是 1，表示墙壁
int maze[10][10] = {
    {1, 1, 1, 1, 1, 1, 1, 1, 1, 1},
    {1, 0, 0, 1, 0, 0, 0, 1, 0, 1},
    {1, 0, 0, 1, 0, 0, 0, 1, 0, 1},
    {1, 0, 0, 0, 0, 1, 1, 0, 0, 1},
    {1, 0, 1, 1, 1, 0, 0, 0, 0, 1},
    {1, 0, 0, 0, 1, 0, 0, 0, 0, 1},
    {1, 0, 1, 0, 0, 0, 1, 0, 0, 1},
    {1, 0, 1, 1, 1, 0, 1, 1, 0, 1},
    {1, 1, 0, 0, 0, 0, 0, 0, 0, 1},
    {1, 1, 1, 1, 1, 1, 1, 1, 1, 1}
};

int main ()
{
    int i, j, row, col, dir, nextRow, nextCol;
    int isFound = 0;                        //变量 isFound 表示是否已找出迷宫出口
    int mark[10][10];                       //定义数组 mark，用来标记该位置是否走过
    Stack s;                                //定义辅助求解的栈结构，记录走过的每个位置
    ElementType e, position;                //定义 ElementType 类型变量 e 和 position
    //初始化 mark 数组，数组元素值为 0 代表该位置没走过，值为 1 代表该位置曾走过
    for (i = 0; i < 10; i++)
        for (j = 0; j < 10; j++)
            mark[i][j] = 0;
    InitStack(&s, 100);                     //初始化栈 s，栈容量设置为 100
    //设置迷宫入口位置及起始方向
    e.row = ENTRY_ROW; e.col = ENTRY_COL; e.dir = 0;
    Push(&s, e);                            //将迷宫入口位置及起始探索方向信息压入栈
    while (!isFound && !IsEmpty(&s))        //出口尚未找到且栈非空
    {
        Pop(&s, &e);                        //弹出栈顶元素，赋给 e
        row = e.row; col = e.col; dir = e.dir;  //设定当前位置和当前探索方向
        while (!isFound && dir < 4)         //按照 dir 指示的方向探索迷宫出口
        {
            //尝试往 dir 指示方向前进一步后的新行坐标
            nextRow = row + move[dir].vertical;
            //尝试往 dir 指示方向前进一步后的新列坐标
            nextCol = col + move[dir].horizontal;
            //判断下一位置是否非墙壁且未走过
            if (!maze[nextRow][nextCol] && !mark[nextRow][nextCol])
            {
                position.row = row; position.col = col; position.dir = dir;
                Push(&s, position);         //记录走过的位置，将当前位置和探索方向压入栈
                //真正前进一步，更新当前位置信息，重置探索方向 dir 为 0，即正北方向
                row = nextRow; col = nextCol; dir = 0;
                mark[row][col] = 1;         //将该位置的 mark 值赋为 1，标记该位置为曾走过
```

```
                        //假设当前位置恰好是迷宫出口
                        if (row == EXIT_ROW && col == EXIT_COL)
                            isFound = 1;            //设置标志位，表示已找到迷宫出口
                    }
                    else dir++;                     //若走不通，则在当前位置顺时针换一个方向继续探索
                }
            }
        }
        if (isFound)
        {
            printf("迷宫通路：");
            //打印出口，因为出口位置未入栈
            printf("(%d, %d)", EXIT_ROW, EXIT_COL);
            while (!IsEmpty(&s))
            {
                Pop(&s, &e);
                printf("<= (%d, %d)", e.row, e.col);
            }
        }
        else printf("该迷宫问题无可行解。\n");
        return 0;
}
```

注意：以上算法所求得路径只是迷宫问题的一个可行解，而未必是最优解。读者可以在此基础上尝试改造，以找出迷宫问题的所有可行解以及最优解。

3.3.4　表达式求值问题

表达式求值是程序设计语言编译中的一个最基本问题，即编译程序要将源程序中描述的表达式翻译成正确的机器指令序列或直接求出常量表达式的值。本小节分析用栈结构解析算术表达式的基本方法，给出能解析任何包括+、−、*、/、(、)以及 0~9 的整数组成的算术表达式的算法描述。在介绍表达式求值之前，我们先来解释中缀(Infix)表达式和后缀(Postfix)表达式的概念。

中缀表达式就是平常我们经常使用的算术表达式，如 $(1+2)*3-4$，即运算符位于两个操作数之间的表达式。后缀表达式是指通过解析后，运算符位于两个操作数之后的表达式，也称为逆波兰式(Reverse Polish Notation, RPN)，如上式解析成后缀表达式就是 $12+3*4-$。后缀表达式中不存在括号，运算符的优先级也蕴含在表达式中，因此可以直接利用栈来求值。

利用栈解析算术表达式的过程可分为两个步骤来完成：

(1)将中缀表达式转换为后缀表达式。

(2)对后缀表达式进行运算求值。

在这两个步骤中，我们都将利用栈结构来实现具体的操作过程。

我们先来看下如何将中缀表达式转换成后缀表达式，首先根据中缀表达式中运算符的优先级，在表达式中为每一个运算符补充括号，但表达式中原有的括号不用重复添加；再将表达式中的每一个运算符替换掉它对应的右括号；最后去掉表达式中所有的左括号。从而实现中缀表达式到后缀表达式的转换。

例如：　　　　　中缀表达式　　　（　1　+　2　）　*　3　-　4

步骤1：　　　（　（　（　1　+　2　）　*　3　）　-　4　）

步骤2：　　　（　（　（　1　　2　+　　3　*　　4　-

步骤3：　　　　　　　1　　2　+　　3　*　　4　-

得到对应的后缀表达式为 1 2 + 3 * 4 -，加括号法利用栈转换的过程如下（读者不妨思考下加括号法与以下栈实现之间的共性与联系）。

(1) 自左向右扫描中缀表达式，依次读入每一个字符 ch。

(2) 若 ch 是操作数，直接输出，即成为后缀表达式的一部分。

(3) 若 ch 是运算符（含左右括号），则：

①若 ch 是左括号，则将其压入栈中；

②若 ch 是右括号，表明括号内的中缀表达式已经扫描完毕，将栈顶的运算符弹出并输出，直到遇到左括号（左括号也出栈，但不输出）；

③若 ch 不是左、右括号，则将该运算符和栈顶运算符做优先级比较：

a. 若 ch 的优先级大于栈顶运算符的优先级，则将 ch 压入栈；

b. 若 ch 的优先级小于或等于栈顶运算符的优先级，则将栈顶运算符弹出并输出，再将 ch 与新的栈顶运算符做优先级比较，按同样方法处理，直到 ch 的优先级大于栈顶运算符的优先级，将 ch 压入栈。

(4) 若中缀表达式已经扫描完毕，则将栈中存留的运算符一并输出。

上述处理过程的一个关键步骤是不同运算符优先级的设置。在程序实现时，可以用一个数来代表运算符的优先级，优先级数值越大，它的优先级越高，这样优先级的比较就转换成了两个数大小的比较。

表 3-2 表示利用栈结构将中缀表达式"$(A-B)*C+D-E/F$"转换成后缀表达式的过程。

表 3-2　中缀表达式"$(A-B)*C+D-E/F$"转换成后缀表达式的过程

步骤	待处理中缀表达式	栈状态 （栈底←…→栈顶）	输出状态
1	$(A-B)*C+D-E/F$		
2	$A-B)*C+D-E/F$	(	
3	$-B)*C+D-E/F$	(	A
4	$B)*C+D-E/F$	(-	A
5	$)*C+D-E/F$	(-	$A\ B$
6	$*C+D-E/F$		$A\ B\ -$
7	$C+D-E/F$	*	$A\ B\ -$
8	$+D-E/F$	*	$A\ B\ -\ C$
9	$D-E/F$	+	$A\ B\ -\ C\ *$
10	$-E/F$	+	$A\ B\ -\ C\ *\ D$
11	E/F	-	$A\ B\ -\ C\ *\ D\ +$
12	$/F$	-	$A\ B\ -\ C\ *\ D\ +\ E$
13	F	- /	$A\ B\ -\ C\ *\ D\ +\ E$
14		- /	$A\ B\ -\ C\ *\ D\ +\ E\ F$
15			$A\ B\ -\ C\ *\ D\ +\ E\ F\ /\ -$

后缀表达式相对比中缀表达式的求值要容易得多，其求解过程如下：

(1) 自左向右扫描后缀表达式，依次读入每一个字符 ch。

(2) 若 ch 是操作数，则将其压入栈中。

(3) 如果 ch 是运算符，就从栈中弹出适当数量的操作数，进行计算，计算结果再压回栈中。

(4) 若整个后缀表达式已经处理完毕，则栈顶元素就是表达式的结果。

表 3-3 表示利用栈结构求解后缀表达式 "5 4 − 2 * 1 + 6 3 / −" 的过程。

表 3-3　后缀表达式 "5 4 − 2 * 1 + 6 3 / −" 的求解过程

步骤	待处理后缀表达式	栈状态 (栈底←···→栈顶)
1	5 4 − 2 * 1 + 6 3 / −	
2	4 − 2 * 1 + 6 3 / −	5
3	− 2 * 1 + 6 3 / −	5 4
4	2 * 1 + 6 3 / −	1
5	* 1 + 6 3 / −	1 2
6	1 + 6 3 / −	2
7	+ 6 3 / −	2 1
8	6 3 / −	3
9	3 / −	3 6
10	/ −	3 6 3
11	−	3 2
12		1(结果)

假设中缀表达式中只出现+、−、*、/、(、) 以及 0~9 的整数，则中缀表达式转换成后缀表达式及后缀表达式求值的具体算法描述如代码 3-5 所示，其中顺序栈的表示和实现复用代码 3-1，限于篇幅，这里不再重复。

代码 3-5　表达式求解

```
//将中缀表达式转换为后缀表达式
void InfixExprToPostfixExpr(char *infixExpr, char *postfixExpr, Stack *s)
{
    int i = 0;
    char ch;
    ElementType e;
    int isp[128] = {0};                      //isp 用于存放各 ASCII 字符在栈内的优先级
    int osp[128] = {0};                      //osp 用于存放各 ASCII 字符在栈外的优先级
    //分别初始化'('、')'、'+'、'−'、'*'、'/'、'%'在栈内和栈外的优先级，数值越大代表优先级越高
    isp['('] = 1; isp[')'] = 7; isp['+'] = isp['−'] = 3; isp['*'] = isp['/'] = isp['%'] = 5;
    osp['('] = 9; osp[')'] = 7; osp['+'] = osp['−'] = 3; osp['*'] = osp['/'] = osp['%'] = 5;
    //可以看出只有左括号的优先级在栈内外是有区别的，它在栈内优先级是最低的，而即将入栈的左括号
      其优先级是最高的，这是因为扫描中缀表达式时遇到左括号总是入栈，而当左括号是栈顶元素时，
      其他任何运算符也总是入栈
```

```
    while (ch = *infixExpr++)                    //自左向右扫描中缀表达式，依次读入每一个字符，赋给 ch
    {
        if (ch >= '0' && ch <= '9')              //若 ch 是操作数
            postfixExpr[i++] = ch;               //则直接输出，使之成为后缀表达式的一部分
        else if (ch == '(') Push (s, ch);        //若 ch 是左括号，则将其压入栈中
        //若 ch 是右括号，将栈顶的运算符弹出并输出，直到遇到左括号(左括号也出栈，但不输出)
        else if (ch == ')')
        {
            while (GetTop (s) != '(')            //若栈顶元素不是左括号
            {
                Pop (s, &e);                     //弹出栈顶元素
                postfixExpr[i++] = e;            //并输出
            }
            Pop (s, &e);                         //左括号出栈，但不输出
        }
        //以上皆非，则将该运算符的优先级和栈顶运算符的优先级做比较
        else
        {
            //如果栈 s 非空，且 ch 的优先级小于或等于栈顶元素的优先级
            while (!IsEmpty (s) && osp[ch] <= isp[GetTop (s)])
            {
                Pop (s, &e);                     //弹出栈顶元素
                postfixExpr[i++] = e;            //并输出
            }
            //若栈空或者 ch 的优先级大于栈顶运算符的优先级，则将 ch 压入栈
            Push (s, ch);
        }
    }
    //若中缀表达式已经扫描完毕，且栈非空，则将栈中存留的运算符一并输出
    while (!IsEmpty (s))
    {
        Pop (s, &e);                             //弹出栈顶元素
        postfixExpr[i++] = e;                    //并输出
    }
    postfixExpr[i] = '\0';                       //输出字符串加上字符串结束符
}
//后缀表达式运算求值
int EvaluatePostfixExpr(char *postfixExpr, Stack *s)
{
    char ch;
    ElementType op1, op2, res;
    While (ch = *postfixExpr++)                  //自左向右扫描后缀表达式，依次读入每一个字符，赋给 ch
    {
```

```
            if (ch >= '0' && ch <= '9')              //若 ch 是操作数
                Push (s, ch – '0');                  //则将其压入栈中
            else                                     //否则, ch 是运算符
            {
                Pop (s, &op2);                       //弹出第二个操作数
                Pop (s, &op1);                       //弹出第一个操作数
                switch (ch)                          //根据运算符进行相应运算, 并将计算结果再压回到栈中
                {
                    case '+': Push (s, op1 + op2); break;
                    case '–': Push (s, op1 – op2); break;
                    case '*': Push (s, op1 * op2); break;
                    case '/': Push (s, op1 / op2); break;
                    case '%': Push (s, op1 % op2); break;
                }
            }
        }
        Pop (s, &res);
        return res;
}
int main ()
{
        int res;
        char infixExpr[100], postfixExpr[100];
        Stack s;                                     //定义栈实例 s 为运算符栈, 用于存放各种运算符和操作数
        InitStack (&s, 100);                         //初始化栈 s, 栈容量设置为 100
        gets (infixExpr);                            //从键盘输入中缀表达式
        //借助栈 s 将中缀表达式 infixExpr 转换为后缀表达式 postfixExpr
        InfixExprToPostfixExpr (infixExpr, postfixExpr, &s);
        ClearStack (&s);                             //清空栈 s, 为后续计算后缀表达式做准备
        //借助栈 s 计算后缀表达式 postfixExpr, 并将计算结果赋给 res
        res = EvaluatePostfixExpr (postfixExpr, &s);
        printf ("结果=%d\n", res);                   //输出计算结果
        return 0;
}
```

　　需要特别说明的是, 上述算法要求所输入的表达式是合法的、无任何语法错误, 表达式中的运算符限定于+、–、*、/、%, 操作数只能是一位整数, 且中间不能出现空格。如果要进行多位数的运算, 则需要将读入的数字字符拼成数之后再入栈; 其次可以在读入时过滤掉多余的空格。读者可以改进此算法, 弥补上述不足。

　　在高级语言的编译处理过程中, 实际上不只是表达式求值可以借助栈来实现, 高级语言中一般语法成分的分析都可以借助栈来实现, 在编译原理后续课程中会涉及栈在语法、语义等分析算法中的应用。

3.4　栈 与 递 归

3.4.1　递归

在介绍递归程序之前，我们先来看几个例子。

(1)老和尚讲故事。"从前有座山，山里有座庙，庙里有个老和尚正在给小和尚讲故事：从前有座山，山里有座庙，庙里有个老和尚正在给小和尚讲故事：从前有座山，山里有座庙，庙里有个老和尚正在给小和尚讲故事：从前有座山，……"。这是一个无限递归，在讲故事的过程中，又嵌套了讲故事本身。

(2)汉诺塔(Tower of Hanoi)问题。汉诺塔，又称为河内塔，是一个源于印度古老传说的益智游戏。有三根编号 A、B、C 的金刚石柱子，在 A 柱上自下往上、从大到小按顺序摞着64 个黄金圆盘，要求将 A 柱上的圆盘全部搬到 C 柱上。同时规定，每次只能移动一个圆盘，在移动过程中圆盘可以置于 A、B、C 任一柱子上，但三根柱子上都必须始终保持大盘在下、小盘在上。在汉诺塔问题中，我们发现在移动圆盘的过程中要搬动 n 个圆盘，必须先把上面的 $n-1$ 个圆盘从 A 柱搬到 B 柱上，再将 A 柱上的最底下那个圆盘搬到 C 柱上，最后再从 B 柱上将 $n-1$ 个圆盘搬到 C 柱上。搬动 n 个圆盘和搬动 $n-1$ 个圆盘时的过程方法是一样的，当圆盘搬到只剩一个时，递归结束。

回顾 C 语言中递归的定义，在一个函数的定义中出现了对自己本身的调用，称为直接递归；或者一个函数 a 的定义中包含了对函数 b 的调用，而 b 的实现过程又调用了函数 a，即函数调用形成了一个环状调用链，这种方式称为间接递归。

接下来，我们来看一个 C 语言中最直接的递归函数 Fun()的定义：

```
void Fun()
{
    Fun();
}
```

在函数 Fun()的函数体内，又调用了函数 Fun()。这个函数是否与"老和尚讲故事"很相似？这样做会造成什么样的结果呢？当然也和那个故事一样，没完没了。我们在 Visual Studio 2012 的编译环境下新建一个控制台应用程序，输入这段代码，在主函数 main()里调用Fun()。图 3-4 是它的调试结果：

图 3-4　递归程序调试出错提示

从错误信息中我们看到，由于栈溢出的原因，程序出现异常，无法正常运行。

因此，递归程序设计具有以下两个特点：

(1)具备明确的递归出口。递归出口也称为递归的边界，它定义了递归的终止条件，当程序的执行使它得到满足时，递归执行过程便会终止。有些问题的递归程序可能存在多个递归出口。

(2)在不满足递归出口的情况下，根据所求解问题的性质，可以将原问题分解或转化成若干个子问题，这些子问题与原问题的解法相同或雷同，不同之处在于问题的规模更小，且通过上述分解或转化使问题得到简化。子问题的求解通过一定的方式修改参数进行函数自身调用加以实现，然后将子问题的解组合成原问题的解。递归调用时，参数的修改最终必须保证递归出口得以满足。

举两个简单的递归程序设计的例子。

例 3-1 用递归来求解正整数 n 的阶乘 $n!$。用 Fact(n) 表示 n 的阶乘，根据阶乘函数的数学定义可知：

$$\text{Fact}(n) = \begin{cases} 1, & n = 0 \\ n * \text{Fact}(n-1), & n > 0 \end{cases}$$

该问题的递归程序可描述为代码 3-6。

代码 3-6　递归算法求阶乘

```c
#include <stdio.h>
long Fact(long n)
{
    if (n == 0) return 1;                //递归终止的条件，即递归出口
    else return n * Fact(n - 1);         //递归步骤
}
int main()
{
    printf("%ld\n", Fact(3));            //调用 Fact(3)并输出结果
    return 0;
}
```

例 3-2 试编写一个递归函数，求第 n 项斐波那契数列(Fibonacci Sequence)的值。

假设使用 Fibonacci(n) 表示第 n 项 Fibonacci 数列的值，根据 Fibonacci 数列的计算公式：

$$\text{Fibonacci}(n) = \begin{cases} 1, & n = 1 \text{或} n = 2 \\ \text{Fibonacci}(n-1) + \text{Fibonacci}(n-2), & n \geq 3 \end{cases}$$

该问题的递归函数可描述为代码 3-7。

代码 3-7　递归算法求斐波那契数列

```c
#include <stdio.h>
long Fibonacci(long n)
{
    if (n == 1 || n == 2) return 1;      //递归终止的条件，即递归出口
    else                                 //若 n≥3，进行递归
```

```
            return Fibonacci(n − 1) + Fibonacci(n − 2);
}
int main ()
{
    printf("%ld\n", Fibonacci(10));              //调用 Fibonacci(10)并输出结果
    return 0;
}
```

那么，这个递归函数是如何执行的？我们先来看任意两个函数之间进行调用的情形。

在高级语言编制的程序中，主调函数(即函数调用方)和被调函数之间的链接及信息交换需通过栈来进行。在程序运行过程中，系统内部会建立一个栈结构，可以认为它由若干个栈帧(Stack Frame)组成。每个栈帧也被称为活动记录(Activation Record)，用于存储每次函数调用时所涉及的相关信息，诸如寄存器 EBP(Extended Base Pointer，扩展基址指针)的值、该函数的局部变量、临时变量、被调函数的实参、被调函数的返回地址等。当前正在运行的函数的栈帧称为当前栈帧，位于整个栈的栈顶位置，寄存器 EBP 指向当前栈帧的底部，寄存器 ESP(Extended Stack Pointer，扩展栈顶指针)指向当前栈帧的顶部；当函数调用结束时，其相应的栈帧便会被释放。

通常，在一个函数的运行期间调用另一个函数，在运行被调函数之前，系统需要先完成以下工作，如图 3-5 所示。

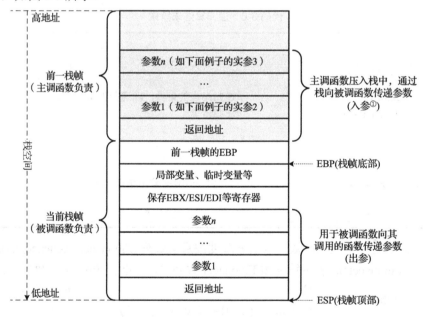

图 3-5　系统栈变化情况

(1)实参入栈。将被调函数每个实参的值，按照调用约定依次压入栈中。在 C 语言中，通常是采用自右向左依次将实参压栈的方式来向被调函数传递参数。

(2)返回地址入栈。将当前代码区中函数调用指令的下一条指令地址压入栈中，供被调函数返回主调函数时代码继续执行。

---

① 入参(Incoming Parameters)和出参(Outgoing Parameters)是针对当前正在执行的函数，也就是当前栈帧而言的。

(3)将控制转移到被调函数的入口处。

(4)栈帧调整。

①将前一栈帧即主调函数栈帧的 EBP 压栈处理，以方便被调函数返回之后的现场恢复；

②将当前栈帧切换到新栈帧，也就是被调函数的栈帧(将 ESP 值装入 EBP，更新栈帧底部)，此时 EBP 指向新栈帧的底部；

③通过减小 ESP 值(系统栈是从高地址向低地址增长)给新栈帧分配栈空间，此时 ESP 指向新的栈顶位置；

④将在函数调用过程中需保持不变的寄存器如 EBX、ESI、EDI 等压入栈中；

⑤从被调函数的第一条可执行语句开始执行。

而当被调函数返回主调函数之前，系统需要完成以下工作：

(1)如果被调函数有返回值，则将其保存到 EAX/EDX 寄存器中。

(2)将在函数调用过程中需保持不变的寄存器如 EBX、ESI、EDI 等出栈，恢复其原值。

(3)恢复 ESP 值(将 EBP 值装入 ESP，更新栈帧顶部)，释放局部变量空间。

(4)将前一栈帧(即主调函数的栈帧)栈底指针出栈，其值恢复到 EBP，此时当前栈帧又切换回主调函数的栈帧。

(5)弹出当前栈顶元素，取得返回地址，并将控制转移到主调函数继续程序的执行。

我们举个简单例子来说明递归过程中栈的变化情况。假设有一个函数：

```
int Add(int x, int y)
{
    return x + y;                        //返回形参 x 和 y 的和
}
```

然后在主函数 main()中调用该函数：

```
int main()
{
    int res;
    res = Add(2, 3);                     //调用函数 Add，将计算结果赋给 res
    return 0;
}
```

当在 main 函数中调用 Add 函数的动作发生时，系统将完成下列工作。

(1)实参入栈。将被调函数 Add 每个实参的值，即实参 2 和实参 3 按照调用约定依次压入栈中。在 C 语言中，先将实参 3 压入栈中，再将实参 2 压入栈中。

(2)返回地址入栈。将当前代码区函数调用指令的下一条指令地址压入栈中，供 Add 函数返回 main 函数时代码继续执行。

(3)将控制转移到 Add 函数的入口处。

(4)栈帧调整。

①将前一栈帧即 main 函数栈帧的栈底指针 EBP 压入栈中；

②将当前栈帧切换到新栈帧，即 Add 函数的栈帧，此时 EBP 指向新栈帧的底部；

③通过减小栈顶指针 ESP 值给新栈帧分配栈空间，用于存放局部变量等；

④将在函数调用过程中需保持不变的寄存器如 EBX、ESI、EDI 等压入栈中；

⑤从 Add 函数的第一条可执行语句开始执行。

而当 Add 函数返回 main 函数之前，其完成的工作与上面所述类似，此处不再赘述。

还是以例子 3-1 的阶乘函数 Fact(n) 为例，介绍在递归过程中系统栈和栈帧的使用。图 3-6 展示了主函数调用 Fact(3) 时栈和寄存器的变化情况。

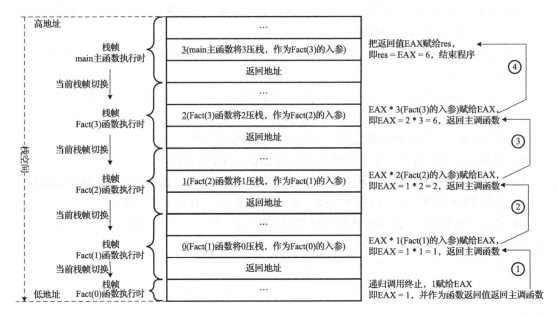

图 3-6   求解 3!时栈和寄存器的变化情况

可见，在函数调用过程中，主调函数和被调函数之间是通过栈空间的内存单元、通用寄存器如 EAX/EDX[①]以及协处理器堆栈[②]来完成参数传递及返回值传递的。此外，每次函数调用都会在栈空间中生成一个新的栈帧，它占用一定的内存空间；还要将涉及的相关信息压入栈中，这需要消耗一定的处理器时间。

由于在递归函数的执行过程中，通常需要多次进行自我调用，因此其时间和空间代价都较大。由此不难推断，如果某递归函数没有任何出口，则意味着该递归函数将被无限次地调用，这最终将导致栈空间消耗殆尽而使程序产生如图 3-4 所示的堆栈溢出异常。

3.4.2   递归算法到非递归算法的转换

递归算法实际上是一种分而治之的方法，它把复杂问题分解为简单问题来求解。对于某些复杂问题(如汉诺塔问题)，递归算法是一种自然且合乎逻辑的解决问题的方式。采用递归算法编写的程序具有结构清晰、可读性强、其正确性易于证明等优点，但递归算法的执行效率通常比较差；另外，有些程序设计语言不支持递归，这就需要把递归算法转换为非递归算法。因此，本小节主要讨论递归算法到非递归算法的转换方法。

一般而言，求解递归问题有两种方式：

(1)在求解过程中直接求值，无须回溯，称这类递归问题为简单递归问题。

(2)另一类递归问题在求解过程中不能直接求值，必须进行试探和回溯，称这类递归问

---

① 返回值为 64 位整型数据时，EAX 和 EDX 分别用于传递返回值的低 32 位和高 32 位。

② 返回值为浮点型数据时，通过协处理器堆栈传递参数。

题为复杂递归问题。

两类递归问题在转换成非递归方式实现时所采用的方法是不同的。通常简单递归问题可以采用递推方法直接求解，通过消除单向递归[①]和尾递归[②]，将递归结构用循环结构来替代；而复杂递归问题由于要进行回溯，在实现过程中必须借助栈来记录和管理回溯点。

采用递归算法求解问题的算法程序是自顶向下产生计算序列，其缺点之一是程序执行过程中产生许多重复的函数调用。递推算法同样以分划技术为基础，它也要求将待求解的问题分划成若干与原问题结构相同但规模较小的子问题；与递归算法不同的是，递推算法是采用自底向上的方式产生计算序列，其首先计算规模最小的子问题的解，然后在此基础上依次计算规模较大的子问题的解，直到最后产生原问题的解。由于求解过程中每一步新产生的结果总是直接以前面已有的计算结果为基础，避免了许多重复的计算，因而递推算法比递归算法具有更高的效率。

简单递归问题非递归实现的基本思想：将原问题分解成若干结构与原问题相同，但规模较小的子问题，并建立原问题与子问题解之间的递推关系，然后定义若干变量用于记录递推关系的每个子问题的解；程序的执行便是根据递推关系，不断修改这些变量的值，使之成为更大子问题的解的过程；当得到原问题的解时，递推过程便可结束了。

例 3-3 采用非递归算法求 $n!$。

仍使用 $\mathrm{Fact}(n)$ 表示 n 的阶乘。要求解 $\mathrm{Fact}(n)$ 的值，可以考虑 i 从 0 开始，依次取 $1,2,\cdots,n$，分别求 $\mathrm{Fact}(i)$ 的值，且保证求解 $\mathrm{Fact}(i)$ 时总是以前面已有的求解结果为基础；当 $i = n$ 时，$\mathrm{Fact}(i)$ 的值即所求的 $\mathrm{Fact}(n)$ 的值。

根据阶乘的递归定义，不失一般性，显然有以下递推关系成立：

$$\mathrm{Fact}(i) = \begin{cases} 1, & i = 0 \\ i * \mathrm{Fact}(i-1), & i > 0 \end{cases}$$

上述递推关系表明 $\mathrm{Fact}(i)$ 是建立在 $\mathrm{Fact}(i-1)$ 基础上的，在求解 $\mathrm{Fact}(i)$ 时，子问题只有一个 $\mathrm{Fact}(i-1)$，且 $\mathrm{Fact}(0) = 1$ 是已知的，整个 $\mathrm{Fact}(n)$ 的求解过程无须回溯，因此该问题属于简单递归问题，可以使用递推技术实现。实现过程中只需要定义一个变量 res 始终记录子问题 $\mathrm{Fact}(i-1)$ 的值。初始时，$i = 1$，res $= \mathrm{Fact}(i-1) = \mathrm{Fact}(0) = 1$；在此基础上根据以上递推关系不断向前递推，使 i 的值加大，直至 $i = n$ 为止。

阶乘问题的非递归算法的具体实现如代码 3-8 所示。

代码 3-8 非递归算法求阶乘

```c
#include <stdio.h>
long Fact (int n)
{
    int i;
    long res = 1;                          //定义变量 res 并初始化为 Fact(0) 的值
    for (i = 1; i <= n; i++)
```

---

① 单向递归是指在递归算法中，虽然有多处递归调用，但各递归调用的参数之间没有任何关系，并且这些递归调用都处在递归算法的末尾。

② 尾递归是指在递归算法中，递归调用只有一处且出现在算法的末尾，是单向递归的特例。

```
        res *= i;                          //根据递推关系不断向前递推
    return res;                            //返回结果
}
int main ()
{
    printf("%ld\n", Fact(3));             //调用 Fact(3) 并输出结果
    return 0;
}
```

复杂递归问题在求解的过程中无法保证求解动作一直向前，往往需要设置一些回溯点，当求解无法进行下去或当前处理的工作已经完成时，必须退回到所设置的回溯点，继续问题的求解。因此，在使用非递归方式实现一个复杂递归问题的算法时，经常使用栈来记录和管理所设置的回溯点。

下面我们举例说明，如按中点优先顺序遍历线性表问题。已知线性表采用顺序存储结构，要求按以下次序输出表中所有元素的值：首先输出线性表中点即中间位置上的元素值，然后输出中点之前所有元素的值，最后输出中点之后所有元素的值。而无论输出中点之前还是中点之后所有元素的值，都须遵循以上规律。

例 3-4 已知数组中元素的值依次为 18, 32, 4, 9, 26, 6, 10, 30, 12, 8, 45，则按中点优先顺序遍历数组元素的输出序列为 6, 4, 18, 32, 9, 26, 12, 10, 30, 8, 45。分别采用递归和非递归算法实现该遍历问题。

首先，该问题的递归算法具体实现如代码 3-9 所示。

代码 3-9 采用递归算法按中点优先顺序遍历数组

```
#include <stdio.h>
#define MAXSIZE (100)                      //设置数组长度最大为 100
typedef int List[MAXSIZE];                 //定义整型数组类型
//将数组段 list[low, high]的元素按中点优先顺序输出
void PrintList (List list, int low, int high)
{
    int mid;
    if (low <= high)                       //递归终止的条件为 low > high
    {
        mid = (low + high) / 2;            //计算数组段中点元素的下标
        printf("%3d", list[mid]);          //输出数组段中点元素 list[mid]的值
        PrintList (list, low, mid − 1);    //递归输出数组段 list[low, mid−1]
        PrintList (list, mid + 1, high);   //递归输出数组段 list[mid+1, high]
    }
}
int main ()
{
    List l = {18, 32, 4, 9, 26, 6, 10, 30, 12, 8, 45};
    PrintList (l, 0, 10);                  //调用 PrintList 按中点优先遍历顺序输出
    return 0;
}
```

下面考虑该问题的非递归实现：在线性表的遍历过程中，输出中点的值后，中点将线性表分成前半部分和后半部分。接下来应该考虑前半部分的遍历，但在进入前半部分的遍历之前，应该将后半部分保存起来，以便访问完前半部分所有元素后，再进行后半部分的访问，即在此设置一个回溯点，该回溯点应该入栈保存，具体实现时，只需将后半部分起点和终点的下标入栈即可，栈中的每个元素均代表一个尚未处理的数组段。对于每一个当前正在处理的数组(数组段)均应采用以上相同的方式进行处理，直到当前正在处理的数组(数组段)为空，此时应该进行回溯，而回溯点恰好位于栈顶。于是只要取出栈顶元素，将它所确定的数组段作为即将遍历的对象，继续线性表的遍历，直到当前正在处理的数组段为空且栈也为空(表示已无回溯点)，算法结束。

在代码 3-1 的基础上该算法的具体实现如代码 3-10 所示。

代码 3-10　采用非递归算法按中点优先顺序遍历数组

```
#define MAXSIZE (100)              //设置数组长度最大为 100
typedef int List[MAXSIZE];         //定义整型数组类型
typedef struct {
    int low;                       //存放待处理数组段的起始下标
    int high;                      //存放待处理数组段的终止下标
} ElementType;                     //定义栈元素的结构体类型
//将数组段 list[low, high]的元素按中点优先顺序输出
void PrintList(List list, int low, int high)
{
    Stack s;                       //定义栈实例 s，用于记录遍历回溯点
    ElementType e;                 //定义 ElementType 类型变量 e
    int mid;
    InitStack(&s, 100);            //初始化栈 s，栈容量设置为 100
    while (1)
    {
        if (low <= high)           //当前待处理数组段不为空
        {
            mid = (low + high) / 2;   //计算数组段中点元素的下标
            printf("%3d", list[mid]); //输出数组段中点元素的值
            e.low = mid + 1;
            e.high = high;            //计算数组段中点右边所有元素的起止下标
            Push(&s, e);             //将右边数组段的起止下标信息压入栈中
            high = mid – 1;          //改变当前待处理数组段的终止下标
        }
        else                       //当前正在处理的数组段为空时进行回溯
        {
            if (!IsEmpty(&s))      //判断栈是否为空
            {
                Pop(&s, &e);       //若栈非空，则弹出栈顶元素，赋给 e
                low = e.low;
                high = e.high;     //将之设定为当前待处理数组段的起止下标
            }
```

```
            else break;               //若栈空，则数组元素遍历结束，退出循环
        }
    }
}
int main ()
{
    List l = {18, 32, 4, 9, 26, 6, 10, 30, 12, 8, 45};
    PrintList (l, 0, 10);             //调用 PrintList 按中点优先遍历顺序输出
    return 0;
}
```

3.5　队列的定义

和栈相反，队列(Queue)是一种先进先出(First In First Out，FIFO)的线性表。它只允许在表的一端插入，而在另一端删除。在队列中，允许插入的一端称为队尾(Rear)，允许删除的另一端则称为队头(Front)。假设队列 $Q = (a_1, a_2, \cdots, a_n)$，则称 a_1 为队头元素，a_n 为队尾元素，a_i 排在 a_{i-1} 的后面($1 < i \leqslant n$)。图 3-7 为队列的示意图。

图 3-7　队列的示意图

下面给出队列的抽象数据类型定义：

ADT Queue {
　　数据对象：$D = \{a_i \mid a_i \in \text{ElemSet}, i = 1, 2, \cdots, n, n \geqslant 0\}$
　　数据关系：$R = \{< a_{i-1}, a_i > \mid a_{i-1}, a_i \in D, i = 2, 3, \cdots, n\}$，数据元素间呈线性关系。约定 a_1 端为队头，a_n 端为队尾。

基本操作：

　　InitQueue (Queue *Q)：队列的初始化操作，构造一个空队列 Q。
　　ClearQueue (Queue *Q)：将队列 Q 清空。
　　IsEmpty (Queue *Q)：若队列 Q 为空，则返回 TRUE，否则返回 FALSE。
　　IsFull (Queue *Q)：若队列 Q 为满，则返回 TRUE，否则返回 FALSE。
　　EnQueue (Queue *Q, ElementType e)：入队操作。若队列 Q 不满，则插入元素 e 到队列 Q 成为新的队尾元素，并返回 TRUE，否则返回 FALSE。
　　DeQueue (Queue *Q, ElementType *e)：出队操作。若队列 Q 非空，则删除 Q 的队头元素，用 e 返回其值，并返回 TRUE，否则返回 FALSE。
　　GetHead (Queue *Q, ElementType *e)：获取队头元素。若队列 Q 非空，则用 e 返回 Q 的队头元素，否则返回特殊错误标志 ERROR。

}

3.6 队列的表示和实现

队列也有两种存储表示方式：顺序存储(顺序队列)和链式存储(链队列)。在实际应用中，顺序存储实现方式更加常见和方便，因此本节将重点分析顺序队列的表示和实现。

1. 队列的顺序存储实现

队列最简单的表示方法是用数组，一般可以选择将队头放在数组下标小的位置，而将队尾放在数组下标大的位置,并用两个整型变量 front 和 rear 分别指示队头元素及队尾元素的位置(后面分别称为头指针和尾指针)。队列的顺序存储结构可定义为：

```
typedef int ElementType;              //定义队列元素的数据类型为整型
typedef struct {
    ElementType *data;                //存储元素的数组，data 为指针，代表首地址
    int front;                        //队列的头指针
    int rear;                         //队列的尾指针
    int maxSize;                      //队列的最大容量
} Queue;                              //队列的结构体类型定义
```

为了叙述方便，在此约定：队列初始化时，令 front = rear = 0，当插入一个元素时，尾指针 rear 加 1；当删除一个元素时，头指针 front 加 1，则当 front 和 rear 相等的时候，队列为空。在非空队列中，头指针始终指向队头元素，而尾指针指向队尾元素的下一个位置，如图 3-8 所示。

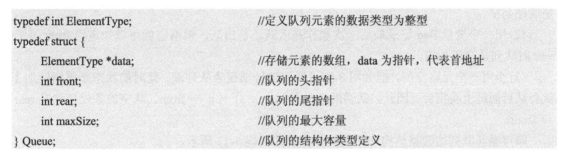

图 3-8 队列的队头队尾指针

随着入队、出队的进行，会使整个队列整体向后移动，这样就会出现尾指针已经移到了最后，再有元素入队就会溢出的现象，而事实上此刻队列并未真的"满员"，这种现象称为"假溢出"。为了解决它，一个较为巧妙的方法是将顺序队列想象成环状，即相当于将队列头尾相接,当插入和删除操作的作用单元到达队列的末端后,用公式"(rear 或 front + 1) % 队列长度"取余运算就可以折返到起始端，这种队列称为循环队列，如图 3-9 所示。

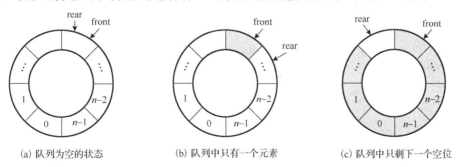

(a) 队列为空的状态　　　　(b) 队列中只有一个元素　　　　(c) 队列中只剩下一个空位

图 3-9 循环队列(图中 n = maxSize)

在循环队列中，当 rear 在 front 后面一个位置时表示队列中只有一个元素，如图 3-9(b)所示；队列中有 $n-1$ 个元素（即数组只剩最后一个空位时）的情形如图 3-9(c)所示，此时如果再插入一个元素，rear = (rear + 1) % n(n 为数组大小)，则 front 和 rear 值就相等了。但我们知道，队列为空的时候 front 和 rear 值也是相等的，如图 3-9(a)所示。因此，当 front 和 rear 值相等时，我们无法判别队列是空还是满。其根本原因在于这种操作是根据 rear 和 front 的差值来判别队列中元素个数的，而 rear 和 front 的差值最多只有 n 种情况$(0, 1, \cdots, n-1)$，而队列元素个数总共有 $n+1$ 种情况$(0, 1, \cdots, n$ 个元素$)$，所以仅依靠 front 和 rear 的差值是无法区分 $n+1$ 种情况的。

处理上述问题有以下三种方法：

(1)增设一个变量，例如，记录当前队列元素个数的变量 size，根据它可以直接判别队列是满还是空。

(2)用一个变量 flag 记录最后一次操作是入队还是出队，根据它就可以知道当 front 等于 rear 时队列是空还是满。

(3)少用一个元素空间，把如图 3-9(c)所示的情形视为队列满。此时的状态是尾指针加 1 就会从后面赶上头指针，因此，队满的条件是(rear + 1) % n == front。队空的条件依然是 rear == front。

顺序循环队列的数据结构和函数具体实现如代码 3-11 所示。

代码 3-11　循环队列的表示和实现

```
#include <stdio.h>
#include <stdlib.h>
typedef int ElementType;                    //定义队列元素的数据类型为整型
ElementType ERROR = 142857;                 //特殊错误标志，必须是正常队列元素不可能取到的值
typedef enum {FALSE, TRUE} Boolean;         //重命名枚举类型，枚举值为 FALSE(0) 和 TRUE(1)
typedef struct {
    ElementType *data;                      //存储元素的数组，data 为指针，代表首地址
    int front;                              //队列的头指针
    int rear;                               //队列的尾指针
    int maxSize;                            //队列的最大容量
} Queue;                                     //队列的结构体类型定义

//初始化操作，构造一个空队列
void InitQueue(Queue *q, int maxSize)        //形参为指针类型，对应实参应该为某个队列实例的地址
{
    //为顺序循环队列在内存的动态存储区中分配一段可容纳 maxSize 个队列元素的连续空间
    q->data = (ElementType *)malloc(maxSize * sizeof(ElementType));
    if (!q->data) exit(1);                   //存储空间分配失败，则退出程序
    q->front = q->rear = 0;                  //分配成功，设置头指针和尾指针为 0，表示空队列
    q->maxSize = maxSize;                    //设置队列最大容量为 maxSize
}
//将队列清空
void ClearQueue(Queue *q)
{
```

```
        q->front = q->rear = 0;                    //队列的头指针和尾指针恢复到初始状态 0，即空队列状态
}
//判断队列是否为空，若队列为空，则返回 TRUE，否则返回 FALSE
Boolean IsEmpty (Queue *q)
{
        if (q->front == q->rear) return TRUE;      //若队列为空，返回 TRUE
        else return FALSE;                         //否则，返回 FALSE
}
//判断队列是否满，若队列满，则返回 TRUE，否则返回 FALSE
Boolean IsFull (Queue *q)
{
        if ((q->rear + 1) % q->maxSize == q->front)
            return TRUE;                           //若队列满，返回 TRUE
        else return FALSE;                         //否则，返回 FALSE
}
//入队操作，若队列 q 不满，则插入元素 e 到队列中并成为新的队尾元素，返回 TRUE；否则返回 FALSE
Boolean EnQueue (Queue *q, ElementType e)
{
        if (IsFull (q)) return FALSE;              //若队列满，返回 FALSE
        q->data[q->rear] = e;                      //否则，新元素插入队尾
        q->rear = (q->rear + 1) % q->maxSize;      //尾指针加 1
        return TRUE;                               //返回 TRUE
}
//出队操作，若队列 q 非空，则删除 q 的队头元素，并用 e 返回其值，返回 TRUE；否则返回 FALSE
Boolean DeQueue (Queue *q, ElementType *e)
{
        if (IsEmpty (q)) return FALSE;             //若队列空，返回 FALSE
        *e = q->data[q->front];                    //否则，待出队的队头元素赋给 e
        q->front = (q->front + 1) % q->maxSize;    //头指针加 1
        return TRUE;                               //返回 TRUE
}
//获取队头元素，若队列 q 非空，则返回 q 的队头元素，头指针保持不变；否则返回 ERROR
ElementType GetHead (Queue *q)
{
        if (IsEmpty (q)) return ERROR;             //若队列空，返回特殊错误标志 ERROR
        return q->data[q->front];                  //否则，返回队头元素，头指针保持不变
}
//返回队列长度。
int QueueLength(Queue q)
{
        //请思考：形参 q 定义为结构体变量与结构体指针变量时的区别
        return (q.rear – q.front + q.maxSize) % q.maxSize;
}

int main ()
{
        Queue q;                                   //定义队列实例 q(结构体变量)
```

```
    ElementType e1, e2, e3;              //定义 ElementType 类型变量 e1、e2 和 e3
    InitQueue(&q, 100);                  //初始化队列 q，实参为队列实例的地址，容量设置为 100
    printf("元素 6 入队\n");
    EnQueue(&q, 6);                      //元素 6 入队
    printf("元素 28 入队\n");
    EnQueue(&q, 28);                     //元素 28 入队
    if (DeQueue(&q, &e1))                //队头元素出队，并赋给 e1
        printf("队头元素出队，其值=%d\n", e1);
    if (DeQueue(&q, &e2))                //队头元素出队，并赋给 e2
        printf("队头元素出队，其值=%d\n", e2);
    if ((e3 = GetHead(&q)) == ERROR)     //获取队头元素，并赋给 e3
        printf("队列已空\n");             //如果 e3 等于特殊错误标志，则打印"队列已空"
    else printf("队头元素值=%d\n", e3);
    return 0;
}
```

2. 队列的链式存储实现

采用链式存储结构实现的队列称为链队列。通常链队列用单链表来表示，但其操作受限，插入和删除操作只能在链队列的两端进行。队列的头指针 front 始终指向链表的头结点，队列的尾指针 rear 指向链表的尾结点。队列中的所有结点通过它们的指针域 next 链接起来。

用 C 语言描述链队列的结构可定义为：

```
typedef int ElementType;                 //定义队列元素的数据类型为整型
typedef struct node {
    ElementType data;                    //数据域，存储数据元素信息
    struct node *next;                   //指针域，指向其直接后继结点
} NODE;                                  //链队列结点的结构体类型定义
typedef struct {
    NODE *front;                         //队头指针，指向队列的头结点
    NODE *rear;                          //队尾指针，指向队列的尾结点
} LinkQueue;                             //链队列的结构体类型定义
LinkQueue *q;                            //定义指向链队列的指针变量
```

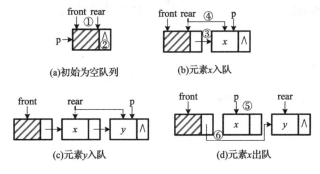

图 3-10　带头结点的链队列的基本操作

带头结点的链队列的基本操作如图 3-10 所示，其初始化操作就是构造一个只有头结点的

空队列，同时让队头指针和队尾指针指向它。假如用指针 p 指向新生成的头结点，则初始化操作的主要代码段如下：

```
q->front = q->rear = p;              //①新结点 p 作为头结点，队头和队尾指针均指向它
q->front->next = NULL;               //②头结点的指针域置空
```

若将元素 x 入队，该元素的结点用指针 p 指向，则入队操作的主要代码段如下：

```
q->rear->next = p;                   //③新结点 p 插入到队尾
q->rear = p;                         //④修改队尾指针
```

同样地，链队列的出队操作的主要代码段如下：

```
p = q->front->next;                  //⑤指针 p 指向原队头元素，以备释放
q->front->next = p->next;            //⑥修改队头指针
```

注意，访问完出队元素的结点值后，须通过 free(p) 释放其所占用的内存空间。

3.7 队列的应用

假设在周末舞会上，男士和女士进入舞厅时，各自排成一队。跳舞开始时，依次从男队和女队的队头上各出一人配成舞伴。若两队初始人数不相同，则较长的那一队中未配对者等待下一轮舞曲。现要求写一种算法模拟上述舞伴配对问题。

先入队的男士或女士也先出队配成舞伴。因此该问题具有典型的先进先出特性，可用队列作为算法的数据结构。

在算法中，假设男士和女士的记录存放在一个数组中作为输入，然后依次扫描该数组的各元素，并根据性别来决定是进入男队还是女队。当这两个队列构造完成之后，依次将两队当前的队头元素出队来配成舞伴，直至某队列变空为止。此时，若某队仍有等待配对者，算法输出此队列中等待者的人数及排在队头的等待者的名字，他（或她）将是下一轮舞曲开始时第一个可获得舞伴的人。

在代码 3-11 的基础上，该算法的具体实现如代码 3-12 所示。

代码 3-12 周末舞会

```
typedef struct {
    char name[100];                  //姓名
    char sex;                        //性别，'F'表示女性，'M'表示男性
} ElementType;                       //队列元素的结构体类型定义
ElementType ERROR = {"", 'X'};       //特殊错误标志，必须是正常队列元素不可能取到的值
//求解周末舞会的舞伴配对问题，结构体数组 dancer 中存放跳舞的男女，n 是跳舞的人数
void DancingPartner(ElementType dancer[], int n)
{
    int i;
    ElementType e;
    Queue mQueue, fQueue;
    InitQueue(&mQueue, 100);         //男士队列初始化
    InitQueue(&fQueue, 100);         //女士队列初始化
```

```
    for (i = 0; i < n; i++)                   //依次将跳舞者依据性别入队
    {
        if (dancer[i].sex == 'M')             //排入男队
            EnQueue(&mQueue, dancer[i]);
        else if (dancer[i].sex == 'F')        //排入女队
            EnQueue(&fQueue, dancer[i]);
    }
    printf("本轮配对成功的跳舞者名单为：\n");
    //男队和女队均非空
    while (!IsEmpty(&mQueue) && !IsEmpty(&fQueue))
    {
        DeQueue(&fQueue, &e);                 //女士出队
        printf("%s vs ", e.name);             //打印出队女士姓名
        DeQueue(&mQueue, &e);                 //男士出队
        printf("%s\n", e.name);               //打印出队男士姓名
    }
    if (!IsEmpty(&fQueue))                     //如果女队非空
    {
        //输出女士剩余人数及队头女士的名字
        printf("还有%d 名女士等待下一轮舞曲，", QueueLength(fQueue));
        e = GetHead(&fQueue);                 //获取队头元素
        printf("排在首位的是%s 女士！\n", e.name);
    }
    else if (!IsEmpty(&mQueue))                //如果男队非空
    {
        //输出男士剩余人数及队头男士的名字
        printf("还有%d 名男士等待下一轮舞曲，", QueueLength(mQueue));
        e = GetHead(&mQueue);                 //获取队头元素
        printf("排在首位的是%s 先生！\n", e.name);
    }
}
int main()
{
    int n, i;
    ElementType dancer[50];
    printf("请输入舞厅跳舞人数(1-50)：");
    scanf("%d", &n);
    while (n <= 0 || n > 50)
    {
        printf("人数输入有误，请重新输入(1-50)：");
        scanf("%d", &n);
    }
    for (i = 1; i <= n; i++)
    {
        printf("请输入第%d 位跳舞者的姓名：", i);
        scanf("%s", &dancer[i - 1].name);
```

```
        printf("请输入性别(F/M)： ");
        getchar();                        //清除键盘缓冲区中的回车符
        scanf("%c", &dancer[i – 1].sex);
        while (dancer[i – 1].sex != 'F' && dancer[i – 1].sex != 'M')
        {
                printf("性别输入有误，请重新输入(F/M)： ");
                getchar();                //清除键盘缓冲区中的回车符
                scanf("%c", &dancer[i – 1].sex);
        }
    }
    DancingPartner(dancer, n);            //调用舞伴配对算法
}
```

3.8 本 章 小 结

本章介绍了两种特殊的线性表——栈和队列，主要内容如下：

(1)栈是限定仅在表尾进行插入和删除的线性表，具有后进先出的特点，主要操作包括入栈、出栈、栈满和栈空判断。栈的实现可以采用顺序存储(顺序栈)和链式存储(链栈)两种方式，其中顺序栈更为常见和方便，对于顺序栈而言，其进栈和出栈操作要注意判断栈满和栈空。栈应用非常广，常见的应用包括表达式求值、函数调用和递归实现、深度优先搜索等。本章重点分析了表达式求值、迷宫问题和递归算法。

(2)队列也是一种操作受限的线性表，它只允许在表的一端进行插入，而在另一端进行删除，具有先进先出的特点，主要操作包括入队、出队、队满和队空判断。队列的实现同样可以采用顺序存储(循环队列)和链式存储(链队)两种方式，对于顺序存储的循环队列的入队和出队操作则要特别注意判断队满和队空。队列的应用也非常广，包括广度优先搜索、操作系统中各种竞争性资源(如 CPU)的管理、实际应用中服务资源的获得(如食堂窗口服务)等。

学习完本章后，要求熟悉栈和队列的特点，熟练掌握栈和队列的数据结构、各种基本操作，能够灵活运用栈和队列编程解决实际应用问题，掌握表达式求值算法，深刻理解递归算法执行过程中栈的状态变化过程，便于更好地使用递归算法。

习   题

3.1 若按自左向右的顺序依次读入已知序列$\{a, b, c, d, e, f, g\}$中的元素，然后结合栈操作，能得到下列序列中的哪些序列？（每个元素进栈一次，下列序列表示出栈的次序）

(1)$\{d, e, c, f, b, g, a\}$； (2)$\{f, e, g, d, a, c, b\}$； (3)$\{e, f, d, g, b, c, a\}$； (4)$\{c, d, b, e, f, a, g\}$

3.2 设有编号 1、2、3、4 的四辆列车，顺序进入一个栈式结构的站台，请写出这四辆列车开出车站的所有可能的顺序。

3.3 请用一个数组实现两个栈，要求最大可能地利用数组空间，使数组只要有空间入栈，操作就可以成功。写出相应的栈初始化 InitStack(Stack *s, int maxSize)、入栈 Push(Stack *s,

ElementType *e*, int tag)和出栈 Pop(Stack *s*, ElementType *e*, int tag)操作函数。其中 tag = 0 表示对第一个栈操作；tag = 1 表示对第二个栈操作。

提示：两个栈的栈底可以分别设置在数组的两端，使这两个栈分别从数组的两端开始向中间生长；当两个栈的栈顶指针相遇时，表示两个栈都满了。双栈数据结构可定义如下：

```
typedef int ElementType;
typedef struct {
    ElementType *data;          //存储元素的数组，data 为指针，代表数组空间的首地址
    int top1;                   //栈顶指针 1，记录栈 1 栈顶元素的下标值
    int top2;                   //栈顶指针 2，记录栈 2 栈顶元素的下标值
    int maxSize;                //栈的最大容量
} Stack;                        //双栈的结构体类型定义
```

3.4　设从键盘输入一个整数序列 $\{a_1, a_2, a_3, \cdots, a_n\}$，试编写算法实现：用栈结构存储输入的整数，当 $a_i \neq -1$ 时，将 a_i 压入栈中；当 $a_i = -1$ 时，弹出栈顶元素并输出其值。算法须应对异常情况（如栈空、栈满等）并给出相应的信息。

3.5　回文是指正读反读均相同的字符序列，例如，"黄山落叶松叶落山黄"、"上海自来水来自海上"和"abcba"均是回文，"wonderful"和"中华人民共和国"则不是回文。试写一个算法判别给定的字符序列是否为回文。（提示：将一半字符入栈）

3.6　如果用一个循环数组表示队列，并且只设队列头指针 front，不设尾指针 rear，而是另设变量 count 记录队列中元素个数。请编写算法实现队列的初始化、入队和出队操作。

3.7　双端队列（Deque，Double-ended Queue）是一种具有队列和栈性质的数据结构，即可以（也只能）在线性表的两端进行插入和删除操作。若以顺序存储方式实现双端队列，请编写例程实现以下操作。

(1) Push(Deque *d*, ElementType *e*)：将元素 *e* 插入双端队列的队头位置。

(2) Pop(Deque *d*, ElementType *e*)：删除双端队列的队头元素，并用 *e* 返回其值。

(3) EnDeque(Deque *d*, ElementType *e*)：将元素 *e* 插入双端队列的队尾位置。

(4) DeDeque(Deque *d*, ElementType *e*)：删除双端队列的队尾元素，并用 *e* 返回其值。

第4章 数组、串和广义表

本章先介绍数组的内部实现，并介绍一些特殊的二维数组如何实现压缩存储。接着讨论串的定义、存储结构和基本操作，重点讨论串的模式匹配算法。最后介绍广义表的基本概念和存储结构。

4.1 数组的定义和抽象数据类型

数组是由相同类型的数据元素构成的有限集合，每个元素称为数组元素。数组可以看成线性表的推广，其特点是结构中的元素本身可以是具有某种结构的数据，但必须属于同一数据类型。例如，一维数组可以看成一个线性表，二维数组可以看成数据元素是线性表的线性表，如图4-1所示。

设 $a_j = (a_{0j}, a_{1j}, \cdots, a_{m-1,j})$，$0 \leqslant j \leqslant n-1$，那么二维数组可以看作每个数据元素 a_j 是一个列向量形式的线性表，如图4-2所示。

$$A_{m \times n} = \begin{bmatrix} a_{00} & a_{01} & a_{02} & \cdots & a_{0,n-1} \\ a_{10} & a_{11} & a_{12} & \cdots & a_{1,n-1} \\ \vdots & \vdots & \vdots & & \vdots \\ a_{m-1,0} & a_{m-1,1} & a_{m-1,2} & \cdots & a_{m-1,n-1} \end{bmatrix}$$

图4-1 二维数组

$$A_{m \times n} = \left(\begin{bmatrix} a_{00} \\ a_{10} \\ \vdots \\ a_{m-1,0} \end{bmatrix}, \begin{bmatrix} a_{01} \\ a_{11} \\ \vdots \\ a_{m-1,1} \end{bmatrix}, \cdots, \begin{bmatrix} a_{0,n-1} \\ a_{1,n-1} \\ \vdots \\ a_{m-1,n-1} \end{bmatrix} \right)$$

图4-2 数组元素是列向量的一维数组

同样地，设 $a_i = (a_{i0}, a_{i1}, \cdots, a_{i,n-1})$，$0 \leqslant i \leqslant m-1$，则可以把二维数组看作每个数据元素 a_i 是一个行向量形式的线性表，如图4-3所示。

$$A_{m \times n} = \left((a_{00}, a_{01}, \cdots, a_{0,n-1}), (a_{10}, a_{11}, \cdots, a_{1,n-1}), \cdots, (a_{m-1,0}, a_{m-1,1}, \cdots, a_{m-1,n-1}) \right)$$

图4-3 数组元素是行向量的一维数组

同理，一个 n 维数组可以看作其每个数据元素为 $n-1$ 维数组的线性表。

数组一旦被定义，它的维数和维界就不再改变。因此，除了结构的初始化和销毁之外，数组只有存取元素和修改元素值的操作，其抽象数据类型可定义为：

ADT Array {

  数据对象：$D = \left\{ a_{s_1 s_2 \cdots s_n} \mid a_{s_1 s_2 \cdots s_n} \in \text{ElemSet}, n \text{称为数组的维数}(n > 0), \right.$

     $\left. s_i \text{是数组元素的第} i \text{维下标}, s_i = 0, \cdots, b_i - 1, i = 1, 2, \cdots, n, b_i \text{是数组第} i \text{维的长度} \right\}$

  数据关系：$R = \left\{ R_1, R_2, \cdots, R_n \right\}$

  基本操作：

    InitArray（Array *A, int n, int bound1, ···, int boundn）：数组的初始化操作，若维数 n 和各维数组长度 bound 合法，则构造相应的数组 A，并返回 TRUE。

DestroyArray（Array *A）：销毁数组 A。

Value（Array A, ElementType *e, int index1,…, int index$n$）：A 是 n 维数组，e 为数组元素，随后是 n 个下标值。若各维数组下标 index 不越界，则将所指定的 A 的元素值赋给 e，并返回 TRUE。

Assign（Array *A, ElementType e, int index1,…, int index$n$）：A 是 n 维数组，e 为数组元素，随后是 n 个下标值。若各维数组下标 index 不越界，则将 e 的值赋给所指定的 A 的元素，并返回 TRUE。

}

4.2　数组的存储结构

从理论上讲，数组结构可以采用顺序存储结构或者链式存储结构。但由于数组一般不做插入或删除操作，因此，采用顺序存储结构较为合适。

数组可能是多维的结构，但存储数据元素的内存单元是一维的结构，则用一组地址连续的存储单元来存放数组的数据元素就有次序约定问题。如图 4-1 所示的二维数组既可以看成如图 4-2 所示的一维数组，也可以看成如图 4-3 所示的一维数组。对应地，对二维数组有两种存储方式：一种是按行序存储，如图 4-4（a）所示；另一种是按列序存储，如图 4-4（b）所示。在 C、Java 和 Python 语言中，采用的都是以行序为主序的存储结构，而在 FORTRAN、MATLAB 语言中，采用的则是以列序为主序的存储结构。

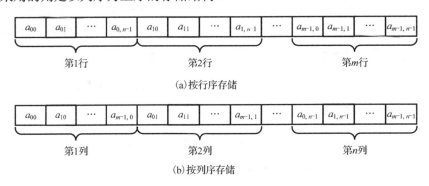

图 4-4　二维数组的两种存储方式

由于数组元素在内存单元中是连续存放的，因此如果知道了数组的起始地址，则可以很方便地计算出任一元素在内存中的存储位置。下面以按行序存储二维数组元素为例予以说明。

假设二维数组 $A_{m \times n}$ 的行列下标均从 0[①]开始，则该数组中任一元素 a_{ij} 的存储地址可由式（4-1）确定：

$$\mathrm{LOC}(a_{ij}) = \mathrm{LOC}(a_{00}) + (n \times i + j) \times L \tag{4-1}$$

---

① 在 C 语言中，二维数组的行列下标 0，有时直接称为第 0 行或者第 0 列（通常在代码注释中），有时又遵照习惯称为第一行或者第一列（通常在正文描述中），不要混淆。

式中，$LOC(a_{ij})$ 为 a_{ij} 的存储地址；$LOC(a_{00})$ 为 a_{00} 的存储地址，即二维数组 $A_{m \times n}$ 的起始存储地址，也称为基地址或基址；L 为每个数据元素占用的字节数。

4.3　特殊矩阵的压缩存储

在科学与工程计算问题中，矩阵是一种常用的数学对象。用二维数组来表示矩阵是简单而又自然的方法。但是，在数值分析中经常出现一些特殊的矩阵，这些矩阵中有很多值相同的元素或者零元素，为了节省空间，可以对这类矩阵进行压缩存储。压缩存储是指为多个值相同的元素只分配一个存储空间，对零元素不分配空间。

假如值相同的元素或者零元素在矩阵中的分布有一定规律，则称这类矩阵为特殊矩阵。常见的特殊矩阵有对称矩阵、三角矩阵、对角矩阵、稀疏矩阵等。下面我们重点讨论这四种特殊矩阵的压缩存储。

4.3.1　对称矩阵

在一个 n 阶方阵 A 中，若元素满足下述性质：

$$a_{ij} = a_{ji}, \quad 0 \le i, j \le n-1$$

则称 A 为 n 阶对称矩阵。如图 4-5 所示就是一个 4 阶对称矩阵。

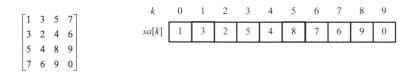

（a）4 阶对称矩阵　　　　　　　　　　（b）4 阶对称矩阵的压缩存储

图 4-5　4 阶对称矩阵

对称矩阵中的元素关于主对角线对称，故只要存储矩阵中上三角或下三角中的元素，让每一对对称元素共享一个存储空间，这样，能节约近一半的存储空间。不失一般性，可以按行序为主序存储其下三角（包括主对角线）中的元素，其形式如图 4-5（b）所示。

假设以一维数组 $sa[n(n+1)/2]$ 作为 n 阶对称矩阵 A 的存储结构，则 $sa[k]$ 和矩阵元素 a_{ij} 之间存在一一对应的关系：

$$k = \begin{cases} \dfrac{i(i+1)}{2} + j, & i \ge j \\[2mm] \dfrac{j(j+1)}{2} + i, & i < j \end{cases} \tag{4-2}$$

对于任意给定的一组下标 (i, j)，均可在 $sa[k]$ 中找到矩阵元素 a_{ij}；反之，对所有的 $k = 0, 1, \cdots, \dfrac{n(n+1)}{2} - 1$，都能确定 $sa[k]$ 中的元素在矩阵中的位置 (i, j)。由此，称 $sa[n(n+1)/2]$ 为 n 阶对称矩阵 A 的压缩存储，如图 4-6 所示。

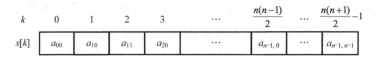

k	0	1	2	3	$\cdots$	$\dfrac{n(n-1)}{2}$	$\cdots$	$\dfrac{n(n+1)}{2}-1$
$s[k]$	a_{00}	a_{10}	a_{11}	a_{20}	$\cdots$	$a_{n-1,0}$	$\cdots$	$a_{n-1,n-1}$

图 4-6 对称矩阵的压缩存储

4.3.2 三角矩阵

以主对角线划分，三角矩阵有上三角矩阵和下三角矩阵两种，如图 4-7 所示。上(下)三角矩阵是指矩阵的下(上)三角(不包括主对角线)中的元素均为常数 c 或 0 的 n 阶矩阵。对三角矩阵进行压缩存储，除了和对称矩阵一样只存储其上(下)三角中的元素之外，再加一个存储常数 c 或 0 的存储空间即可，因此，可用一维数组 $sa[n(n+1)/2+1]$ 作为 n 阶三角矩阵的存储结构，数组元素 $sa[n(n+1)/2]$ 用于存储常数 c 或 0，其余元素的存储原则同对称矩阵，如图 4-8 所示。

$$\begin{bmatrix} a_{00} & a_{01} & \cdots & a_{0,n-1} \\ c & a_{11} & \cdots & a_{1,n-1} \\ \vdots & \vdots & & \vdots \\ c & c & \cdots & a_{n-1,n-1} \end{bmatrix} \qquad \begin{bmatrix} a_{00} & c & \cdots & c \\ a_{10} & a_{11} & \cdots & c \\ \vdots & \vdots & & \vdots \\ a_{n-1,0} & a_{n-1,1} & \cdots & a_{n-1,n-1} \end{bmatrix}$$

(a)上三角矩阵 (b)下三角矩阵

图 4-7 三角矩阵

k	0	1	2	3	$\cdots$	$\dfrac{n(n-1)}{2}$	$\cdots$	$\dfrac{n(n+1)}{2}-1$	$\dfrac{n(n+1)}{2}$
$s[k]$	a_{00}	a_{10}	a_{11}	a_{20}	$\cdots$	$a_{n-1,0}$	$\cdots$	$a_{n-1,n-1}$	c

图 4-8 下三角矩阵的压缩存储

4.3.3 对角矩阵

对角矩阵又称为带状矩阵，其特点是所有的非零元素都集中在以主对角线为中心的带状区域中。即除了主对角线及其两侧的共 L(奇数)条对角线上的元素之外，其他的元素皆为零，该矩阵称为 L 对角矩阵。图 4-9 给出了一个三对角矩阵。

$$\begin{bmatrix} 1 & 2 & 0 & 0 & 0 \\ 3 & 4 & 5 & 0 & 0 \\ 0 & 6 & 7 & 8 & 0 \\ 0 & 0 & 9 & 10 & 11 \\ 0 & 0 & 0 & 12 & 13 \end{bmatrix}$$

很显然，L 对角矩阵的带宽为 L，半带宽 $d=\dfrac{L-1}{2}$。例如，三对角矩阵的半带宽 $d=1$。当 $|i-j| \le d$ 时，$a_{ij} \ne 0$，为对角矩阵的带状区域元素；当 $|i-j| > d$ 时，$a_{ij}=0$，为对角矩阵的带状区域之外的元素。

图 4-9 三对角矩阵

对角矩阵也可按某个原则(或以行序为主，或以对角线的顺序)将其压缩存储到一维数组中，具体的存储原则留给读者去思考。

4.3.4 稀疏矩阵

稀疏矩阵是指非零元素个数较少，且分布没有一定规律的矩阵。只要非零元素个数远远小于矩阵元素个数，一般矩阵中非零元素小于 5%时，就可以认为是稀疏矩阵，如图 4-10 所示。

$$
\begin{bmatrix}
0 & 0 & 0 & 0 & -1 & 0 & 0 & 0 & 0 & 0 \\
0 & 0 & 0 & 0 & 0 & 0 & 0 & 0 & 0 & 0 \\
0 & 0 & 0 & 0 & 0 & 0 & 0 & 0 & 4 & 0 \\
0 & 2 & 0 & 0 & 0 & 0 & 0 & 0 & 0 & 0 \\
0 & 0 & 0 & 0 & 0 & 0 & 0 & 0 & 0 & 0 \\
0 & 0 & 0 & 0 & 0 & 0 & 0 & 0 & 0 & 0 \\
0 & 0 & 0 & 0 & 0 & 8 & 0 & 0 & 0 & 0 \\
0 & 0 & 0 & 0 & 0 & 0 & 0 & 0 & 0 & 0 \\
0 & 0 & 0 & 0 & 0 & 0 & 0 & 0 & 0 & 0 \\
0 & 0 & 0 & 0 & 0 & 0 & 0 & 0 & 0 & 0
\end{bmatrix}
$$

图 4-10　稀疏矩阵示例

稀疏矩阵的抽象数据类型可定义为：

ADT SparseMatrix {

　　数据对象：$D = \left\{ a_{ij} \mid a_{ij} \in \mathrm{ElemSet}, 0 \leqslant i \leqslant m-1, 0 \leqslant j \leqslant n-1 \right\}$，$m$ 和 n 分别为稀疏矩阵的行数和列数。

　　数据关系：$R = \left\{ R_1, R_2 \right\}$，

　　　　　　$R_1 = \left\{ < a_{i,j}, a_{i,j+1} > \mid 0 \leqslant i \leqslant m-1, 0 \leqslant j \leqslant n-2 \right\}$，

　　　　　　$R_2 = \left\{ < a_{i,j}, a_{i+1,j} > \mid 0 \leqslant i \leqslant m-2, 0 \leqslant j \leqslant n-1 \right\}$。

　　基本操作：

　　　　CreateMatrix (Matrix *M)：创建稀疏矩阵 M。

　　　　DestroyMatrix (Matrix *M)：销毁稀疏矩阵 M。

　　　　PrintMatrix (Matrix M)：输出稀疏矩阵 M。

　　　　CopyMatrix (Matrix A, Matrix *B)：由稀疏矩阵 A 复制得到矩阵 B。

　　　　AddMatrix (Matrix A, Matrix B, Matrix *C)：求稀疏矩阵 A 与 B 的和 C，并返回 TRUE。如果稀疏矩阵 A 和 B 的行数或列数不等，或者 A 和 B 均为空，则返回 FALSE。

　　　　SubMatrix (Matrix A, Matrix B, Matrix *C)：求稀疏矩阵 A 与 B 的差 C，并返回 TRUE。如果稀疏矩阵 A 和 B 的行数或列数不等，或者 A 和 B 均为空，则返回 FALSE。

　　　　MulMatrix (Matrix A, Matrix B, Matrix *C)：求稀疏矩阵 A 与 B 的乘积 C，并返回 TRUE。如果稀疏矩阵 A 的列数和 B 的行数不等，或者 A 和 B 均为空，则返回 FALSE。

　　　　TransposeMatrix (Matrix M, Matrix *T)：求稀疏矩阵 M 的转置矩阵 T。

}

那么稀疏矩阵如何进行压缩存储呢？

为了节省空间，只需要记录稀疏矩阵中每个非零元素的行下标、列下标和值 (i, j, a_{ij}) 即可，这就是三元组表示法。稀疏矩阵可由表示非零元素的三元组和行列数唯一确定。例如，三元组表 $((0,3,5),(1,2,-1),(2,0,-3),(2,1,-5),(3,5,3),(5,3,1))$ 加上 $(6,6)$ 这一对行、

列数便可作为图 4-11 中矩阵 $M^{①}$的另一种描述。

$$M = \begin{bmatrix} 0 & 0 & 0 & 5 & 0 & 0 \\ 0 & 0 & -1 & 0 & 0 & 0 \\ -3 & -5 & 0 & 0 & 0 & 0 \\ 0 & 0 & 0 & 0 & 0 & 3 \\ 0 & 0 & 0 & 0 & 0 & 0 \\ 0 & 0 & 0 & 1 & 0 & 0 \end{bmatrix}$$

	i	j	e
data[0]	6	6	6
data[1]	0	3	5
data[2]	1	2	–1
data[3]	2	0	–3
data[4]	2	1	–5
data[5]	3	5	3
data[6]	5	3	1

(a)稀疏矩阵 M 　　　　　　　　　　　　(b)M 的三元组顺序表存储

图 4-11　稀疏矩阵及三元组顺序表存储

假如以顺序存储结构来表示三元组表，则可以得到稀疏矩阵的一种压缩存储方式——三元组顺序表。其静态分配顺序存储结构的类型可定义如下：

```
#define MAXSIZE 100                    //定义矩阵的容量，即非零元素个数最大为 100
typedef int ElementType;               //定义非零元素的数据类型为整型
typedef struct {
    int i, j;                          //非零元素的行下标和列下标
    ElementType e;                     //非零元素的值
} Triple;                              //三元组结构类型定义
typedef struct {
    Triple data[MAXSIZE + 1];          //存储三元组的数组，data[0]作其他用途
} Matrix;                              //稀疏矩阵结构定义
```

在此，不妨假定 data 数组中表示非零元素的三元组是以行序为主序顺序排列的，即按非零元素的行下标递增、同一行按列下标递增的次序将所有表示非零元素的三元组存储到 data[1]开始的一片连续的存储单元中。data[0]作特殊用途，存储该矩阵的行数、列数和非零元素的个数。例如，图 4-11(a)所示的矩阵可以用图 4-11(b)所示的三元组来表示。

其中，data[0].i = 6，表示该矩阵为 6 行；data[0].j = 6，表示该矩阵为 6 列。data[0].e = 6，表示该矩阵有 6 个非零元素。data[1]~data[6]分别存放这 6 个非零元素的三元组。

下面以三元组顺序表的表示及实现为例，分别介绍稀疏矩阵的创建、销毁、输出、复制、求和、求差等基本操作，求积运算则留给读者思考。其具体算法描述如代码 4-1 所示。

代码 4-1　稀疏矩阵三元组顺序表的表示及实现

```
#include <stdio.h>
#define MAXSIZE 100                    //定义矩阵的容量，即非零元素个数最大为 100
typedef int ElementType;               //定义非零元素的数据类型为整型
typedef enum {FALSE, TRUE} Boolean;    //重命名枚举类型，枚举值为 FALSE(0) 和 TRUE(1)
typedef struct {
    int i, j;                          //非零元素的行下标和列下标
    ElementType e;                     //非零元素的值
```

① 图 4-11 所示的矩阵严格意义上不属于稀疏矩阵，只是为了后续讨论方便而特意设置的。

```
} Triple;                              //三元组结构类型定义
typedef struct {
    Triple data[MAXSIZE + 1];          //存储三元组的数组，data[0]作其他用途
} Matrix;                              //稀疏矩阵结构定义

//创建稀疏矩阵
void CreateMatrix (Matrix *m)
{
    int k;
    printf("请输入矩阵行数、列数、非零元素个数，以空格隔开：");
    scanf("%d%d%d", &m->data[0].i, &m->data[0].j, &m->data[0].e);
    for (k = 1; k <= m->data[0].e; k++)
    {
        printf("请输入第%d 个非零元素(格式：行下标 列下标 值)：", k);
        scanf("%d%d%d", &m->data[k].i, &m->data[k].j, &m->data[k].e);
    }
}
//销毁稀疏矩阵
void DestroyMatrix (Matrix *m)
{
    m->data[0].i = 0;                  //矩阵行数设置为 0
    m->data[0].j = 0;                  //矩阵列数设置为 0
    m->data[0].e = 0;                  //矩阵中非零元素个数设置为 0
}
//输出稀疏矩阵
void PrintMatrix (Matrix m)
{
    if (m.data[0].e != 0)              //若矩阵非空
    {
        int k;
        printf("该矩阵行数=%d, 列数=%d, 非零元个数=%d\n", m.data[0].i, m.data[0].j, m.data[0].e);
        for (k = 1; k <= m.data[0].e; k++)
            printf("第%d 个非零元素：(%d, %d, %d)\n", k, m.data[k].i, m.data[k].j, m.data[k].e);
    }
}
//复制稀疏矩阵 a 得到 b
void CopyMatrix (Matrix a, Matrix *b)
{
    int k;
    b->data[0] = a.data[0];                    //复制行数、列数、非零元素个数，注意.和->的使用
    //Matrix 型变量引用数据成员，使用.; 指向 Matrix 型变量的指针，使用->，相当于(*).
    for (k = 1; k <= a.data[0].e; k++)         //循环复制三元组
        b->data[k] = a.data[k];
}
//求稀疏矩阵 a 和 b 的和，结果存入 c 中
Boolean AddMatrix (Matrix a, Matrix b, Matrix *c)
{
```

```
int aPos, bPos, cPos, k;
//稀疏矩阵 a 和 b 行数或列数不等，不能相加，或者 a、b 均为空，返回 FALSE
if (a.data[0].i != b.data[0].i || a.data[0].j != b.data[0].j || (a.data[0].e == 0 && b.data[0].e == 0))
    return FALSE;
c->data[0].i = a.data[0].i;                    //和的行数同 a
c->data[0].j = a.data[0].j;                    //和的列数同 a
//当前访问的 a 非零元素和 b 非零元素的下标，以及准备写入的 c->data 数组元素的下标都置为 1
aPos = bPos = cPos = 1;
while (1)
{
    if (a.data[aPos].i < b.data[bPos].i)       //如果 a 当前非零元素的行下标<b 当前非零元素的行下标
        //将 a 的当前非零元素复制到 c 中，继续访问 a 下一个非零元素，c->data 数组写入位置加 1
        c->data[cPos++] = a.data[aPos++];
    else if (a.data[aPos].i > b.data[bPos].i)  //如果 a 当前非零元素的行下标>b 当前非零元素的行下标
        //将 b 的当前非零元素复制到 c 中，继续访问 b 下一个非零元素，c->data 数组写入位置加 1
        c->data[cPos++] = b.data[bPos++];
    //如果 a、b 当前非零元素的行下标相等，则比较它们的列下标
    else if (a.data[aPos].j < b.data[bPos].j)  //如果 a、b 当前非零元素的行下标相等，且 a 的列下标较小
        //将 a 的当前非零元素复制到 c 中，继续访问 a 下一个非零元素，c->data 数组写入位置加 1
        c->data[cPos++] = a.data[aPos++];
    else if (a.data[aPos].j > b.data[bPos].j)  //如果 a、b 当前非零元素的行下标相等，且 b 的列下标较小
        //将 b 的当前非零元素复制到 c 中，继续访问 b 下一个非零元素，c->data 数组写入位置加 1
        c->data[cPos++] = b.data[bPos++];
    //如果 a、b 当前非零元素的行、列下标都相等，且两个元素和不为零
    else if (a.data[aPos].e + b.data[bPos].e != 0)
    {
        c->data[cPos].i = a.data[aPos].i;    //c 当前元素行下标设置为 a 当前非零元素的行下标
        c->data[cPos].j = a.data[aPos].j;    //c 当前元素列下标设置为 a 当前非零元素的列下标
        //c 当前元素值设置为 a、b 当前非零元素值的和
        c->data[cPos].e = a.data[aPos].e + b.data[bPos].e;
        //继续访问 a 和 b 下一个非零元素，同时 c->data 数组写入位置加 1
        aPos++; bPos++; cPos++;
    }
    //如果 a、b 当前非零元素的行、列下标都相等，且两个元素和为零
    else
    {
        aPos++; bPos++;                       //相互抵消，继续访问 a 和 b 下一个非零元素
    }
    if (aPos == a.data[0].e + 1)              //如果 a 中非零元素遍历结束
    {
        //则将 b 中尚未访问的非零元素复制到 c 中
        for (k = bPos; k <= b.data[0].e; k++) c->data[cPos++] = b.data[k];
        break;                                //退出循环
    }
    if (bPos == b.data[0].e + 1)              //如果 b 中非零元素遍历结束
    {
```

```
                    //则将 a 中尚未访问的非零元素复制到 c 中
                    for (k = aPos; k <= a.data[0].e; k++) c->data[cPos++] = a.data[k];
                    break;                          //退出循环
                }
            }
        c->data[0].e = cPos − 1;                    //设置 c 的非零元素的个数
        return TRUE;
}
//求稀疏矩阵 a 与 b 的差，结果存入 c 中
Boolean SubMatrix (Matrix a, Matrix b, Matrix *c)
{
        int k;
        for (k = 1; k <= b.data[0].e; k++)          //减法只是加法的另一种表达形式而已
            b.data[k].e = −b.data[k].e;             //将矩阵 b 的全部数据元素取反
        return AddMatrix (a, b, c);                 //然后按照加法的规则进行运算，并返回结果
}
int main ()
{
        Matrix a, b, c;
        CreateMatrix (&a);                          //采用三元组顺序表示法创建稀疏矩阵 a
        CreateMatrix (&b);                          //采用三元组顺序表示法创建稀疏矩阵 b
        if (AddMatrix (a, b, &c))                   //c=a+b
            PrintMatrix (c);                        //输出运算结果
        return 0;
}
```

转置运算是矩阵运算最简单的一种。对于一个 $m \times n$ 的矩阵 M，它的转置矩阵 T 是一个 $n \times m$ 的矩阵，且 $T(i, j) = M(j, i)$，$0 \le i \le n-1$，$0 \le j \le m-1$。下面将重点讨论在上述压缩存储结构下如何实现矩阵的转置运算。

假设 m 和 t 是 Matrix 型的变量，分别表示矩阵 M 和转置后的矩阵 T，如图 4-12 所示。

i	j	e
6	6	6
0	3	5
1	2	−1
2	0	−3
2	1	−5
3	5	3
5	3	1

(a) m.data

i	j	e
6	6	6
0	2	−3
1	2	−5
2	1	−1
3	0	5
3	5	1
5	3	3

(b) t.data

图 4-12　m.data 和 t.data

那么，如何由 m 得到 t 呢？观察图 4-12 中 m.data 和 t.data 的差异即可看出，只要做到：①将矩阵的行列值相互交换；②将 data[1] 开始的三元组以行序为主序、列序为次序重新排列。显然，第一点容易做到，关键在于如何实现第二点。有以下三种处理方法。

算法 4-1　简单地交换 *m*.data 数组中每个非零元素的 *i* 和 *j* 的值，存储到 *t*.data 数组中，此时 *t*.data 数组中的元素已经是按列序有序，只要再将 *t*.data 数组中的元素以行序为主序重新排列即可。下面在代码 4-1 的基础上给出算法 4-1 的实现，如代码 4-2 所示。

代码 4-2　矩阵转置算法 4-1

```
//转置矩阵 m 得到 t
void TransposeMatrix(Matrix m, Matrix *t)
{
    int k, u, v;
    for (k = 0; k <= m.data[0].e; k++)
    {
        t->data[k].i = m.data[k].j;          //t 非零元素的行下标是 m 非零元素的列下标
        t->data[k].j = m.data[k].i;          //t 非零元素的列下标是 m 非零元素的行下标
        t->data[k].e = m.data[k].e;          //值的复制
    }
    for (u = 1; u < t->data[0].e; u++)
        for (v = u + 1; v <= t->data[0].e; v++)
            if (t->data[u].i > t->data[v].i)  //若 t 中某两个非零元素的行下标逆序
            {
                Triple temp;                  //定义 Triple 型临时变量
                temp = t->data[u];            //相互交换
                t->data[u] = t->data[v];
                t->data[v] = temp;
            }
}
int main()
{
    Matrix a, b;
    CreateMatrix(&a);                         //采用三元组顺序表示法创建稀疏矩阵 a
    TransposeMatrix(a, &b);                   //转置矩阵 a 得到 b
    PrintMatrix(b);                           //输出结果
    return 0;
}
```

分析上述算法，主要的工作是在两重循环中完成的，故算法的时间复杂度为 $O(t\text{->data}[0].e^2)$，即 $O(\text{非零元素个数}^2)$，因此在最坏情况下时间复杂度为 $O(\text{行数}^2 \times \text{列数}^2)$。

算法 4-2　按照 *t*.data 中三元组的行序依次在 *m*.data 中找到相应的三元组进行转置。由于 *t* 的行是 *m* 的列，因此，也就是按照 *m*.data 中三元组的列序来进行转置。为了找到 *m* 中每一列所有的非零元素，需要对 *m* 整个三元组表 *m*.data 数组从下标 1 起全部扫描一遍，由于 *m*.data 本就是以行序为主序来存放每个非零元素的，因此得到的转置矩阵 *t* 中的三元组必定是以行序为主序、以列序为次序排列的。其具体算法描述如代码 4-3 所示。

代码 4-3 矩阵转置算法 4-2

```
//转置矩阵 m 得到 t
void TransposeMatrix(Matrix m, Matrix *t)
{
    int k, mPos, tPos;
    t->data[0].i = m.data[0].j;              //t 的行数等于 m 的列数
    t->data[0].j = m.data[0].i;              //t 的列数等于 m 的行数
    t->data[0].e = m.data[0].e;              //t 的非零元素个数与 m 相同
    tPos = 1;                                //准备写入的 t->data 数组元素下标, 起始为 1
    for (k = 0; k < m.data[0].j; k++)        //寻找 m 中第 k 列(即转置后 t 中第 k 行)中所有的非零元素
        //从头开始依次遍历 m 的所有非零元素
        for (mPos = 1; mPos <= m.data[0].e; mPos++)
            if (m.data[mPos].j == k)         //如果 m 中 mPos 指示的非零元素的列下标等于 k
                                             //即该非零元素属于 m 中第 k 列, 转置后就是 t 中第 k 行
            {
                //交换行、列下标后复制到 t 中
                t->data[tPos].i = m.data[mPos].j;
                t->data[tPos].j = m.data[mPos].i;
                t->data[tPos].e = m.data[mPos].e;
                tPos++;                      //t->data 数组写入位置加 1
            }
}
int main()
{
    Matrix a, b;
    CreateMatrix(&a);                        //采用三元组顺序表示法创建稀疏矩阵 a
    TransposeMatrix(a, &b);                  //转置矩阵 a 得到 b
    PrintMatrix(b);                          //输出结果
    return 0;
}
```

分析上述算法执行过程, 主要工作也是在两重循环中完成的, 故算法的时间复杂度为 $O(m.data[0].j \times m.data[0].e)$, 即 $O(列数 \times 非零元素个数)$, 因此在最坏情况下时间复杂度为 $O(行数 \times 列数^2)$。

在算法 4-2 中, 为了得到转置后矩阵 T 中每一行(即 M 中每一列)的非零元素, 需要重复地去遍历所有的非零元素, 显然这是低效的, 由于转置后的非零元素仍然是以行序为主序、列序为次序来存放, 假如我们能够预知交换了行、列下标后的非零元素应该存放在什么位置, 那就实现了矩阵的转置运算。那到底能不能预知非零元素转置后的存放位置呢? 又是如何预知的呢?

算法 4-3 先求得转置前的矩阵 M 的每一列(对应转置后的矩阵 T 的每一行)中非零元素的个数, 再根据顺序存储空间的连续性, 进而求得 M 的每一列的首个非零元素在转置后的 $t.data$ 中应处的位置, 从而解决了上述问题。

为此, 需要附设 startingPos 和 num 两个数组。其中 startingPos[k]指示转置前的矩阵 M 中第 k 列(对应转置后的矩阵 T 中第 k 行)首个非零元素在转置后的 $t.data$ 中应处的位置, num[k]

表示矩阵 M 中第 k 列中非零元素的个数。显然有

$$\begin{cases} \text{startingPos}[0] = 1 \\ \text{startingPos}[k] = \text{startingPos}[k-1] + \text{num}[k-1], \qquad 1 \leqslant k \leqslant m.\text{data}[0].j \end{cases} \qquad (4\text{-}3)$$

例如，对于图 4-11 所示的矩阵 M，startingPos 和 num 的值如表 4-1 所示。

表 4-1　矩阵 M 的 startingPos 和 num 的值

k	0	1	2	3	4	5
startingPos[k]	1	2	3	4	6	6
num[k]	1	1	1	2	0	1

这种转置方法称为矩阵的快速转置，其具体算法描述如代码 4-4 所示。

代码 4-4　矩阵转置算法 4-3——快速转置算法

```
#define MAXNUM 100                          //定义矩阵的最大列数为 100
//转置矩阵 m 得到 t
void TransposeMatrix (Matrix m, Matrix *t)
{
    int k;
    int startingPos[MAXNUM];               //辅助数组，用于记录矩阵转置后每行首个非零元素位置
    int num[MAXNUM];                       //辅助数组，用于记录矩阵转置后每行非零元素个数
    t->data[0].i = m.data[0].j;            //t 的行数等于 m 的列数
    t->data[0].j = m.data[0].i;            //t 的列数等于 m 的行数
    t->data[0].e = m.data[0].e;            //t 的非零元素个数与 m 相同
    for (k = 0; k < m.data[0].j; k++)      //num[k]为 m 中第 k 列(即转置后 t 中第 k 行)中非零元个数
        num[k] = 0;                        //全部初始化为 0
    for (k = 1; k <= m.data[0].e; k++)     //扫描 m 中所有的非零元素
        num[m.data[k].j]++;                //计算 m 中每一列非零元素的个数
    startingPos[0] = 1;                    //转置后 t 中第 0 行首个非零元素在 data 数组中下标为 1
    for (k = 1; k < m.data[0].j; k++)      //对于 m 中的每一列(即 t 中的每一行)
        //计算 m 中第 k 列首个非零元素转置后在 data 中应处的位置
        startingPos[k] = startingPos[k-1] + num[k-1];
    for (k = 1; k <= m.data[0].e; k++)     //再次扫描 m 中所有的非零元素
    {
        int tPos;
        //tPos 为 m 当前非零元素转置后在 data 中应处的位置，转置后该元素所在行 startingPos 值加 1
        tPos = startingPos[m.data[k].j]++;
        //将当前非零元素交换行、列下标后存入 data 中相应位置
        t->data[tPos].i = m.data[k].j;
        t->data[tPos].j = m.data[k].i;
        t->data[tPos].e = m.data[k].e;
    }
}
int main ()
```

```
{
    Matrix a, b;
    CreateMatrix(&a);                          //采用三元组顺序表示法创建稀疏矩阵 a
    TransposeMatrix(a, &b);                     //转置矩阵 a 得到 b
    PrintMatrix(b);                             //输出结果
    return 0;
}
```

分析上述算法，主要的工作是 4 个并列的单循环，循环次数分别为 $m.data[0].e$ 和 $m.data[0].j$，即 M 中非零元素的个数和列数，因此算法的时间复杂度为 O(非零元素个数+列数)，在最坏情况下时间复杂度为 O(行数×列数)。

稀疏矩阵也可以采用链式存储结构表示。在链表中，每个非零元素可用一个含 5 个域的结点表示，其中 i、j 和 e 这 3 个域的含义与三元组顺序表示法一样，分别表示该非零元素的行下标、列下标和值，向右指针域 right 用以链接同一行中下一个非零元素，向下指针域 down 用以链接同一列中下一个非零元素。同一行的非零元素通过 right 域链接成一个线性链表，同一列的非零元素通过 down 域也链接成一个线性链表，每个非零元素既是某个行链表中的一个结点，又是某个列链表中的一个结点，整个矩阵构成了一个十字交叉的链表，故称这样的存储结构为十字链表，可用两个分别存储行链表的头指针和列链表的头指针的一维数组来表示。例如，图 4-11 中的矩阵 M 的十字链表如图 4-13 所示。

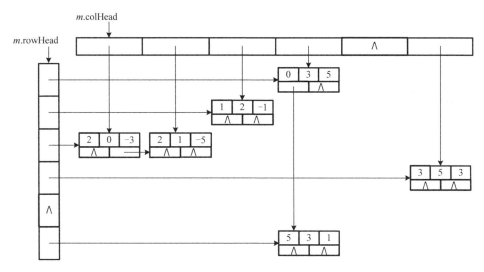

图 4-13　矩阵 M 的十字链表

十字链表的链式存储结构的类型定义如下：

```
typedef int ElementType;                       //定义非零元素的数据类型为整型
typedef struct Node {
    int i, j;                                  //非零元素的行下标和列下标
    ElementType e;                             //非零元素的值
    struct Node *right;                        //向右指针域,指向该非零元素所在行链表的后继结点
    struct Node *down;                         //向下指针域,指向该非零元素所在列链表的后继结点
} NODE, *List;                                 //十字链表的结点类型定义
```

```
typedef struct {
    List *rowHead, *colHead;              //行、列链表的头指针数组的首地址
    int row, col, n;                      //稀疏矩阵的行数、列数、非零元素的个数
} Matrix;                                 //稀疏矩阵的结构定义
```

　　下面以十字链表的表示及实现为例，简单介绍稀疏矩阵的创建、输出等基本操作，其具体算法描述如代码 4-5 所示。

代码 4-5　矩阵的十字链表存储结构表示及操作

```
#include <stdio.h>
#include <stdlib.h>
#include <string.h>
typedef int ElementType;                  //定义非零元素的数据类型为整型
typedef enum {FALSE, TRUE} Boolean;       //重命名枚举类型，枚举值为 FALSE(0)和 TRUE(1)
typedef struct Node {
    int i, j;                             //非零元素的行下标和列下标
    ElementType e;                        //非零元素的值
    struct Node *right;                   //向右指针域，指向该非零元素所在行链表的后继结点
    struct Node *down;                    //向下指针域，指向该非零元素所在列链表的后继结点
} NODE, *List;                            //十字链表的结点类型定义
typedef struct {
    List *rowHead;                        //行链表头指针数组的首地址
    List *colHead;                        //列链表头指针数组的首地址
    int row, col, n;                      //稀疏矩阵的行数、列数、非零元素的个数
} Matrix;                                 //稀疏矩阵的结构定义

//创建稀疏矩阵
void CreateMatrix(Matrix *m)
{
    int k;
    int row, col, n;
    printf("请输入矩阵行数、列数、非零元素个数，以空格隔开：");
    scanf("%d%d%d", &row, &col, &n);
    m->row = row; m->col = col; m->n = n;
    //动态分配行链表头指针数组存储空间，若分配失败，则退出
    if (!(m->rowHead = (List *)malloc(row * sizeof(List)))) exit(1);
    //动态分配列链表头指针数组存储空间，若分配失败，则退出
    if (!(m->colHead = (List *)malloc(col * sizeof(List)))) exit(1);
    //初始化行链表头指针数组元素为空，使各行链表为不带头结点的空链表
    memset(m->rowHead, 0, row * sizeof(List));
    //初始化列链表头指针数组元素为空，使各列链表为不带头结点的空链表
    memset(m->colHead, 0, col * sizeof(List));
    for (k = 1; k <= n; k++)              //依次输入 n 个非零元素，次序任意
    {
        int i, j;
        NODE *p, *s;
        if (!(s = (NODE *)malloc(sizeof(NODE))))
```

```
            exit(1);                          //生成新结点 s，若存储空间分配失败，则退出程序
        printf("请输入第%d 个非零元素(格式：行下标 列下标 值)：", k);
        scanf("%d%d%d", &s->i, &s->j, &s->e);
        s->right = s->down = NULL;            //向右指针域和向下指针域均设置为空
        i = s->i; j = s->j;                   //瞄准第 i 行、第 j 列
        //如果第 i 行链表为空链表，或者新结点的列下标比首元结点列下标小
        if (m->rowHead[i] == NULL || m->rowHead[i]->j > s->j)
        {
            s->right = m->rowHead[i];         //将新结点插入行链表
            m->rowHead[i] = s;                //并成为该行链表新的首元结点
        }
        else
        {
            //寻找在行链表中合适的插入位置
            for (p = m->rowHead[i]; p->right && p->right->j < s->j; p = p->right);
            s->right = p->right;              //s 结点的向右指针指向 p 结点的行后继结点
            p->right = s;                     //s 结点成为 p 结点的行直接后继结点
        }
        //如果第 j 列链表为空链表，或者新结点的行下标比首元结点行下标小
        if (m->colHead[j] == NULL || m->colHead[j]->i > s->i)
        {
            s->down = m->colHead[j];          //将新结点插入列链表
            m->colHead[j] = s;                //并成为该列链表新的首元结点
        }
        else
        {
            //寻找在列链表中合适的插入位置
            for (p = m->colHead[j]; p->down && p->down->i < s->i; p = p->down);
            s->down = p->down;                //s 结点的向下指针指向 p 结点的列后继结点
            p->down = s;                      //s 结点成为 p 结点的列直接后继结点
        }
    }
}
//以行序为主序输出稀疏矩阵
void PrintMatrix(Matrix m)
{
    if (m.n != 0)                            //若矩阵非空
    {
        int i, k = 1;
        NODE *p;
        printf("该矩阵行数=%d，列数=%d，非零元素个数=%d\n", m.row, m.col, m.n);
        for (i = 0; i < m.row; i++)          //行下标从 0 起依次遍历每一行的行链表
            //依次遍历该行的每一个非零元素
            for (p = m.rowHead[i]; p; p = p->right)
                printf("第%d 个非零元素：(%d, %d, %d)\n", k++, p->i, p->j, p->e);
    }
}
```

```
int main ()
{
    Matrix a;
    CreateMatrix (&a);                     //采用十字链表法创建稀疏矩阵 a
    PrintMatrix (a);                       //输出稀疏矩阵 a
    return 0;
}
```

例 4-1　假设有两个矩阵 A 和 B，将矩阵 B 加到矩阵 A 中。相加后的结果不妨记作 A'，则 A' 中的非零元素无非 3 种来源：它或者是 $a_{ij}+b_{ij}\neq 0$；或者是 $a_{ij}(b_{ij}=0)$；或者是 $b_{ij}(a_{ij}=0)$。第 1 种情况需要改变 A 结点的数据域 e 值；第 2 种情况 A 保持不变；第 3 种情况则需要在 A 中插入一个新结点。此外，还有第 4 种特殊情况，即 $a_{ij}+b_{ij}=0$，则需要在 A 中删除一个结点。

因此，整个求和运算可从 A、B 矩阵的第一行(行下标为 0)起逐行进行，每一行从行链表头指针出发分别找到该行的第一个非零元素结点后开始比较，然后根据上述 4 种不同的情况分别予以处理。

细心的读者可能发现，两个矩阵求和的运算过程和第 2 章中讨论过的两个一元多项式的求和有诸多相似之处。没错，两者都是单链表的求和操作，不同的是后者只有一个变元(指数项)，而前者中每个非零元素有两个变元(行下标、列下标)，每个结点既在行链表中又在列链表中，因此插入和删除时，结点指针域的修改较为复杂。下面结合上述分析在代码 4-5 的基础上给出算法的具体实现，读者可根据代码 4-6 中的详尽注释加以理解。

代码 4-6　十字链表的矩阵求和

```
//将稀疏矩阵 b 加入 a
Boolean AddMatrix (Matrix *a, Matrix b)
{
    NODE *pa, *pb, *p, *s, *rowPre, *colPre;
    List *pRow, *pCol;
    int row;
    //稀疏矩阵 a 和 b 行数或列数不等，不能相加，或者 a、b 均为空，返回 FALSE，属于简单的容错处理
    if (a->row != b.row || a->col != b.col || (a->n == 0 && b.n == 0)) return FALSE;
    //动态分配用于指向各行链表的指针数组存储空间，若分配失败，则退出
    if (!(pRow = (List *) malloc (a->row * sizeof (List)))) exit (1);
    //动态分配用于指向各列链表的指针数组存储空间，若分配失败，则退出
    if (!(pCol = (List *) malloc (a->col * sizeof (List)))) exit (1);
    //指向各行链表的指针初始化为 a 的各行链表的头指针
    memcpy (pRow, a->rowHead, a->row * sizeof (List));
    //指向各列链表的指针初始化为 a 的各列链表的头指针
    memcpy (pCol, a->colHead, a->col * sizeof (List));
    for (row = 0; row < b.row; row++)          //从 b 的第 0 行开始逐行处理非零元素
    //pb 初始指向 b 的第 row 行第一个非零元素，循环处理该行的每一个非零元素
    for (pb = b.rowHead[row]; pb; pb = pb->right)
    {
```

```
pa = pRow[row];                         //pa 初始指向 a 的第 row 行首个尚未访问的非零元素
rowPre = NULL;                          //rowPre 指向 pa 结点在行链表中的前驱结点，初始为空
for（; ;）
//情况 3：如果 a 中该行已遍历完，或者 pa 结点的列下标大于 pb 结点的列下标
if (pa == NULL || pa->j > pb->j)
{
        if (!(s = (NODE *) malloc (sizeof(NODE))))
                exit (1);               //生成新结点，准备插入 pa 之前，若生成失败，则退出
        *s = *pb;                       //将 pb 结点数据复制到 s 结点
        s->right = s->down = NULL;      //s 结点的向右指针域和向下指针域置为空
        if (rowPre == NULL)             //若 pa 结点是该行的首元结点
                a->rowHead[s->i] = s;   //则 s 结点将成为该行新的首元结点
        else
                rowPre->right = s;      //rowPre 结点的向右指针指向 s 结点
        s->right = pa;                  //s 结点的向右指针指向 pa 结点
        pRow[s->i] = s;                 //s 结点成为该行尚未访问的首个非零元素
        //寻找 s 在列链表中合适的插入位置
        for (p = pCol[s->j], colPre = NULL; p && p->i < s->i; colPre = p, p = p->down);
        if (colPre == NULL)             //若 pa 结点是该列的首元结点
                a->colHead[s->j] = s;   //则 s 结点将成为该列新的首元结点
        else
                colPre->down = s;       //colPre 结点的向下指针指向 s 结点
        s->down = p;                    //s 结点的向下指针指向 p 结点
        pCol[s->j] = s;                 //s 结点成为该列尚未访问的首个非零元素
        a->n++;                         //a 的非零元素个数加 1
        break;                          //该 pb 结点处理结束，跳出循环继续处理下一个非零元素
}
else if (pa->j == pb->j)                //情况 1：pa、pb 结点的列下标相等
{
        pa->e += pb->e;                 //则直接将 pb 结点值加到 pa 结点上
        if (pa->e == 0)                 //情况 4：如果两结点数据域值之和为 0，则删除 pa 结点
        {
                if (rowPre == NULL)     //若 pa 结点是该行的首元结点
                {
                        //pa 的行后继结点将成为该行新的首元结点
                        a->rowHead[pa->i] = pa->right;
                        //pa 的行后继结点成为该行尚未访问的首个非零元素
                        pRow[pa->i] = pa->right;
                }
                else
                {
                        //将 pa 的行前驱结点和后继结点链接起来
                        rowPre->right = pa->right;
                        pRow[pa->i] = rowPre; //虽然 pa 的行后继才是该行尚未访问的首个非零元素，但
                                              为了后续插入和删除操作，故让 rowPre 结点代之
```

```
        }
                            //定位 pa 在列链表中的当前位置，重点是获取指向 pa 的列前驱结点的指针 colPre
                            for (p = pCol[pa->j], colPre = NULL; p != pa; colPre = p, p = p->down);
                            if (colPre == NULL)         //若 pa 结点是该列的首元结点
                            {
                                    //pa 的列后继结点将成为该列新的首元结点
                                    a->colHead[pa->j] = pa->down;
                                    //pa 的列后继结点成为该列尚未访问的首个非零元素
                                    pCol[pa->j] = pa->down;
                            }
                            else
                            {
                                    //将 pa 的列前驱结点和后继结点链接起来
                                    colPre->down = pa->down;
                                    pCol[pa->j] = colPre;  //虽然 pa 的列后继才是该列尚未访问的首个非零元素，但
                                                           //为了后续插入和删除操作，故让 colPre 结点代之
                            }
                            free (pa);                  //删除 pa 结点，释放其所占内存空间
                            a->n—;                      //a 的非零元素个数减 1
                    }
                    break;                              //该 pb 结点处理结束，跳出循环继续处理下一个非零元素
            }
            else if (pa->j < pb->j)                     //情况 2：pa 结点的列下标小于 pb 结点的列下标
            {
                    rowPre = pa;                        //指针 rowPre 指向 pa 的行前驱结点
                    pa = pa->right;                     //pa 指向该行下一个非零元素结点
            }
        }
    return TRUE;
}
//以列序为主序输出稀疏矩阵
void PrintMatrixColFirst (Matrix m)
{
    if (m.n != 0)                                       //若矩阵非空
    {
        int i, k = 1;
        NODE *p;
        printf("该矩阵行数=%d，列数=%d，非零元素个数=%d\n", m.row, m.col, m.n);
        for (i = 0; i < m.col; i++)                     //列下标从 0 起依次遍历每一列的列链表
            //依次遍历该列的每一个非零元素
            for (p = m.colHead[i]; p; p = p->down)
                printf("第%d 个非零元素：(%d, %d, %d)\n", k++, p->i, p->j, p->e);
    }
}
int main ()
{
    Matrix a, b;
```

```
    while (1)                            //输入不同的稀疏矩阵 a 和 b，进行循环测试
    {
        CreateMatrix (&a);               //采用十字链表法创建稀疏矩阵 a
        CreateMatrix (&b);               //采用十字链表法创建稀疏矩阵 b
        if (AddMatrix (&a, b))           //将矩阵 a 和 b 相加，结果存入 a 中
        {
            PrintMatrix (a);             //默认以行序为主序输出结果
            PrintMatrixColFirst (a);     //以列序为主序输出结果，以检验行列操作上的正确性
        }
        system ("pause");                //程序暂停，方便观察运行结果，按任意键继续
        system ("cls");                  //清屏函数，需引入头文件 stdlib.h
    }
    return 0;
}
```

为了便于插入和删除结点，程序中设置了一些辅助指针，如在 A 的每一行的行链表上设置一个指针 pRow[i]，它的初值和行链表的头指针相同，即 pRow[i] = a->rowHead[i]；在 A 的每一列的列链表上设置一个指针 pCol[j]，它的初值和列链表的头指针相同，即 pCol[j] = a->colHead[j]，在算法执行过程中它们会进行动态调整，指向尚未访问的行（列）的非零元素结点，这使得在矩阵 A 中插入或删除某个结点所需的时间是一个常数，同时也避免了对矩阵 A 行列链表中非零元素的重复扫描，提高了效率。

整个运算过程在于对 A 和 B 的十字链表逐行扫描，其执行次数主要取决于 A 和 B 矩阵中非零元素的个数，由于所有非零元素被访问且仅被访问一次，因此该算法总的时间复杂度为 $O(a.n + b.n)$。

4.4　串

4.4.1　串的定义

串 (String) 是由零个或多个字符组成的有限序列，又称为字符串。一般记为

$$S = "a_1 a_2 \cdots a_n",\qquad n \geqslant 0 \tag{4-4}$$

式中，S 为串的名称，用双引号括起来的字符序列是串的值，注意双引号本身不属于串；$a_i (1 \leqslant i \leqslant n)$ 可以是字母、数字或其他字符，i 称为该字符在串中的位置；串中字符的个数 n 称为串的长度，简称串长；零个字符的串称为空串 (Null String)，它的长度为 0，可以直接用一对双引号 "" 表示。序列，表示串中的相邻字符之间具有前驱和后继的关系。

下面是串中一些需要特别注意的概念。

串中的空格也是一个字符。

空格串 (Blank String)：全部由空格组成的串。注意空格串不是空串，前者有内容有长度，后者无内容且长度为 0。

子串：串中任意个连续的字符组成的子序列称为该串的子串 (空串是任何串的子串)；相应地，包含子串的串称为主串。

　　子串在主串中的位置以子串的第一个字符在主串中的位置来表示。例如，$S=$ "abcde"，$T=$ "bcd"，S 的长度为 5，T 的长度为 3；T 是 S 的子串，T 在 S 中的位置是 2。

　　串的比较是自左向右逐个比较两个字符串中对应位置的字符，各字符大小按照 ASCII（American Standard Code for Information Interchange，美国信息交换标准代码）值确定，直到出现不同的字符或串结束为止。因此，当且仅当它们的长度相等，并且各个对应位置的字符都相等时，两个串相等。

　　串的逻辑结构和线性表很相似，不同之处在于串的数据对象约束为字符集，也就是串中的元素都是字符。然而，串的基本操作和线性表是有很大差别的。在线性表的基本操作中，更关注的是"单个元素"的操作，如在线性表中查找某个元素、求取某个元素、插入或删除一个元素等；而在串的基本操作中，通常以"串的整体"作为操作对象，如在串中查找子串位置、求取一个子串、替换子串等。

　　下面给出串的抽象数据类型定义：

ADT String {
　　数据对象：$D = \{a_i \mid a_i \in \mathrm{ElemSet}, i = 1, 2, \cdots, n, n \geq 0\}$。
　　数据关系：$R = \{< a_{i-1}, a_i > \mid a_{i-1}, a_i \in D, i = 2, 3, \cdots, n\}$，数据元素间呈线性关系。
　　基本操作：
　　　　StrAssign(String *S, char *strs)：生成一个其值等于字符串常量 strs 的串 S。
　　　　StrCopy(String *T, String *S)：由串 S 复制得到串 T。
　　　　ClearString(String *S)：将串 S 清空。
　　　　StrEmpty(String S)：若 S 为空串，则返回 TRUE，否则返回 FALSE。
　　　　StrCompare(String S, String T)：若 $S > T$，则返回值大于 0；若 $S = T$，则返回值等于 0；若 $S < T$，则返回值小于 0。
　　　　StrLength(String S)：返回串 S 的长度，即串中字符的个数。
　　　　Concat(String *T, String S1, String S2)：用 T 返回由 S1 和 S2 连接而成的新串。
　　　　SubString(String *Sub, String S, int pos, int len)：用 Sub 返回串 S 的第 pos 个字符起长度为 len 的子串。
　　　　Index(String S, String T, int pos)：若主串 S 中存在和串 T 值相等的子串，则返回它在主串 S 中第 pos 个字符之后第一次出现的位置；否则返回 0。
　　　　Replace(String *S, Sring T, String V)：用串 V 替换主串 S 中出现的所有与串 T 值相等的不重叠的子串。
　　　　StrInsert(String *S, int pos, String T)：在串 S 的第 pos 个字符之前插入串 T。
　　　　StrDelete(String *S, int pos, int len)：从串 S 中删除第 pos 个字符起长度为 len 的子串。

　　}

　　不同的高级程序设计语言对串的基本操作会有不同的定义方法，使用前应该先查看该语言的参考手册。例如，在 C 标准库中，已经提供了 strcat、strcmp、strcpy、strnpy、strlen、strstr 等常用的字符串操作函数，注意使用这些库函数之前必须先引入头文件 string.h。

4.4.2 串的存储结构

串的存储结构与线性表类似，可以使用顺序存储和链式存储两种方式。

1. 串的顺序存储

类似于线性表的顺序存储结构，串的顺序存储是用一组地址连续的存储单元来存储串中的字符序列。按照预定义的大小，为每个定义的串变量分配一个固定长度的存储区，一般用定长数组来描述，如：

```
#define MAXLEN 1000                    //串的最大长度
typedef struct {
    char ch[MAXLEN];                   //存储串的一维数组
    int length;                        //串的长度
} String;
```

除了上述静态定义方式，也可以采用为每个新产生的串动态分配一块实际串长所需的存储空间，若分配成功，则返回一个指向起始地址的指针，作为串的基址，定义如下：

```
typedef struct {
    char *ch;                          //ch 为指针，指向动态分配的存储空间的首地址
    int length;                        //串的长度
} String;
```

在 C 语言中，动态分配内存空间的函数为 malloc，释放内存函数为 free，注意使用这两个函数之前必须先引入头文件 stdlib.h。

2. 串的链式存储

串的链式存储结构与线性表是相似的，但由于串结构的特殊性，结构中的每个数据元素是一个字符，如果简单地采用单链表存储串值，一个结点存放一个字符，就会造成很大的空间浪费。因此，每个结点可以存放多个字符，最后一个结点若是未被串值占满，则可以用"#"或其他的非串值字符补全，如图 4-14 所示。

图 4-14 串值的链表存储方式

其数据结构可定义如下：

```
#define NODESIZE 80                    //定义结点大小，即每个结点可存放的字符数
typedef struct Node {
    char ch[NODESIZE];                 //存储串值的定长一维数组
    struct Node *next;                 //指向后继结点
} NODE;
typedef struct {
    NODE *head, *tail;                 //串的头指针、尾指针，分别指示首个、末尾结点
```

```
    int length;                            //串的长度
} String;
```

此时，结点大小(即每个结点可存放的字符数)的选择就显得尤为重要，这会直接影响串处理的效率，需要根据实际情况做出选择。

串的链式存储结构除了在连接字符串等操作上具备一定的优势，总的来说不如顺序存储结构灵活，在性能上也不如顺序存储结构。因此，后续章节的模式匹配算法的讨论均采用串的定长顺序存储结构实现。

4.4.3　串的模式匹配算法

子串的定位运算通常称为串的模式匹配或串匹配。该运算广泛地应用于搜索引擎、拼写检查、语言翻译、病毒检测、数据压缩等各种串处理系统。

假设有两个串 S 和 T，其中 S 为主串，也称为正文串；T 为子串，也称为模式。在主串 S 中查找与模式 T 相匹配的子串，如果匹配成功，返回匹配的子串中的第一个字符在主串中出现的位置。

著名的模式匹配算法有 BF(Brute-Force[①])算法和 KMP 算法，下面详细介绍这两种算法。

1. BF 算法

BF 算法是一种最简单直观的朴素模式匹配算法，也可以说是最"笨"的方法，就是穷举出主串 S 的所有子串，判断其是否与模式 T 匹配。

算法步骤：

(1)利用计数指针 i 和 j 分别指示主串 S 和模式 T 中当前正待比较的字符位置，i 的初值为 pos，j 的初值为 1。

(2)如果两个串均未比较到串尾，即 i 小于等于 S 的串长且 j 小于等于 T 的串长，则循环执行以下操作：

①$s[i]$ 和 $t[j]$ 比较，若相等，则 i 和 j 分别指示各自串中下一个位置，继续比较后续字符；

②若不等，则指针后退重新开始匹配，从主串 S 的下一个字符($i=i-j+1+1=i-j+2$)起重新和模式 T 的第一个字符($j=1$)比较。

(3)如果 j 大于 T 的串长，说明模式 T 中的每个字符依次和主串 S 中的一个连续的字符序列相等，则匹配成功，返回和模式 T 中第一个字符相等的字符在主串 S 中的位置序号，否则匹配失败，返回特殊错误标志。

下面给出朴素模式匹配算法的实现代码4-7。

代码4-7　BF 算法

```
#include <stdio.h>
#include <string.h>
#define MAXLEN (1000 + 1)              //定义主串和模式的最大长度为 1000
#define ERROR –1                       //特殊错误标志，必须是正常位置序号不可能取到的值
```

---

① Brute-Force 的意思是蛮力、暴力，其核心思想是穷举。

```
// 返回模式 t 在主串 s 中第 pos 个字符开始第一次出现的位置，若不存在，则返回特殊错误标志 ERROR，
   其中，t 非空，1≤pos≤s[0]，s[0]存放主串 s 的串长，此时字符的位序=下标
int BFIndex (char s[], char t[], int pos)
{
    int i, j;                          //定义主串和模式的计数指针（虚拟指针）
    i = pos;                           //主串的计数指针初始化为 pos，s[0]存放主串 s 的串长
    j = 1;                             //模式的计数指针初始化为 1，t[0]存放模式 t 的串长
    while (i <= s[0] && j <= t[0])     //两个串均未比较到串尾
    {
        if (s[i] == t[j]) i++, j++;    //继续比较后继字符，注意逗号表达式的合理使用
        else i = i – j + 2, j = 1;     //指针后退重新开始匹配
    }
    //若 j 大于串长，说明模式 t 中每个字符都依次和主串 s 中的一个连续的字符序列匹配
    if (j > t[0])
        return i – t[0];               //匹配成功，返回位置序号（即下标）
    else return ERROR;                 //匹配失败，返回特殊错误标志
}
int main ()
{
    char s[MAXLEN], t[MAXLEN];
    int res;
    strcpy (s + 1, "buybuybut");       //主串串值复制到 s+1 指示的地址，s 为主串数组首地址
    s[0] = strlen (s + 1);             //s[0]存放主串 s 的长度
    strcpy (t + 1, "buybut");          //模式串值复制到 t+1 指示的地址，t 为模式数组首地址
    t[0] = strlen (t + 1);             //t[0]存储模式 t 的长度
    if ((res = BFIndex (s, t, 1)) != ERROR)
        printf("匹配成功！模式在主串中的出现位置为%d\n", res);
    else printf("匹配失败！\n");
    return 0;
}
```

例 4-2　若 S= "buybuybut"，T= "buybut"，求模式 T 在主串 S 中的位置。BF 算法的模式匹配过程（pos = 1）如图 4-15 所示。

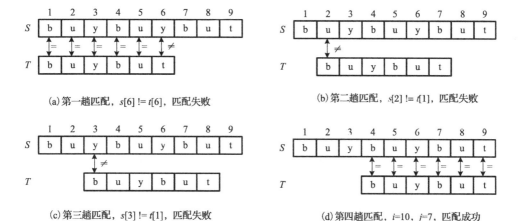

(a) 第一趟匹配，$s[6]$!= $t[6]$，匹配失败

(b) 第二趟匹配，$s[2]$!= $t[1]$，匹配失败

(c) 第三趟匹配，$s[3]$!= $t[1]$，匹配失败

(d) 第四趟匹配，$i=10$，$j=7$，匹配成功

图 4-15　BF 算法的匹配过程

假设主串 S 的长度为 n，模式 T 的长度为 m，简单分析上述算法的执行过程，容易得出：

(1) 当匹配失败时，最好情况下，每趟不成功的匹配都发生在模式的第一个字符与主串中相应字符的比较，总共比较了 n 次，时间复杂度为 $O(n)$，例如，$S=$ "dreamofrainbow"，$T=$ "go"；最坏情况下，每趟不成功的匹配都发生在模式的最后一个字符与主串中相应字符的比较，总共比较 n 趟，每趟比较 m 次，例如，$S=$ "ooooooooo"，$T=$ "ok"，因此，时间复杂度为 $O(n \times m)$。

(2) 当匹配成功时，最好情况下，仅比较 m 次，时间复杂度为 $O(m)$，例如，$S=$ "dreamofrainbow"，$T=$ "dream"；最坏情况下，总共比较 n 趟，最后一趟才成功，例如，$S=$ "oooooooook"，$T=$ "ok"，其时间复杂度与匹配失败的最坏情况相同，为 $O(n \times m)$。

BF 算法的思路直观简明，当匹配失败时，主串指针 i 总是回溯到位置 $i-j+2$，模式指针 j 总是恢复到首字符位置 1，因此，算法时间复杂度高。下面将介绍另一种改进的模式匹配算法。

2. KMP 算法

1) KMP 模式匹配算法的原理

这种改进算法是由 Knuth、Morris 和 Pratt 共同设计并实现的，称为克努特-莫里斯-普拉特算法，简称 KMP 算法。该算法可以在 $O(n+m)$ 的时间数量级上完成串的模式匹配操作。其改进在于：每当一趟匹配过程中出现字符比较不等时，无须回溯主串的指针，而是利用已经得到的"部分匹配"的结果将模式向右"滑动"尽可能远的一段距离后，继续进行比较。简而言之，KMP 算法的核心思想是利用已经得到的部分匹配信息来加快后续的匹配过程。

例 4-3 若 $S=$ "dreamofdr"，$T=$ "dreams"，使用 BF 算法求模式 T 在主串 S 中的位置。

朴素的模式匹配算法执行过程如图 4-16 所示。在流程①中，两个串前 5 个字符完全相等，直到第 6 个字符，'o'与's'不等，匹配失败；接下来，根据 BF 算法，将会依次执行流程②③④⑤⑥，即当主串 S 的指针 $i=2$、3、4、5、6 时，首字符与模式 T 的首字符均不等。

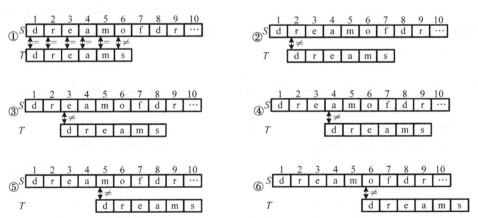

图 4-16　BF 算法的匹配过程（$S=$ "dreamofdr"，$T=$ "dreams"）

仔细观察模式 T 不难发现，其首字符'd'与其后的字符'r'、'e'、'a'、'm'、's'均不相等，即 $t[1] \neq t[2]$、$t[1] \neq t[3]$、$t[1] \neq t[4]$、$t[1] \neq t[5]$、$t[1] \neq t[6]$；再审视流程①，两个串前 5 个字符分别相等，即 $t[1]=s[1]$、$t[2]=s[2]$、$t[3]=s[3]$、$t[4]=s[4]$、$t[5]=s[5]$，因此，有 $t[1] \neq s[2]$、$t[1] \neq s[3]$、

$t[1]\ne s[4]$、$t[1]\ne s[5]$，这也就意味着流程②③④⑤纯属多余。

通过对模式 T 自身的字符分布规律的挖掘，我们知道模式 T 中首字符'd'与其后的字符均不相等，因此可以跳过 BF 算法中多余的流程，只保留流程①⑥即可。这是初步理解 KMP 算法的关键。

之所以保留流程⑥，原因在于虽然在模式 T 中 $t[1]\ne t[6]$，且在流程①中有 $t[6]\ne s[6]$，但这并不足以得出 $t[1]\ne s[6]$ 的结论，因此流程⑥必须保留。

如果模式 T 后面的字符有跟首字符相等的情况，那该怎么办？我们再来看下面这个例子。

例 4-4　若 $S=$ "buybuybut"，$T=$ "buybut"，使用 BF 算法求模式 T 在主串 S 中的位置，其匹配过程如图 4-17 所示。

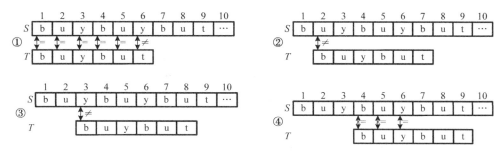

图 4-17　BF 算法的匹配过程（$S=$ "buybuybut"，$T=$ "buybut"）

同样地，观察模式 T 不难发现，其首字符'b'与其后的字符'u'、'y'均不相等，即 $t[1]\ne t[2]$、$t[1]\ne t[3]$，但有 $t[1]=t[4]$、$t[2]=t[5]$；再审视流程①，两个串前 5 个字符分别相等，即 $t[1]=s[1]$、$t[2]=s[2]$、$t[3]=s[3]$、$t[4]=s[4]$、$t[5]=s[5]$，因此，有 $t[1]\ne s[2]$、$t[1]\ne s[3]$、$t[1]=s[4]$、$t[2]=s[5]$，这就意味着流程②③纯属多余。此外，流程④中前两次字符比较也可以省略。

对比这两个例子，例 4-3 中在流程①时主串指针 $i=6$，而历经流程②③④⑤，到了流程⑥，依然有 $i=6$；同样地，例 4-4 中在流程①时主串指针 $i=6$，历经流程②③，到了流程④，依然有 $i=6$。因此，在 BF 算法中，主串的指针 i 值需要不断地回溯，而通过上面的分析可以发现，这种回溯其实并没有必要。

既然主串的指针 i 值不回溯，那么要考虑的就是模式指针 j 应该如何变化。上面两个例子都提到"观察模式 T""挖掘模式 T 自身的字符分布规律"，也就是说，模式指针 j 的变化与主串无关，完全取决于模式自身的结构。例如，在例 4-3 中，模式 $T=$ "dreams" 当中没有任何重复的字符，从流程①～⑥，模式指针 j 由 6 变成了 1；而在例 4-4 中，$T=$ "buybut"，前缀的 "bu" 与末字符't'之前串的后缀 "bu" 是相等的，从流程①～④，模式指针 j 由 6 变成了 3。因此，可以得出规律：模式指针 j 的取值应该取决于模式中当前字符之前的串的前后缀的最大相似度。

我们把模式 T 中各个位置的 j 值的变化定义为数组 next，则 next[j] 表明当模式中第 j 个字符与主串中相应字符"失配"时，在模式中需重新和主串中该字符进行比较的字符的位置。由此可引出模式的 next 函数定义：

$$next[j]=\begin{cases}0, & j=1 \\ l_{max}+1, & l_{max}\text{为}T'=\text{"}t_1t_2\cdots t_{j-1}\text{"的前后缀相等的最大长度} \\ 1, & \text{其他情况}\end{cases} \tag{4-5}$$

需要特别说明的是：

(1)本书中提到的字符串前后缀均指真前缀和真后缀，例如，"b""bu""buy""buyb""buybu"均是"buybut"的真前缀，"uybut""ybut""but""ut""t"均是"buybut"的真后缀。

(2)当 $j=1$ 时，next[j]=? next[1]针对的是模式中第 1 个字符与主串中相应字符"失配"的情况。显然此时主串指针应该指向下一个字符，子串指针则依然指向首个字符。它的取值应该是能区别于其他情况(即 $l_{max}+1$ 和 1)的特殊值，如零和负整数，next[1]之所以等于 0，只是为了方便 KMP 算法在模式匹配实施过程中的统一处理。

2)next 函数值的推导

如何推导出模式 T 的 next 函数值呢？我们来看一些具体的例子。

例 4-5 求模式 $T=$ "dreams"的 next[]数组，如表 4-2 所示。

表 4-2 模式 $T=$ "dreams"的 next[]数组的值

j	1	2	3	4	5	6
模式 T	d	r	e	a	m	s
next[j]	0	1	1	1	1	1

解释如下：

(1) $j=1$：根据公式 next[1]=0。

(2) $j=2$：$t'=$ "d"，没有前缀和后缀，属于其他情况，next[2]=1。

(3) $j=3$：$t'=$ "dr"，前缀"d"和后缀"r"，不等，$l_{max}=0$，next[3]=1。

(4) $j=4$：$t'=$ "dre"，同样地，前后缀相等的最大长度 $l_{max}=0$，next[4]=1。

(5) $j=5$：$t'=$ "drea"，$l_{max}=0$，next[5]=1。

(6) $j=6$：$t'=$ "dream"，$l_{max}=0$，next[6]=1。

例 4-6 求模式 $T=$ "buybut"的 next[]数组，如表 4-3 所示。

表 4-3 模式 $T=$ "buybut"的 next[]数组的值

j	1	2	3	4	5	6
模式 T	b	u	y	b	u	t
next[j]	0	1	1	1	2	3

解释如下：

(1) $j=1$：根据公式 next[1]=0。

(2) $j=2$：$t'=$ "b"，没有前缀和后缀，属于其他情况，next[2]=1。

(3) $j=3$：$t'=$ "bu"，前缀"b"和后缀"u"，不等，$l_{max}=0$，next[3]=1。

(4) $j=4$：$t'=$ "buy"，同样地，前后缀相等的最大长度 $l_{max}=0$，next[4]=1。

(5) $j=5$：$t'=$ "buyb"，前缀"b"和后缀"b"，相等，$l_{max}=1$，next[5]=2。

(6) $j=6$：$t'=$ "buybu"，前缀"bu"和后缀"bu"，相等，$l_{max}=2$，next[6]=3。

例 4-7 求模式 $T=$ "ooooooook"的 next[]数组，如表 4-4 所示。

表 4-4　模式 $T=$ "oooooooook" 的 next[] 数组的值

j	1	2	3	4	5	6	7	8	9
模式 T	o	o	o	o	o	o	o	o	k
next[j]	0	1	2	3	4	5	6	7	8

解释如下：

(1)$j=1$：根据公式 next[1]=0。

(2)$j=2$：$t'=$ "o"，没有前缀和后缀，属于其他情况，next[2]=1。

(3)$j=3$：$t'=$ "oo"，前缀 "o" 和后缀 "o"，相等，$l_{max}=1$，next[3]=2。

(4)$j=4$：$t'=$ "ooo"，前缀 "oo" 和后缀 "oo"，相等，$l_{max}=2$，next[4]=3。

(5)$j=5$：$t'=$ "oooo"，前缀 "ooo" 和后缀 "ooo"，相等，$l_{max}=3$，next[5]=4。

(6)$j=6$：$t'=$ "ooooo"，前缀 "oooo" 和后缀 "oooo"，相等，$l_{max}=4$，next[6]=5。

(7)$j=7$：$t'=$ "oooooo"，前缀 "ooooo" 和后缀 "ooooo"，相等，$l_{max}=5$，next[7]=6。

(8)$j=8$：$t'=$ "ooooooo"，前缀 "oooooo" 和后缀 "oooooo"，相等，$l_{max}=6$，next[8]=7。

(9)$j=9$：$t'=$ "oooooooo"，前缀 "ooooooo" 和后缀 "ooooooo"，相等，$l_{max}=7$，next[9]=8。

3）KMP 模式匹配算法实现

从式(4-5)不难发现，next 函数值的求解重点在于 T' 的前后缀相等的最大长度 l_{max} 的计算，除了暴力穷举，我们还可以采用动态规划递推。

假设已知 next[j]=k，$T'=$ "$t_1 t_2 \cdots t_{j-1}$"，那么 T' 的前后缀相等的最大长度 $l_{max}=k-1$，即 "$t_1 t_2 \cdots t_{k-1}$"="$t_{j-k+1} t_{j-k+2} \cdots t_{j-1}$"，如图 4-18 所示。此时 next[$j+1$]=？同样地，需要求出此时 $T'=$ "$t_1 t_2 \cdots t_j$" 的 l_{max} 值。

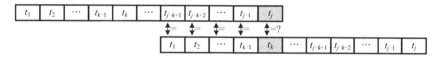

图 4-18　next[$j+1$]=?

考虑以下两种情况。

(1)若 $t_k=t_j$，则有 "$t_1 t_2 \cdots t_k$"="$t_{j-k+1} t_{j-k+2} \cdots t_j$"，$l_{max}=k$，因此 next[$j+1$]=$l_{max}+1$=$k+1$=next[$j$]+1。

(2)若 $t_k \neq t_j$，则有 "$t_1 t_2 \cdots t_k$" $\neq$ "$t_{j-k+1} t_{j-k+2} \cdots t_j$"，此时将 "$t_1 t_2 \cdots t_{j-k+1} t_{j-k+2} \cdots t_j$" 既作为主串，又作为模式，进行自身的模式匹配，当 $t_k \neq t_j$ 时，应该先将模式向右滑动至 $k'=$next[k]的位置，也就是模式需回溯到 k' 的位置，再比较 $t_{k'}$ 与 t_j 是否相等，如图 4-19 所示。由于 next[k]=k'，则根据式(4-5)有 "$t_1 t_2 \cdots t_{k-1}$" = "$t_{k-k'+1} t_{k-k'+2} \cdots t_{k-1}$"，已知在此前的匹配过程中，有 $t_1=t_{j-k+1}$，$t_2=t_{j-k+2}$，$\cdots$，$t_{k-1}=t_{j-1}$，即 "$t_{k-k'+1} t_{k-k'+2} \cdots t_{k-1}$"="$t_{j-k'+1} t_{j-k'+2} \cdots t_{j-1}$"，从而得出 "$t_1 t_2 \cdots t_{k'-1}$"="$t_{j-k'+1} t_{j-k'+2} \cdots t_{j-1}$"，如图 4-19 所示。此时同样需要考虑两种情况。

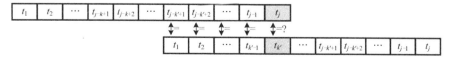

图 4-19　$t_k \neq t_j$ 的情况，继续比较 $t_{k'}$ 和 t_j

①若 $t_{k'}=t_j$，则有"$t_1t_2\cdots t_{k'}$"="$t_{j-k'+1}t_{j-k'+2}\cdots t_j$"，$l_{max}=k'$，因此 next[$j$+1]=$l_{max}$+1=$k'$+1=next[$k$]+1。

②若 $t_{k'}\neq t_j$，同样地，先将模式继续向右滑动至 k''=next[k']的位置，也就是模式需继续回溯到 k''的位置，再比较 $t_{k''}$与 t_j是否相等，如图 4-20 所示，依次类推，直到 t_j和模式中的某个字符匹配成功或者不存在任何 k 能满足"$t_1t_2\cdots t_k$"="$t_{j-k+1}t_{j-k+2}\cdots t_j$"，则 next[$j$+1]=1。

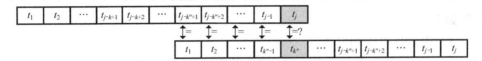

图 4-20　$t_k\neq t_j$的情况，继续比较 $t_{k''}$和 t_j

上述算法可用 C 语言代码描述，如代码 4-8 所示。

代码 4-8　计算 next 函数值算法

```c
#include <stdio.h>
#include <string.h>
#define MAXLEN (1000 + 1)              //定义主串和模式的最大长度为 1000
#define ERROR −1                       //特殊错误标志，必须是正常位置序号不可能取到的值
//求模式 t 的 next 函数值
void CalcKMPNext (char t[], int next[])
{
    int j = 1, k = 0;
    next[1] = 0;                       //根据 next 函数定义
    while (j < t[0])                   //t[0]为模式的串长
    {
        //t[j]和 t[k]分别表示后缀和前缀的单个字符，注意逻辑短路现象
        if (k == 0 || t[j] == t[k])
        {
            j++;
            k++;
            next[j] = k;               //存入数组 next
        }
        else k = next[k];              //若字符不相等，则 k 值回溯
    }
}
int main ()
{
    char t[MAXLEN];
    int next[MAXLEN];
    strcpy (t + 1, "mammal");          //模式串值复制到 t+1 指示的地址，t 为数组首地址
    t[0] = strlen (t + 1);             //t[0]存储模式 t 的长度
    CalcKMPNext (t, next);             //请启动调试观察此时的 next 数组值
    return 0;
}
```

例 4-8　用上述算法求模式 T="mammal"的 next[]数组，其结果如表 4-5 所示。

表 4-5　模式 $T=$ "mammal" 的 next[]数组的值

j	1	2	3	4	5	6
模式 T	m	a	m	m	a	l
next[j]	0	1	1	2	2	3

算法的执行过程如下：

(1)初始化时 next[1]=0，$j=1$，$k=0$，进入循环，判断满足条件 $k==0$，则执行代码后 $j=2$，$k=1$，next[2]=1。

(2)进入循环，$t[2]≠t[1]$，判断条件不满足，执行 $k=next[k]$，即 $k=next[1]=0$，此时 $j=2$，$k=0$。

(3)进入循环，判断满足条件 $k==0$，则执行代码后 $j=3$，$k=1$，next[3]=1。

(4)进入循环，$t[3]=t[1]$，判断条件满足，执行代码后 $j=4$，$k=2$，next[4]=2。

(5)进入循环，$t[4]≠t[2]$，判断条件不满足，执行 $k=next[k]$，即 $k=next[2]=1$，此时 $j=4$，$k=1$。

(6)进入循环，$t[4]=t[1]$，判断条件满足，执行代码后 $j=5$，$k=2$，next[5]=2。

(7)进入循环，$t[5]=t[2]$，判断条件满足，执行代码后 $j=6$，$k=3$，next[6]=3。

(8)$j=t[0]$，循环结束。

求得模式的 next 函数之后，就很容易进行模式匹配了，在匹配过程中，若 $s_i=t_j$，则 i 和 j 分别加 1，否则，i 不变，而 j 回退到 next[j]的位置再比较，依次类推，直至下列两种可能：一种是 j 退到某个 next 值（next[next[…next[j]…]]）时字符比较相等，则指针各自加 1，继续进行匹配；另一种是 j 退到值为 0（即模式的第一个字符"失配"），则从主串的下一个字符 s_{i+1} 起和模式第一个字符 t_1 重新开始匹配。

在代码 4-8 的基础上，KMP 算法的具体实现如代码 4-9 所示。

代码 4-9　KMP 算法

```
//返回模式 t 在主串 s 中第 pos 个字符开始第一次出现的位置，若不存在，则返回特殊错误标志 ERROR，
  其中，t 非空，1≤pos≤s[0]，s[0]存放主串 s 的串长，此时字符的位序=下标
int KMPIndex(char s[], char t[], int pos, int next[])
{
    int i, j;                              //定义主串和模式的计数指针（虚拟指针）
    i = pos;                               //主串的计数指针初始化为 pos，s[0]存放主串 s 的串长
    j = 1;                                 //模式的计数指针初始化为 1，t[0]存放模式 t 的串长
    while (i <= s[0] && j <= t[0])         //两个串均未比较到串尾
    {
        if (j == 0 || s[i] == t[j]) i++,j++;   //继续比较后继字符，比 BF 算法增加了 j==0 判断
        else j = next[j];                  //模式向右滑动，i 值不变，KMP 算法的核心
    }
    //若 j 大于串长，说明模式 t 中每个字符都依次和主串 s 中的一个连续的字符序列匹配
    if (j > t[0])
        return i – t[0];                   //匹配成功，返回位置序号（即下标）
    else return ERROR;                     //匹配失败，返回特殊错误标志 ERROR
```

```
}
int main ()
{
    char s[MAXLEN], t[MAXLEN];
    int next[MAXLEN];
    int res;
    strcpy (s + 1, "buybuybut");          //主串串值复制到 s+1 指示的地址，s 为主串数组首地址
    s[0] = strlen (s + 1);                //s[0]存放主串 s 的长度
    strcpy (t + 1, "buybut");             //模式串串值复制到 t+1 指示的地址，t 为模式数组首地址
    t[0] = strlen (t + 1);                //t[0]存储模式 t 的长度
    CalcKMPNext (t, next);                //计算模式的 next 函数值
    if ((res = KMPIndex (s, t, 1, next)) != ERROR)
        printf ("匹配成功！模式在主串中的出现位置为%d\n", res);
    else printf ("匹配失败！\n");
    return 0;
}
```

分析 KMP 算法，最坏情况下扫描整个主串 S，其时间复杂度为 $O(n)$，计算 next 函数值需要扫描整个模式 T，其时间复杂度为 $O(m)$，因此总的时间复杂度为 $O(n+m)$。

需要注意的是，尽管 BF 算法最坏情况下的时间复杂度为 $O(n \times m)$，KMP 算法的时间复杂度为 $O(n+m)$。但在实际应用中，BF 算法的时间复杂度通常近似于 $O(n+m)$，因此仍然有很多地方采用 BF 算法进行模式匹配。仅当主串和模式之间存在许多"部分匹配"的情况下，KMP 算法才能体现其优势，否则两者差异并不明显。

4）KMP 模式匹配算法改进

后来有人发现，前面定义的 next 函数在某些情况下还不够完善。先来看一个例子。

例 4-9　若 S= "oookooook"，T= "ooook"，求模式 T 在主串 S 中的位置。

首先我们通过计算 next 函数值算法求得 next[]数组值，如表 4-6 所示。

表 4-6　模式 T= "ooook" 的 next[]数组的值

j	1	2	3	4	5
模式 T	o	o	o	o	k
next[j]	0	1	2	3	4

如图 4-21 所示，在应用 KMP 算法进行模式 T 和主串 S 匹配过程中：

①当 i=4、j=4 时，$t[4] \neq s[4]$，由 next[4]=3 指示下一步将进行 i=4、j=3 的比较；

②当 i=4、j=3 时，$t[3] \neq s[4]$，由 next[3]=2 指示下一步将进行 i=4、j=2 的比较；

③当 i=4、j=2 时，$t[2] \neq s[4]$，由 next[2]=1 指示下一步将进行 i=4、j=1 的比较；

④当 i=4、j=1 时，$t[1] \neq s[4]$，由 next[1]=0 指示下一步将进行 i=4、j=0 的比较；

⑤当 i=4、j=0 时，先执行 i++和 j++，则 i=5、j=1，先比较 $t[1]=s[5]$，继续比较 $t[2]=s[6]$、$t[3]=s[7]$、$t[4]=s[8]$、$t[5]=s[9]$，匹配成功。

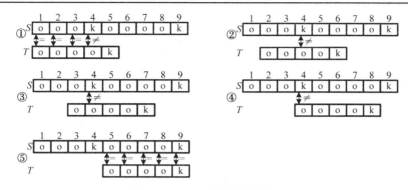

图 4-21 KMP 算法匹配过程

但实际上，流程②③④都是多余的，为什么呢？因为当 $t[4] \neq s[4]$ 时，$t[\text{next}[4]]=t[3]=t[4]$，那么显然有 $t[3] \neq s[4]$，同理还可以得出 $t[2] \neq s[4]$、$t[1] \neq s[4]$，因此可以将模式连续向右滑动 4 个字符的位置后直接进行 $i=5$、$j=1$ 时的字符比较。

这就是说，若按上述定义得到 $\text{next}[j]=k$，而在模式中 $t_j=t_k$，则当主串中字符 s_i 和 t_j 比较不等时，不需要再和 t_k 进行比较，而应该直接和 $t_{\text{next}[k]}$ 进行比较。换句话说，此时的 $\text{next}[j]$ 值应与 $\text{next}[k]$ 相同，可直接沿用 $\text{next}[k]$ 值，从而省去没有必要的比较。由此可得计算 nextval 函数值的算法如代码 4-10 所示。KMP 匹配算法不变。

代码 4-10 计算 nextval 函数值的算法

```
//求模式 t 的 nextval 函数值
void CalcKMPNextval(char t[], int nextval[])
{
    int j = 1, k = 0;
    nextval[1] = 0;                          //根据 next 函数定义
    while (j < t[0])                         //t[0]为模式的串长
    {
        //t[j]表示后缀的单个字符，t[k]表示前缀的单个字符，注意逻辑短路现象
        if (k == 0 || t[j] == t[k])
        {
            j++;
            k++;
            if (t[j] != t[k])                //若当前字符与前缀字符不同
                nextval[j] = k;              //存入数组 nextval
            else
                nextval[j] = nextval[k];     //若相同，则直接沿用前缀字符处的 nextval 值
        }
        else k = nextval[k];                 //若字符不相等，则 k 值回溯
    }
}
```

4.5　广　义　表

4.5.1　广义表的定义

广义表是线性表的推广，也称为列表。它是 $n(n \geqslant 0)$ 个表元素组成的有限序列，记作 $LS = (a_1, a_2, \cdots, a_n)$，其中 LS 是表名，$n$ 是其长度，a_i 是表元素，它可以是表(称为子表)，也可以是单个元素(称为原子)。习惯上，用大写字母表示广义表的名称，用小写字母表示原子。

$n = 0$ 的广义表称为空表。当广义表 LS 非空时，称第一个元素 a_1 为 LS 的表头(Head)，其余元素组成的表 $(a_2, a_3, \cdots, a_n)$ 称为表尾(Tail)。

下面我们给出广义表的抽象数据类型描述。

ADT GList {

　　数据对象：$D = \{a_i \mid a_i \in \text{AtomSet} \text{或} a_i \in \text{GList}, i = 1, 2, \cdots, n, n \geqslant 0, \text{AtomSet为某个数据对象}\}$

　　数据关系：$R = \{<a_{i-1}, a_i> \mid a_{i-1}, a_i \in D, i = 2, 3, \cdots, n\}$，数据元素间呈线性关系。

　　基本操作：

　　　　InitGList(GList *L)：广义表的初始化操作，构造一个空的广义表 L。

　　　　CreateGList()：广义表的创建操作，返回创建的广义表的头指针。

　　　　DestroyGList(GList *L)：销毁广义表 L。

　　　　CopyGList(GList L)：复制广义表 L，返回新表的头指针。

　　　　GListLength(GList L)：返回广义表 L 中数据元素的个数。

　　　　GListDepth(GList L)：返回广义表 L 的深度。

　　　　IsEmpty(GList L)：若广义表 L 为空表，则返回 TRUE，否则返回 FALSE。

　　　　GetHead(GList L)：返回广义表 L 的表头。

　　　　GetTail(GList L)：返回广义表 L 的表尾。

　　　　InsertGListFirst(GList *L, ElementType e)：插入操作。插入新的数据元素 e 成为广义表 L 的第一元素，成功则返回 TRUE；否则返回 FALSE。

　　　　DeleteGListFirst(GList *L, ElementType *e)：删除操作。从广义表 L 中删除第一元素，并用 e 返回其值，成功则返回 TRUE；否则返回 FALSE。

}

显然，广义表是递归定义的线性结构，下面列举一些广义表的例子：

(1) $A = ()$——A 是一个空表，其长度为 0。

(2) $B = (e)$——B 只有一个原子 e，其长度为 1。

(3) $C = (a, (b, c, d))$——C 的长度为 2，两个元素分别为原子 a 和子表 (b, c, d)。

(4) $D = (A, B, C)$——D 的长度为 3，3 个元素都是广义表。显然，将以上子表的值代入后，则有 $D = ((), (e), (a, (b, c, d)))$。

(5) $E = (a, E)$——这是一个递归的表，其长度为 2。E 相当于一个无限的广义表 $E = (a, (a, (a, \cdots)))$。

从上述定义和例子可推出广义表的如下结论：

(1)广义表的元素可以是子表，而子表的元素还可以是子表……由此，广义表是一个多层次的结构，可以用图形表示。图 4-22 表示的是广义表 D，图中以圆圈表示广义表，以方块表示原子。

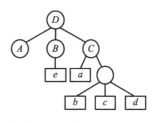

图 4-22　广义表的图形表示

(2)广义表的长度定义为广义表最外层包含的元素个数。

(3)广义表的深度定义为广义表中括弧的重数。其中，原子的深度为 0，空表的深度为 1。

(4)广义表可以为其他广义表所共享。

(5)广义表可以是一个递归的表，即广义表也可以是其自身的一个子表；递归表的深度是无穷的，长度是有限值。

(6)任何一个非空广义表均可分解为表头和表尾两部分。

需要注意的是，广义表()和广义表(())不同。前者为空表，长度 $n=0$，不可分解；后者为非空表，长度 $n=1$，可分解得到其表头和表尾均为空表()。

4.5.2　广义表的链式存储结构和操作

由于广义表中的数据元素可以有不同的结构(或是原子，或是广义表)，因此，难以用顺序存储结构表示，通常采用链式存储结构，每个数据元素用一个结点来表示。

由于广义表中的数据元素可能为原子或广义表，因此，需要两种结构的结点：一种是表结点，用以表示广义表；另一种是原子结点，用以表示原子。

如图 4-23 所示，表结点可由 3 个域组成：标志域、指示表头的指针域和指示下一个元素结点的指针域；同样地，原子结点也由 3 个域组成：标志域、值域和指示下一个元素结点的指针域。其中，tag 是标志域，值为 1 时表示结点是子表，值为 0 时表示结点是原子。其数据结构可定义如下：

表结点	tag=1	hp	tp
原子结点	tag=0	atom	tp

图 4-23　广义表的链式存储结构

```
typedef enum {ATOM, LIST} ElemTag;         //ATOM=0，原子结点；LIST=1，表结点
typedef struct GLNode {
    ElemTag tag;                            //公共部分，用于区分原子结点和表结点
    union {                                 //原子结点和表结点的共用部分，二选一
        AtomType atom;                      //原子结点的值域，AtomType 由用户定义
        struct GLNode *hp;                  //表结点的表头指针
    };
    struct GLNode *tp;                      //指向下一个元素结点的指针
} *GList;                                    //Glist 类型是一种扩展的线性链表
```

例 4-10　广义表 $L1=(9,5,'o',27,'k')$，$L2 = (1,(3,5,(2,4,6),(),7),9,(8,0))$，其扩展线性链表的存储结构如图 4-24 所示。

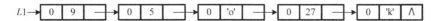

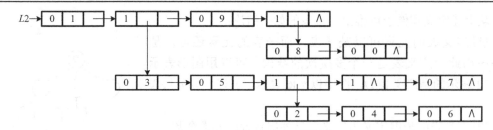

图 4-24 扩展线性链表的存储结构示例

接下来，我们来分析广义表的深度求解。广义表的深度可递归定义为

$$
\text{Depth}(LS) = \begin{cases} 0, & \text{当LS为原子时} \\ 1, & \text{当LS为空表时} \\ 1 + \underset{1 \leqslant i \leqslant n}{\text{Max}}\{\text{Depth}(a_i)\}, & n \geqslant 1 \end{cases} \tag{4-6}
$$

例 4-11 广义表 $E(B(a,b),D(B(a,b),C(u,(x,y,z)),A()))$ 的深度。

根据式(4-6)，分析如下：

$\text{Depth}(E) = 1 + \text{Max}\{\text{Depth}(B), \text{Depth}(D)\}$

$\text{Depth}(B) = 1 + \text{Max}\{\text{Depth}(a), \text{Depth}(b)\} = 1$

$\text{Depth}(D) = 1 + \text{Max}\{\text{Depth}(B), \text{Depth}(C), \text{Depth}(A)\} = 1 + \text{Max}\{1, \text{Depth}(C), \text{Depth}(A)\}$

$\text{Depth}(C) = 1 + \text{Max}\{\text{Depth}(u), \text{Depth}((x,y,z))\} = 1 + \text{Max}\{0, \text{Depth}((x,y,z))\}$

$\text{Depth}(A) = 1$

$\text{Depth}((x,y,z)) = 1 + \text{Max}\{\text{Depth}(x), \text{Depth}(y), \text{Depth}(z)\} = 1$

$\text{Depth}(C) = 1 + \text{Max}\{0, \text{Depth}((x,y,z))\} = 1 + \text{Max}\{0, 1\} = 2$

$\text{Depth}(D) = 1 + \text{Max}\{1, \text{Depth}(C), \text{Depth}(A)\} = 1 + \text{Max}\{1, 2, 1\} = 3$

$\text{Depth}(E) = 1 + \text{Max}\{\text{Depth}(B), \text{Depth}(D)\} = 1 + \text{Max}\{1, 3\} = 4$

下面在上述数据结构定义的基础上，给出广义表的创建、长度计算、深度计算、复制、取表头、取表尾等基本操作的 C 语言描述，如代码 4-11 所示，注意递归函数的使用。

代码 4-11 广义表的链式存储表示及操作

```
#include <stdio.h>
#include <stdlib.h>
typedef enum {ATOM, LIST, NIL} ElemTag;
//ATOM=0，原子结点；LIST=1，表结点；NIL 是为了兼容取表头、取表尾函数而特意设置的
typedef int AtomType;                    //定义原子类型为整型
typedef struct GLNode {
    ElemTag tag;                         //公共部分，用于区分原子结点和表结点
    union {                              //原子结点和表结点的共用部分，二选一
        AtomType atom;                   //原子结点的值域
        struct GLNode *hp;               //表结点的表头指针
    };
    struct GLNode *tp;                   //指向下一个元素结点的指针
} *GList, GLNODE;                        //Glist 类型是一种扩展的线性链表
//创建广义表，返回指向该表的头指针
GList CreateGList()
{
```

```
    ElemTag tag;
    GLNODE *head, *tail, *s;
    head = tail = NULL;
    while (1)
    {
        printf("请输入要创建的结点类型(0 原子；1 表；-1 结束)：");
        scanf("%d", &tag);
        if (tag == -1) return head;              //递归终止条件，即递归出口
        if (!(s = (GLNODE *) malloc (sizeof(GLNODE))))
            exit(1);                             //生成新结点 s，若空间分配失败，则退出程序
        if (tail == NULL) head = tail = s;       //若 s 是当前层广义表的首元结点，则让该层的头尾指针指向它
        else
        {
            tail->tp = s;                        //新结点链接到当前层的表尾结点
            tail = s;                            //新结点成为当前层新的表尾结点
        }
        if (tag == 0)                            //若新创建的结点是原子结点
        {
            printf("请输入原子结点的值域：");
            scanf("%d", &s->atom);               //输入原子结点的值域
            tail->tag = ATOM;                    //设置原子结点的标志域
            tail->tp = NULL;
        }
        else if (tag == 1)                       //若新创建的结点是表结点
        {
            tail->tag = LIST;                    //设置表结点的标志域
            tail->tp = NULL;
            tail->hp = CreateGList();            //表尾结点的 hp 指针指向递归创建的子表
        }
    }
}
//返回广义表中数据元素的个数
int GListLength (GList l)
{
    GLNODE *p;
    int n = 0;                                   //长度 n 初值为 0
    for (p = l; p; n++, p = p->tp);              //遍历广义表最外层单链表的每个元素
    return n;                                     //返回广义表的长度
}
//返回广义表的深度
int GListDepth (GList l)
{
    GLNODE *p;
    int max = 0;                                 //max 表示当前层元素的最大深度，初始为 0
    int n;
    if (l == NULL)  return 1;                    //若是空表，深度为 1
    for (p = l; p; p = p->tp)                    //遍历当前层单链表的每个元素
    {
        if (p->tag == LIST)                      //若是子表
        {
            n = GListDepth (p->hp);              //递归求子表深度
```

```
            if (n > max) max = n;
        }                                   //若不是子表，则不加深度
    }
    return 1 + max;                         //返回 1+当前层所有元素深度的最大值
}
//复制广义表，返回复制得到的广义表的头指针
GList CopyGList (GList l)
{
    GLNODE *s;
    if (l == NULL) return NULL;
    else
    {
        if (!(s = (GLNODE *) malloc (sizeof(GLNODE))))
            exit (1);                       //生成新结点 s，若空间分配失败，退出程序
        s->tag = l->tag;                    //复制结点的标志域
        if (l->tag == ATOM)                 //若是原子结点
            s->atom = l->atom;              //则复制原子结点的值域
        else                                //若是表结点
            s->hp = CopyGList (l->hp);      //递归复制子表
        s->tp = CopyGList (l->tp);          //递归复制当前层的剩余元素结点
        return s;
    }
}
//返回广义表的表头，当返回值为 LIST 时，表头是子表，用*h 返回其头指针；当返回值为 ATOM 时，表头
  是原子，用*e 返回其值；当返回值为 NIL 时，表示 l 是空表，没有表头
ElemTag GetHcad (GList l, GList *h, AtomType *e)
{
    if (l == NULL) return NIL;             //空表没有表头
    else if (l->tag == LIST)               //若表头是子表
        *h = l->hp;                        //用*h 返回子表的头指针
    else
        *e = l->atom;                      //若是原子则用*e 返回其值
    return l->tag;                         //返回标志域
}
//返回广义表的表尾，当返回值为 LIST 时，表尾是子表，用*h 返回其头指针；当返回值为 NIL 时，表示 l
  是空表，没有表尾
ElemTag GetTail (GList l, GList *h)
{
    if (l == NULL) return NIL;             //空表没有表尾
    else
        *h = l->tp;                        //用*h 返回表尾的头指针
    return LIST;                           //返回 LIST 标志
}
int main ()
{
    GList l, t, h;
    AtomType e;
    ElemTag res;
    l = CreateGList ();                    //创建广义表 l
    printf("广义表 l 的长度为%2d\n", GListLength (l));
    t = CopyGList (l);                     //复制广义表 l 得到广义表 t
```

```
    printf("广义表 l 的深度为%2d\n", GListDepth(t));
    res = GetHead(l, &h, &e);                    //取广义表 l 的表头
    if (res == ATOM)                             //若表头是原子，则输出其值
        printf("表头是原子，其值=%d\n", e);
    else if (res == LIST)                        //若表头是子表，则输出其深度
        printf("表头是子表，其深度=%d\n", GListDepth(h));
    else printf("空表没有表头\n");               //若广义表 l 为空，则输出提示信息
    res = GetTail(t, &h);                        //取广义表 t 的表尾
    if (res == LIST)
        printf("表尾的深度=%d\n", GListDepth(h));
    else printf("空表没有表头\n");               //若广义表 t 为空，则输出提示信息
    return 0;
}
```

4.6 本章小结

本章介绍了三种数据结构：数组、串和广义表。数组和广义表都可以看作线性表的推广，串则是内容受限的线性表。具体内容如图 4-25 所示。

数组
- 逻辑结构：数组是由相同类型的数据元素构成的有限集合
- 存储结构：一般采用顺序存储
  - 以行序为主序
  - 以列序为主序
- 运算：矩阵压缩(对称矩阵、三角矩阵、对角矩阵、稀疏矩阵)、矩阵转置

(a)数组的主要内容

串
- 逻辑结构：串是由零个或多个字符组成的有限序列
- 存储结构：一般采用顺序存储
- 运算：初始化、求串长、串比较、串连接、定位

(b)串的主要内容

广义表
- 逻辑结构：广义表是由n个表元素组成的有限序列
- 存储结构：链式存储
- 运算：创建、表复制、求表长、求表深、取表头、取表尾

(c)广义表的主要内容

图 4-25　本章的主要学习内容

(1)掌握数组存储时地址的计算方法、掌握几种特殊矩阵的压缩存储方法、掌握采用三元组表示法的矩阵转置的几种算法。

(2)掌握串的存储方法，理解串的两种模式匹配算法：BF 算法和 KMP 算法。BF 算法实现简单，但存在回溯，效率低，时间复杂度为$O(n\times m)$。KMP 算法是对 BF 算法的改进，消除了主串的回溯，提高了效率，时间复杂度为$O(n+m)$。

(3)了解广义表的链式存储结构和常用操作，掌握广义表的表长和深度的计算方法。

(4)压缩矩阵元素存储地址的计算：

$$\mathrm{LOC}(a_{ij})=\mathrm{LOC}(\text{第一个元素})+(a_{ij}\text{前面的元素个数})\times\text{每个元素占的字节数}\qquad(4\text{-}7)$$

式中，LOC(a_{ij})为a_{ij}的存储地址；LOC(第一个元素)为第一个元素的存储地址，即基地址。

压缩矩阵元素存储下标的计算：如果用一维数组 $s[\ ]$ 存储，下标从 0 开始，则 a_{ij} 的存储下标 k 等于 a_{ij} 前面的元素个数。

习　题

4.1　二维数组 A 的每个元素是由 10 个字符组成的串，其行下标 $i = 0, 1, \cdots, 9$，列下标 $j = 1, 2, \cdots, 10$。设每个字符占一个字节，请计算当 A 按行优先存储与 A 按列优先存储时元素 $a_{9,6}$ 的起始地址。

4.2　若对 n 阶对称矩阵 A 以行序为主序方式将其下三角的元素(包括主对角线上所有元素)依次存放于一维数组 $B[n(n+1)/2]$ 中，则在 B 中确定 $a_{ij}(i<j)$ 的位置 k 的计算公式。

4.3　已知模式 $T=$ "feoffeefeofe"，写出用 KMP 算法求得的每个字符对应的 next 和 nextval 函数值。

4.4　已知主串 $S=$ "abcaabbabcabaacbacba"，模式 $T=$ "abcabaa"，要求：①计算模式 T 的 nextval 函数值；②画出利用改进的 KMP 算法进行模式匹配时每一趟的匹配过程。

4.5　编写一个算法统计输入字符串中各个不同字符出现的频度并将结果存入文件(假设字符串中的合法字符为 A～Z 这 26 个字母和 0～9 这 10 个数字)。

4.6　编写一个递归算法实现字符串逆序存储，要求不另设串存储空间。

4.7　给定两个字符串 A 和 B，要求找出它们的最长公共子序列(Longest Common Subsequence，LCS)。子序列，是指该序列的所有字符都在母串中出现过并且出现顺序与母串保持一致，如"do""dao""rm"都是母串"dreamof"的子序列。

4.8　设任意 n 个整数存放于数组 $A[n]$ 中，试编写算法，将所有正数排在所有负数前面，要求算法时间复杂度为 $O(n)$。

4.9　已知 $L=$ (apple, (orange, (strawberry, (banana)), peach), (pear, sugarcane, nectarine))，请用工具函数 GetHead()、GetTail()将香蕉 banana 从 L 中取出。例如，GetHead(L)可以取出苹果 apple。

4.10　已知 $L=$((cherry, pineapple, watermelon), (coconut, (grapefruit, (lemon, mango), plum), papaya), grape, medlar, ((lychee, (apricot, ()，longan, mulberry), mangosteen), olive, melon))，请写出该广义表的表头和表尾，并计算 L 的长度和深度。

第5章　树和二叉树

树结构是以分支关系定义的层次结构，是一类非常重要的非线性数据结构。它在客观世界中广泛存在，如人类社会的族谱和各种社会组织机构都可以用树来形象表示。在计算机领域中它也得到广泛应用，尤其是二叉树。本章将重点讨论二叉树的存储结构及其操作，并研究树、森林与二叉树之间的转换关系，最后以哈夫曼树为例介绍树的应用。

5.1　树

前面几章系统介绍的线性表、栈、队列、数组、串和广义表，都是一对一的线性关系。本章介绍的树形结构是一对多的非线性关系。树形结构就像一棵倒立的树，有唯一的树根，树根可以发出多个分支，每个分支也可以继续发出分支，树枝和树枝之间是不相交的，如图 5-1 所示。

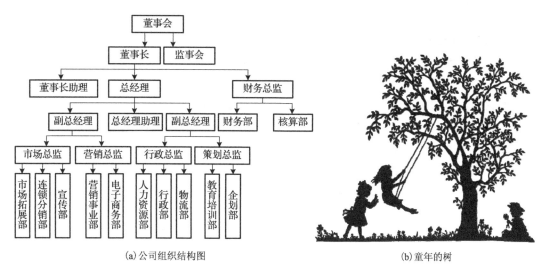

(a)公司组织结构图　　　　　　　(b)童年的树

图 5-1　树形结构

5.1.1　树的定义和基本术语

树(Tree)是 $n(n \geq 0)$ 个结点的有限集合，当 $n=0$ 时，称为空树；当 $n>0$ 时，称为非空树。任意一棵非空树 T，均满足以下两个条件：

(1)有且仅有一个称为根(Root)的结点。

(2)当 $n>1$ 时，其余结点可分为 $m(m>0)$ 个互不相交的有限集 T_1、T_2、$\cdots$、T_m，其中每一个集合本身又是一棵树，并且称为根的子树(Subtree)。

树的结构定义是一个递归的定义，即在树的定义中又用到树的定义。由于一棵树和它的子树具有相同的结构定义，因此，树的很多性质都可以用递归来进行描述。

例如，在图 5-2 中，(a)是一棵只有根结点的树；(b)是一棵具有 9 个结点的树，其中 A 是根，其余结点分为 2 个互不相交的子集：$T_1=\{B,D,E,F,H,I\}$，$T_2=\{C,G\}$。T_1、T_2 都是根 A 的子树，且本身也是一棵树。例如 T_1，其根为 B，其余结点分为 3 个互不相交的子集：$T_{11}=\{D\}$，$T_{12}=\{E,H,I\}$，$T_{13}=\{F\}$。T_{11}、T_{12}、T_{13} 都是 B 的子树，T_{11} 和 T_{13} 本身又都是只有根结点的树，而 T_{12} 中 E 是根，$\{H\}$ 和 $\{I\}$ 是 E 的两棵互不相交的子树。

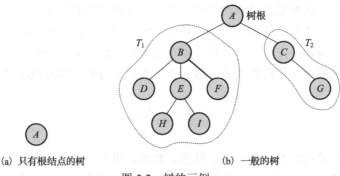

(a) 只有根结点的树　　　　　　　　(b) 一般的树

图 5-2　树的示例

下面以图 5-2(b)为例，介绍树结构中的一些常用术语：

(1)结点。树中的一个独立单元，包含一个数据元素及若干指向其子树的分支。如图 5-2(b)中的 A、B、C、D 等。

(2)结点的度。结点拥有的子树数。度为 0 的结点称为叶子(Leaf)或终端结点，如 D、F、G、H 等。度不为 0 的结点称为非终端结点或分支结点，如 A、B、C 等。除根结点之外，非终端结点也称为内部结点，如 E。

(3)树的度。树中各结点度的最大值，如该树的度为 3。

(4)孩子和双亲。结点的子树称为该结点的孩子(Child)，相应地，该结点称为孩子的双亲(Parent)。如 C 是 G 的双亲，B 的孩子有 D、E、F。

(5)层次(Level)。从根到该结点的层数。根结点为第 1 层。如 G 为第 3 层。

(6)树的深度。树中各结点的最大层数称为树的深度(Depth)或高度(Height)。如该树的深度为 4。

(7)兄弟。同一个双亲的孩子之间互称兄弟(Sibling)。如 H 和 I 互为兄弟。

(8)堂兄弟。双亲在同一层的结点互为堂兄弟。如 G 和 D、E、F 互为堂兄弟。

(9)祖先和子孙。结点的祖先(Ancestor)是从根到该结点所经分支上的所有结点。如 H 的祖先是 A、B、E。反之，以某结点为根的子树中的任一结点都称为该结点的子孙(Descendant)。如 B 的子孙是 D、E、F、H 和 I。

(10)路径和路径长度。路径(Path)是指树中两结点之间所经过的结点序列。路径长度是指两结点之间路径上经过的分支数。如 D 到 C 的路径为(D, B, A, C)，路径长度为 3。

(11)有序树和无序树。若将树中结点的各子树看成从左到右有次序的(即不能互换位置)，则称该树为有序树(Ordered Tree)[①]，否则称为无序树(Unordered Tree)。

(12)森林(Forest)。$m(m\geqslant 0)$ 棵互不相交的树的集合。对树中每个结点而言，其子树的集合即森林。如图中删除树根 A 后，余下的 T_1 和 T_2 就可以理解为森林。

_____

① 若不特别指明，一般讨论的树都是有序树。

对比树与线性表的逻辑结构，它们有很大的不同，如表 5-1 所示。

表 5-1　线性表与树的逻辑结构对比

线性表结构	树形结构
第一个数据元素：无前驱，唯一	根结点：无双亲，唯一
最后一个数据元素：无后继，唯一	叶子结点：无孩子，可以有多个
中间元素：一个前驱，一个后继	内部结点：一个双亲，多个孩子

树中任一结点至多有一个直接前驱(即双亲)结点，但可以有零个或多个直接后继(即孩子)结点，这是树与线性表的最大区别之一。

树结点的祖先与子孙的关系是对父子关系的延拓，它定义了树结点之间的纵向次序。有序树中，同一组兄弟结点从左到右有长幼之分。规定若 k_1 和 k_2 是兄弟，且 k_1 在 k_2 的左边，则 k_1 的任一子孙都在 k_2 的任一子孙的左边，这定义了树结点之间的横向次序。

5.1.2　树的抽象数据类型

树的结构定义加上树的一组基本操作就构成了树的抽象数据类型定义。

ADT Tree {

　　数据对象：D 是具有相同特性的数据元素的集合。

　　数据关系：若 D 为空集，则称为空树；若 D 仅含一个数据元素，则 R 为空集；否则 R 主要是结点间的父子关系。

　　基本操作：

　　　　InitTree(Tree *T)：构造空树 T。

　　　　DestroyTree(Tree *T)：销毁树 T。

　　　　CreateTree(Tree *T, definition)：按 definition 中给出树的定义来构造树。

　　　　ClearTree(Tree *T)：若树 T 存在，将树 T 清为空树。

　　　　IsEmpty(Tree T)：若 T 为空树，返回 TRUE，否则返回 FALSE。

　　　　TreeDepth(Tree T)：返回树 T 的深度(高度)。

　　　　Root(Tree T)：返回树 T 的根结点。

　　　　Value(Tree T, node)：返回树 T 中结点 node 的值。

　　　　Assign(Tree T, node, value)：给树 T 的结点 node 赋值为 value。

　　　　Parent(Tree T, node)：若 node 是树 T 的非根结点，则返回它的双亲，否则返回空。

　　　　LeftChild(Tree T, node)：若 node 是树 T 的非叶子结点，则返回它的最左孩子，否则返回空。

　　　　RightSibling(Tree T, node)：若树 T 中的结点 node 有右兄弟，则返回它的右兄弟，否则返回空。

　　　　InsertChild(Tree *T, i, Tree C)：插入非空树 C 为树 T 的根结点的第 i 棵子树。其中，$1 \leqslant i \leqslant$ (树 T 的根结点的度+1)，非空树 C 和树 T 不相交。

　　　　DeleteChild(Tree *T, i)：删除树 T 的根结点的第 i 棵子树，$1 \leqslant i \leqslant$ (树 T 的根结点的度)。

}

这里需要特别指出的是，上述树的抽象数据类型所包含的操作只是树的一些基本操作。由于树形层次结构是一种使用非常广泛的结构，在不同的应用中，树的形态有很大的区别。因此，应根据实际需要构造树的抽象数据类型。

5.1.3 树的存储结构

与线性表的存储一样，树的存储结构也可以分为顺序存储和链式存储两种结构。但由于树形结构是一对多的关系，除了树根之外，每个结点都有唯一的直接前驱，除了叶子结点之外，每个结点有一个或多个直接后继，树的这种分支层次关系使得它的存储比线性表要复杂得多。

1. 顺序存储

顺序存储采用一组地址连续的存储单元来存储树，不仅要存储树中结点的数据元素，还要存储它们之间的逻辑关系，主要是父子关系。下面我们主要介绍树的顺序存储结构中的双亲表示法。

在树的每个结点中，除了存储数据元素之外，还附设一个指示器指示其双亲在链表中的位置。每个结点有两个域：数据域 data，存储结点的数据信息；双亲域 parent，属于虚拟指针，存储该结点的双亲结点的存储位置下标，约定"–1"表示其双亲不存在。

双亲表示法的结点结构可定义如下：

```
#define MAXSIZE 100                    //定义树可容纳的最大结点数
typedef int ElementType;               //定义树结点的数据类型为整型
typedef struct Node {
    ElementType data;                  //数据域，存储数据元素信息
    int parent;                        //双亲域，存储其双亲结点的存储位置
} NODE;                                //结点结构
typedef struct {
    NODE nodes[MAXSIZE];               //结点数组
    int root, n;                       //根的位置和结点数
} Tree;                                //树结构
```

图 5-3 展示了一棵树及其双亲表示法的存储结构。

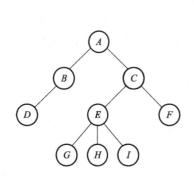

下标	data	parent
0	A	–1
1	B	0
2	C	0
3	D	1
4	E	2
5	F	2
6	G	4
7	H	4
8	I	4

图 5-3　树的双亲表示法示例

这样的存储结构，很容易根据结点的 parent 域找到它的双亲结点，所用时间复杂度为 $O(1)$，直到 parent 为–1 时，表示找到了树的根。但是，在这种表示法中，求结点的孩子则需要遍历整个结构。

2. 链式存储法

链式存储就是采用链表来存储一棵树。由于树中每个结点可能有多棵子树，可以考虑用多重链表，即每个结点有多个指针域，其中每个指针指向一棵子树的根结点，这种方法称为多重链表表示法。不过，树中每个结点的度，也就是它的孩子个数是不同的，因此可以设计两种方案来解决。

1）方案一

第一种方案是指针域的个数等于树的度，也就是树中各结点度的最大值。其结点结构如图 5-4（a）所示，其中 data 是数据域，$\text{child}_1 \sim \text{child}_d$ 是指针域，指向该结点的各个孩子结点。

对于图 5-3 的树来说，树的度是 3，所以每个结点的指针域的个数为 3，其表示如图 5-4（b）所示。树中各结点的度相差很大时，这种表示法会造成巨大的空间浪费，不难推出，在一棵有 n 个结点、度为 k 的树中必有 $n \times k - (n-1) = n \times (k-1) + 1$ 个空链域。

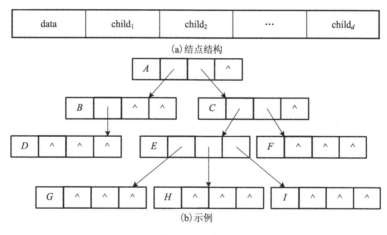

图 5-4　方案一

2）方案二

第二种方案在结点结构中增加结点度域，每个结点指针域的个数等于该结点的度，其结点结构如图 5-5 所示。其中，data 为数据域；degree 为结点度域，存储该结点的孩子结点的个数；$\text{child}_1 \sim \text{child}_d$ 是指针域，指向该结点的各个孩子结点。

这种方案克服了方案一空间浪费的缺点，提高了空间利用率，但由于树中各个结点的结构不同，虽能节约存储空间，但操作不方便。

3. 孩子表示法

这种方法是把每个结点的孩子排列起来，以单链表作为存储结构，则 n 个结点有 n 个孩子链表，如果是叶子结点，则孩子链表为空表。然后这 n 个孩子链表的头指针又组成一个线性表，采用顺序存储结构，存放到一个一维数组中，图 5-6 展示了图 5-3 中树的孩子表示法。

data	degree	child₁	child₂	⋯	childₐ

(a)结点结构

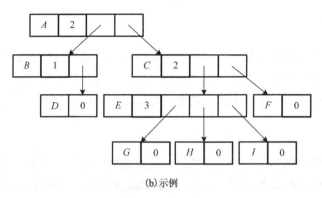

(b)示例

图 5-5 方案二

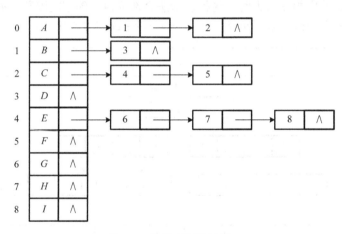

图 5-6 孩子表示法示例

孩子表示法的结点结构可定义如下：

```
#define MAXSIZE 100              //定义树可容纳的最大结点数
typedef int ElementType;         //定义树结点的数据类型为整型
typedef struct child {
    int child;                   //数据域，存储该结点在结点数组中的下标
    struct child *next;          //指针域，指向该结点的下一个孩子结点
} Child;                         //孩子结点
typedef struct {
    ElementType data;            //数据域，存储数据元素信息
    Child *firstChild;           //孩子链表的头指针，指向首个孩子结点
} NODE;
typedef struct {
    NODE nodes[MAXSIZE];         //结点数组
    int root, n;                 //根的位置和结点数
} Tree;                          //树结构
```

与双亲表示法相反，孩子表示法便于涉及孩子结点的操作的实现，但求结点的双亲结点则需要遍历整个结构。因此，可以将双亲表示法和孩子表示法结合起来，即将双亲表示和孩子链表合在一起。具体的结构定义则留给读者思考。

4. 孩子兄弟表示法

孩子兄弟表示法是采用二叉链表的思路，每个结点设置两个指针域：左孩子指针域 firstChild，指向该结点的第一个孩子(即长子)结点；右兄弟指针域 rightSibling，指向该结点的右兄弟结点。其结点结构定义如下：

```
typedef char ElementType;            //定义树结点的数据类型为字符型
typedef struct Node {
    ElementType data;                //数据域，存储数据元素信息
    struct Node *firstChild;         //左孩子指针域，指向该结点的第一个孩子结点
    struct Node *rightSibling;       //右兄弟指针域，指向该结点的右兄弟结点
} NODE;
```

图 5-7 展示了图 5-3 中树的孩子兄弟表示法。这种表示法易于实现找孩子结点的操作。只要先通过 firstChild 找到该结点的第一个孩子结点，然后沿着长子结点的 rightSibling 找到第二个孩子结点，依次操作，可找到其余的所有孩子结点。该表示法的缺陷是找双亲结点比较困难，当然可以通过为每个结点增加 parent 双亲域来解决该问题。

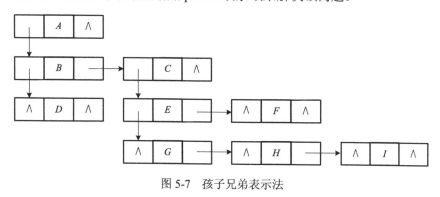

图 5-7　孩子兄弟表示法

5.2　二　叉　树

二叉树是树形结构的一个重要类型，许多实际问题抽象出来的数据结构往往是二叉树的形式。根据树的孩子兄弟表示法，任何树和森林都可以转换为二叉树，而且二叉树的存储结构及其算法都较为简单，因此二叉树显得特别重要。

5.2.1　二叉树的定义

二叉树(Binary Tree)是 $n(n \geqslant 0)$ 个结点的有限集合，它或为空树($n=0$)，或满足以下两个条件：

(1)有且仅有一个称为根(Root)的结点。

(2)当 $n>1$ 时，其余结点可分为两个互不相交的有限集 T_1、T_2，其中每一个集合本身又

是一棵二叉树，分别称为根的左子树和右子树。

二叉树是一种特殊的树，它最多有两棵子树，分别为左子树和右子树，两者是有序的、不可以互换。也就是说，二叉树中不存在度大于 2 的结点。

如图 5-8 所示，二叉树一共有 5 种基本形态：①空二叉树；②仅有根结点的二叉树；③右子树为空的二叉树；④左子树为空的二叉树；⑤左、右子树均非空的二叉树。

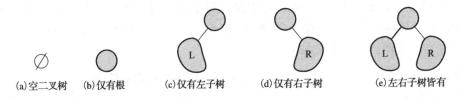

图 5-8 二叉树的 5 种基本形态

5.2.2 特殊二叉树

1. 单支树

在一棵二叉树中，如果所有结点都只有左子树或者右子树，则称这棵二叉树为单支树或者斜树。图 5-9(a) 为左单支树(或左斜树)，图 5-9(b) 为右单支树(或右斜树)。单支树的特点就是每一层都只有一个结点，结点的个数与二叉树的深度相同。

(a)左单支树   (b)右单支树

图 5-9 单支树

2. 满二叉树

在一棵二叉树中，如果所有分支结点都存在左、右子树，并且所有叶子结点都在同一层上，那么称这棵二叉树为满二叉树(Perfect Binary Tree)，如图 5-10 所示。

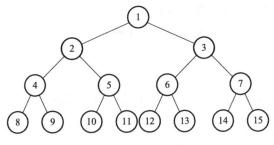

图 5-10 满二叉树

满二叉树具有以下特点:

(1)每一层都"充满"了结点，即每一层上的结点数都达到了最大值。在同样深度的二叉树中，满二叉树的结点数最多。

(2)叶子结点只能出现在最下一层，即满二叉树中不存在度为 1 的结点。

(3)非叶子结点(分支结点)的度一定是 2。

(4)一棵深度为 k 的满二叉树有 2^k-1 个结点。

3.　完全二叉树

对一棵具有 n 个结点的二叉树按层序编号[①]，如果编号为 $i(1\le i\le n)$ 的结点与同样深度的满二叉树中编号为 i 的结点在二叉树中的位置完全相同，则称这棵二叉树为完全二叉树(Complete Binary Tree)，如图 5-11(a)所示；否则为非完全二叉树，如图 5-11(b)所示。

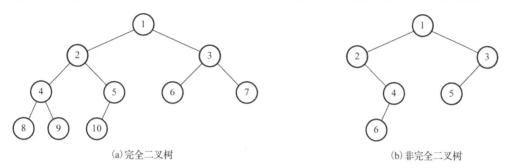

(a)完全二叉树　　　　　　　　　　　　　　　　　　　　(b)非完全二叉树

图 5-11　完全二叉树和非完全二叉树

完全二叉树具有以下特点:

(1)满二叉树一定是完全二叉树，但完全二叉树不一定是满的。

(2)除了最下一层外，每一层上的结点都是满的，最下一层的结点是从左到右出现的。

(3)完全二叉树的所有结点与同样深度的满二叉树，它们都按层序编号，则编号相同的结点是一一对应的。

(4)在完全二叉树中，若某结点没有左孩子，那它必然没有右孩子，即该结点必定是叶子结点。

(5)叶子结点只可能出现在最下两层。

5.2.3　二叉树的性质

二叉树具有下列需要理解并记住的重要特性:

性质 5-1　在二叉树的第 i 层上至多有 2^{i-1} 个结点($i\ge 1$)。

证明　利用数学归纳法容易证得此性质。

当 $i=1$ 时，只有一个根结点。显然，$2^{i-1}=2^0=1$，命题成立。

当 $i>1$ 时，假设第 $i-1$ 层有 2^{i-2} 个结点，由于二叉树中每个结点的度至多为 2，故在第 i 层上的结点数最多为第 $i-1$ 层结点数的 2 倍，即 $2\times 2^{i-2}=2^{i-1}$。

___

[①] 约定编号从根结点起，自上而下、自左至右，连续编号。

性质 5-2　深度为 k 的二叉树至多有 2^k-1 个结点 $(k \geqslant 1)$。

证明　由性质 5-1 可见，深度为 k 的二叉树的最大结点数为

$$\sum_{i=1}^{k} 第 i 层上的最大结点数 = \sum_{i=1}^{k} 2^{i-1} = 2^k - 1 \tag{5-1}$$

性质 5-3　对于任意一棵二叉树，若叶子结点数为 n_0，度为 2 的结点数为 n_2，则 $n_0=n_2+1$。

证明　由于二叉树中所有结点的度均不大于 2，所以其总结点数 n 为

$$n=n_0+n_1+n_2 \tag{5-2}$$

式中，n_1 是度为 1 的结点数。再观察二叉树中的分支数，除了根结点外，其余结点都有一个分支进入，因此分支总数=$n-1$，由于这些分支都是由度为 1 或 2 的结点产生的，度为 1 的结点产生 1 个分支，度为 2 的结点产生 2 个分支，所以又有分支总数=n_1+2n_2。于是有

$$n-1=n_1+2n_2，\quad 即\ n=n_1+2n_2+1 \tag{5-3}$$

联立式 (5-2) 和式 (5-3)，可得

$$n_0=n_2+1 \tag{5-4}$$

性质 5-4　具有 n 个结点的完全二叉树的深度 k 为 $\lfloor \log_2 n \rfloor +1$[①]。

证明　假设深度为 k，根据完全二叉树的定义和性质 5-2 有

$$2^{k-1}-1 < n \leqslant 2^k -1$$

即 $2^{k-1} \leqslant n < 2^k$，于是 $k-1 \leqslant \log_2 n < k$，所以 $k = \lfloor \log_2 n \rfloor +1$。

性质 5-5　如果对一棵有 n 个结点的完全二叉树（其深度为 $\lfloor \log_2 n \rfloor +1$）的结点按层序编号（从第 1 层到第 $\lfloor \log_2 n \rfloor +1$ 层，每层自左至右），则对任一结点 i $(1 \leqslant i \leqslant n)$ 有：

(1) 若 $i=1$，则该结点是二叉树的根，无双亲；若 $i>1$，则其双亲结点编号为 $\lfloor i/2 \rfloor$。

(2) 若 $2i>n$，则该结点无左孩子（即它是叶子结点），否则其左孩子结点编号为 $2i$。

(3) 若 $2i+1>n$，则该结点无右孩子，否则其右孩子结点编号为 $2i+1$。

5.2.4　二叉树的抽象数据类型

与树的抽象数据类型类似，二叉树的抽象数据类型可定义如下：

ADT BinaryTree {

　　数据对象：D 是具有相同特性的数据元素的集合。

　　数据关系：若 D 为空集，则称为空二叉树；若 D 仅含一个数据元素，则 R 为空集；
　　　　　　　否则 R 主要是结点间的父子关系，除了根结点，还有符合二叉树定义的根
　　　　　　　的左、右子树。

　　基本操作：

　　　　InitBiTree(BiTree *T)：构造空二叉树 T。

　　　　DestroyBiTree(BiTree *T)：销毁二叉树 T。

　　　　CreateBiTree(BiTree *T, definition)：按 definition 中给出二叉树的定义来构造
　　　　二叉树。

---

① 符号 $\lfloor x \rfloor$ 表示不大于 x 的最大整数，反之，$\lceil x \rceil$ 表示不小于 x 的最小整数。

ClearBiTree(BiTree *T)：若二叉树 T 存在，将二叉树 T 清为空树。

IsEmpty(BiTree T)：若 T 为空二叉树，返回 TRUE，否则返回 FALSE。

BiTreeDepth(BiTree T)：返回二叉树 T 的深度（高度）。

Root(BiTree T)：返回二叉树 T 的根结点。

Value(BiTree T, *p)：返回二叉树 T 中结点 p 的值。

Assign(BiTree T, *p, ElementType e)：给二叉树 T 的结点 p 赋值为 e。

Parent(BiTree T, *p)：若 p 是二叉树 T 的非根结点，则返回它的双亲，否则返回空。

LeftChild(BiTree T, *p)：若 p 是二叉树 T 的非叶子结点，则返回它的左孩子，否则返回空。

RightChild(BiTree T, *p)：若 p 是二叉树 T 的非叶子结点，则返回它的右孩子，否则返回空。

LeftSibling(BiTree T, *p)：若二叉树 T 中的结点 p 有左兄弟，则返回它的左兄弟，否则返回空。

RightSibling(BiTree T, *p)：若二叉树 T 中的结点 p 有右兄弟，则返回它的右兄弟，否则返回空。

InsertChild(BiTree T, LR, BiTree C)：根据 LR 为 0 或 1，插入非空二叉树 C 为二叉树 T 的根结点的左或右子树，根结点的原有左或右子树则成为 C 的右子树。其中，非空树 C 和树 T 不相交且右子树为空。

DeleteChild(BiTree T, LR)：根据 LR 为 0 或 1，删除二叉树 T 的根结点的左或右子树。

PreOrderTraverse(BiTree *T, *Visit())：先序遍历二叉树 T，对每个结点调用 Visit() 函数一次且仅一次。一旦 Visit() 失败，则操作失败。

InOrderTraverse(BiTree *T, *Visit())：中序遍历二叉树 T，对每个结点调用 Visit() 函数一次且仅一次。一旦 Visit() 失败，则操作失败。

PostOrderTraverse(BiTree *T, *Visit())：后序遍历二叉树 T，对每个结点调用 Visit() 函数一次且仅一次。一旦 Visit() 失败，则操作失败。

LevelOrderTraverse(BiTree *T, *Visit())：层序遍历二叉树 T，对每个结点调用 Visit() 函数一次且仅一次。一旦 Visit() 失败，则操作失败。

}

5.2.5　二叉树的存储结构

如 5.1.3 节"树的存储结构"所述，二叉树的存储结构也可采用顺序存储和链式存储两种方式。

1. 顺序存储结构

二叉树的顺序存储结构是使用一组地址连续的存储单元如一维数组来存储数据元素，并且结点的存储位置要能够反映出结点之间的逻辑关系，如双亲与孩子的关系，左右兄弟的关系。其结构可定义如下：

```
#define MAXSIZE 100                          //定义二叉树可容纳的最大结点数
typedef int ElementType;                     //定义二叉树结点的数据类型为整型
//定义一维数组类型 BiTree 用于存储二叉树的结点元素，0 号单元存储根结点
typedef ElementType[MAXSIZE] BiTree;
BiTree bt;                                    //定义一棵二叉树
```

对于完全二叉树，只要从根结点起按层序存储即可，依照自上而下、自左至右的顺序存储结点元素，即将完全二叉树中编号为 i 的结点元素存储在如上定义的一维数组中下标为 $i-1$ 的单元中。例如，图 5-12(a)为图 5-11(a)中完全二叉树的顺序存储结构。

对于非完全二叉树，也就是一般二叉树，则应将其每个结点与完全二叉树上的结点相对照，存储在一维数组的相应单元中，图 5-11(b)所示二叉树的顺序存储结构如图 5-12(b)所示，图中以"∧"表示不存在此结点。

(a)完全二叉树

(b)非完全二叉树

图 5-12　二叉树的顺序存储结构

考虑一种极端的情况，一棵深度为 k 且只有 k 个结点的右单支树(树中不存在度为 2 的结点且所有结点都没有左子树)，却需要分配 2^k-1 个结点的存储空间，这显然会造成存储空间的极大浪费，因此，顺序存储结构一般只适用于完全二叉树。对于一般的二叉树，更适合采用下面的链式存储结构。

2.　链式存储结构

常见的二叉树的链式存储结构有二叉链表和三叉链表。

二叉链表的每个结点由一个数据域和两个指针域组成，数据域用于存储结点的数据信息，两个指针域分别存放指向其左孩子结点和右孩子结点的指针。以下是二叉链表的结点结构定义：

```
typedef char ElementType;                    //定义二叉树结点的数据类型为字符型
typedef struct BiNode {
    ElementType data;                        //数据域，存储数据元素信息
    struct BiNode *lchild, *rchild;          //指针域，存放指向左右孩子的指针
} BiNODE, *BiTree;                           //二叉链表的结点结构定义
```

二叉链表是一种最常用的二叉树的存储结构，链表的头指针指向二叉树的根结点。在含有 n 个结点的二叉链表中总共有 $2n$ 个链域(指针域)，但其中只有 $n-1$ 个链域指向二叉树中的结点，这意味着其余的 $n+1$ 个链域处于空闲状态。在后面的章节中将会看到可以有效地利用这些空链域存储其他有用信息，从而得到另一种链式存储结构——线索链表。

二叉链表可以很方便地查找结点的孩子，但查找结点的双亲则较为烦琐，需要从根指针

出发巡查，为此，可以考虑在二叉链表的结点结构中增加一个指向其双亲结点的指针域，这样得到的二叉树的存储结构称为三叉链表，其结点结构定义如下：

```
typedef char ElementType;                  //定义二叉树结点的数据为字符型
typedef struct BiNode {
    ElementType data;                      //数据域，存储数据元素信息
    struct BiNode *lchild, *rchild;        //指针域，存放指向左右孩子的指针
    struct BiNode *parent;                 //指针域，存放指向双亲的指针
} BiNODE, *BiTree;                         //三叉链表的结点结构定义
```

5.2.6　二叉链表的存储表示及操作

下面在上述二叉链表的数据结构定义的基础上，给出二叉链表表示的二叉树的初始化、创建、销毁、判别空树、计算二叉树深度、获取根结点、获取结点值、结点赋值、插入左右子树、二叉树复制、二叉树比较等基本操作的具体实现，如代码 5-1 所示，注意其中递归函数的使用。

代码 5-1　二叉链表的存储表示及操作

```
#include <stdio.h>
#include <stdlib.h>
typedef enum {FALSE, TRUE} Boolean;        //重命名枚举类型，枚举值为 FALSE(0)和 TRUE(1)
typedef char ElementType;                  //定义二叉树结点的数据类型为字符型
ElementType ERROR = -1;                    //特殊错误标志，须是正常的结点元素不可能取到的值
typedef struct BiNode {
    ElementType data;                      //数据域，存储数据元素信息
    struct BiNode *lchild, *rchild;        //指针域，存放指向左右孩子的指针
} BiNODE, *BiTree;                         //二叉链表的结点结构定义

//构造空的二叉树
void InitBiTree(BiTree *t)
{
    *t = NULL;                             //树的根结点置为空
}
//前序输入二叉树中结点的值构造二叉树
void CreateBiTree(BiTree *t)
{
    //先创建根结点，再递归地创建左子树，之后递归地创建右子树，#表示空树
     思考下：键盘输入 abd#g###ce##f##[回车键]创建的二叉树
    ElementType ch;
    ch = getchar();                        //从键盘输入字符，该字符是二叉树中结点的值
    if (ch == '#') *t = NULL;              //输入'#'代表空树，递归的终止条件，即递归出口
    else
    {
        //生成根结点
        *t = (BiNODE *)malloc(sizeof(BiNODE));
        if (!*t) exit(1);                  //根结点空间分配失败，退出程序
        (*t)->data = ch;                   //根结点的数据域赋值
```

```
        CreateBiTree(&(*t)->lchild);           //递归构造左子树
        CreateBiTree(&(*t)->rchild);           //递归构造右子树
    }
}
//采用递归算法销毁根结点为 root 的二叉树
void DestoryBiTree(BiTree *t)
{
    if (*t && (*t)->lchild)                    //若结点*t 存在左子树
        DestoryBiTree(&(*t)->lchild);          //递归销毁*t 的左子树
    if (*t && (*t)->rchild)                    //若结点*t 存在右子树
        DestoryBiTree(&(*t)->rchild);          //递归销毁*t 的右子树
    free(*t);                                  //释放当前结点空间
    *t = NULL;                                 //结点删除之后, *t 一定要置为空, 这很重要
}
//判断二叉树 t 是否为空树
Boolean IsEmpty(BiTree t)
{
    if (!t) return TRUE;                       //若 t 为空二叉树, 返回 TRUE
    else return FALSE;                         //否则返回 FALSE
}
//返回二叉树 t 的深度(高度)
int BiTreeDepth(BiTree t)
{
    int m, n;
    if (t == NULL) return 0;                   //若是空树, 深度为 0, 递归结束
    m = BiTreeDepth(t->lchild);                //递归计算左子树的深度 m
    n = BiTreeDepth(t->rchild);                //递归计算右子树的深度 n
    if (m > n) return m + 1;                   //二叉树的深度为左右子树深度较大者+1
    else return n + 1;
}
BiNODE *Root(BiTree t)
{
    return t;                                  //返回指向根结点的指针
}
//返回二叉树 t 中结点 p 的值
ElementType Value(BiNODE *p)
{
    if (p) return p->data;                     //若指向结点的指针非空, 则返回结点的值
    else return ERROR;                         //否则返回特殊错误标志
}
void Assign(BiNODE *p, ElementType e)
{
    if (p) p->data = e;                        //若指向结点的指针非空, 则二叉树 t 的结点 p 赋值为 e
}
//根据 LR 为 0 或 1, 插入非空二叉树 c 为二叉树 T 中 p 结点的左或右子树, p 结点的原有左或右子树则成为
//  c 的右子树, 其中, 非空树 c 和树 T 不相交且右子树为空
void InsertChild(BiNODE *p, int LR, BiTree c)
```

```
{
    if (c == NULL) return;                              //如果 c 是空树，返回
    if (LR == 0)                                        //LR=0，插入左子树
    {
        c->rchild = p->lchild;                          //p 结点的原左子树则成为 c 的右子树
        p->lchild = c;                                  //c 成为二叉树 T 中 p 结点的左子树
    }
    else if (LR == 1)                                   //LR=1，插入右子树
    {
        c->rchild = p->rchild;                          //p 结点的原右子树则成为 c 的右子树
        p->rchild = c;                                  //c 成为二叉树 T 中 p 结点的右子树
    }
}
//根据 LR 为 0 或 1，删除二叉树 T 中 p 结点的左或右子树
void DeleteChild (BiNODE *p, int LR)
{
    if (LR == 0)                                        //LR=0，删除左子树
    {
        if (p) DestoryBiTree (&p->lchild);              //递归删除左子树
    }
    else if (LR == 1)
    {
        if (p) DestoryBiTree (&p->rchild);              //递归删除右子树
    }
}
//复制二叉树
BiTree CopyBiTree (BiTree t)
{
    BiNODE *pNew;
    if (!t) return NULL;                                //如果 t 是空树，直接返回 NULL，递归结束
    //生成新结点作为目标子树的根结点
    pNew = (BiNODE *) malloc (sizeof (BiNODE));
    if (!pNew) exit (1);                                //根结点空间分配失败，退出程序
    pNew->data = t->data;                               //复制根结点的数据域
    pNew->lchild = CopyBiTree (t->lchild);              //递归复制左子树
    pNew->rchild = CopyBiTree (t->rchild);              //递归复制右子树
    return pNew;
}
//判断两棵树是否相等
Boolean BiTreeCmp (BiTree t1, BiTree t2)
{
    if (!t1 && !t2) return TRUE;                        //若 t1 和 t2 皆为空树，则返回 TRUE
    //若 t1 和 t2 皆为非空树，则先比较根结点值，再递归比较左右子树
    else if (t1 && t2 && (t1->data == t2->data) && BiTreeCmp(t1->lchild, t2->lchild) && BiTreeCmp
(t1->rchild, t2->rchild)) return TRUE;
    else return FALSE;                                  //其他情况，则返回 FALSE
}
```

```
int main ()
{
    BiTree t1, t2;                        //定义 t1、t2 分别为指向二叉树的根结点的头指针
    InitBiTree (&t1);                     //初始化 t1 为空树
    InitBiTree (&t2);                     //初始化 t2 为空树
    CreateBiTree (&t1);                   //构造二叉树 t1
    printf("二叉树 T1 的深度=%d\n", BiTreeDepth (t1));
    t2 = CopyBiTree (t1);                 //复制二叉树 t1 到 t2 中
    if (BiTreeCmp (t1, t2) == TRUE)       //比较二叉树 t1 和 t2
        printf("这两棵树相等\n");
    else
        printf("这两棵树不相等\n");
    DeleteChild (t2, 1);                  //删除 t2 的右子树
    //将 t2 插入 t1 中并成为 t1 根结点的右子树,t1 根结点的原右子树成为 t2 的右子树
    InsertChild (t1, 1, t2);
    DestoryBiTree (&t1);                  //销毁二叉树 t1,释放所有结点空间
    return 0;
}
```

运行代码 5-1,从键盘输入 ABD#G###CE##F##[回车键],则可以构造出如图 5-13 所示的初始二叉树。

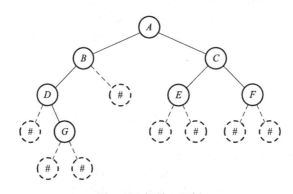

图 5-13　初始二叉树

5.3　二叉树的遍历

二叉树的遍历(Traversing Binary Tree)是指按照某种次序依次访问二叉树中每个结点,使得每个结点均被访问一次,而且仅被访问一次。"访问"是一个抽象操作,其含义很广,可以是对结点做各种处理,如输出结点的信息、对结点的判别、计数等操作。

由于二叉树是一种非线性结构,其遍历较线性结构的遍历复杂,因而需要寻求某种规律,以便使二叉树上的结点能排列在一个线性队列上,即非线性结构线性化,从而便于遍历。

由二叉树的递归定义可知,二叉树是由根结点、左子树和右子树这 3 个基本部分组成的。

因此，若能依次遍历这三部分，就可以遍历整棵二叉树。假如以 D、L、R 分别表示访问根结点、遍历左子树、遍历右子树，则可有 6 种遍历二叉树的方案：DLR、LDR、LRD、DRL、RDL 和 RLD。若进一步限定先左后右，则只剩下前 3 种方案，分别称为先序(根)遍历、中序(根)遍历、后序(根)遍历。基于二叉树的递归定义，在实现遍历算法时通常采用递归算法。

5.3.1 先序遍历

先序遍历二叉树的操作规则定义为：

若二叉树为空，则空操作返回；否则先访问根结点，再先序遍历左子树，然后先序遍历右子树。

在代码 5-1 的基础上，二叉树的先序遍历算法的具体实现如代码 5-2 所示。

代码 5-2　二叉树的先序遍历

```
//访问二叉树结点函数，输出结点值
void PrintElement(ElementType e)
{
    putchar(e);
}
//先序遍历二叉树，其中形参 Visit 为指向函数的指针，实参为函数名
void PreOrderTraverse(BiTree t, void (*Visit)(ElementType))
{
    if (t)                                  //若二叉树为空，则空操作返回
    {
        (*Visit)(t->data);                  //访问根结点，*Visit 是调用实参传进来的函数
        PreOrderTraverse(t->lchild, Visit); //递归先序遍历左子树
        PreOrderTraverse(t->rchild, Visit); //递归先序遍历右子树
    }
}
int main()
{
    BiTree t;                               //定义 t 为指向二叉树的根结点的头指针
    InitBiTree(&t);                         //初始化 t 为空树
    CreateBiTree(&t);                       //构造二叉树 t
    PreOrderTraverse(t, PrintElement);      //先序遍历二叉树，访问结点函数为 PrintElement
    DestoryBiTree(&t);                      //销毁二叉树 t，释放所有结点空间
    return 0;
}
```

图 5-13 所示二叉树的先序遍历序列为 *ABDGCEF*。

5.3.2 中序遍历

中序遍历二叉树的操作规则定义为：

若二叉树为空，则空操作返回；否则先中序遍历左子树，再访问根结点，然后中序遍历右子树。

在代码 5-1 的基础上，二叉树的中序遍历算法的具体实现如代码 5-3 所示。

代码 5-3　二叉树的中序遍历

```
//访问二叉树结点函数，输出结点值
void PrintElement(ElementType e)
{
    putchar(e);
}
//中序遍历二叉树，其中形参 Visit 为指向函数的指针，实参为函数名
void InOrderTraverse(BiTree t, void (*Visit)(ElementType))
{
    if (t)                                      //若二叉树为空，则空操作返回
    {
        InOrderTraverse(t->lchild, Visit);      //递归中序遍历左子树
        (*Visit)(t->data);                      //访问根结点，*Visit 是调用实参传进来的函数
        InOrderTraverse(t->rchild, Visit);      //递归中序遍历右子树
    }
}
int main()
{
    BiTree t;                                   //定义 t 为指向二叉树的根结点的头指针
    InitBiTree(&t);                             //初始化 t 为空树
    CreateBiTree(&t);                           //构造二叉树 t
    InOrderTraverse(t, PrintElement);           //中序遍历二叉树，访问结点函数为 PrintElement
    DestoryBiTree(&t);                          //销毁二叉树 t，释放所有结点空间
    return 0;
}
```

图 5-13 所示二叉树的中序遍历序列为 *DGBAECF*。

5.3.3　后序遍历

后序遍历二叉树的操作规则定义为：

若二叉树为空，则空操作返回；否则先后序遍历左子树，再后序遍历右子树，然后访问根结点。

在代码 5-1 的基础上，二叉树的后序遍历算法的具体实现如代码 5-4 所示。

代码 5-4　二叉树的后序遍历

```
//访问二叉树结点函数，输出结点值
void PrintElement(ElementType e)
{
    putchar(e);
}
//后序遍历二叉树，其中形参 Visit 为指向函数的指针，实参为函数名
void PostOrderTraverse(BiTree t, void (*Visit)(ElementType))
{
    if (t)                                      //若二叉树为空，则空操作返回
    {
```

```
            PostOrderTraverse(t->lchild, Visit);        //递归后序遍历左子树
            PostOrderTraverse(t->rchild, Visit);        //递归后序遍历右子树
            (*Visit)(t->data);                          //访问根结点，*Visit 是调用实参传进来的函数
        }
}
int main()
{
        BiTree t;                                       //定义 t 为指向二叉树的根结点的头指针
        InitBiTree(&t);                                 //初始化 t 为空树
        CreateBiTree(&t);                               //构造二叉树 t
        PostOrderTraverse(t, PrintElement);             //后序遍历二叉树，访问结点函数为 PrintElement
        DestoryBiTree(&t);                              //销毁二叉树 t，释放所有结点空间
        return 0;
}
```

图 5-13 所示二叉树的后序遍历序列为 *GDBEFCA*。

显然，遍历二叉树的算法中的基本操作是访问结点，因此不论按哪一种次序进行遍历，对含有 n 个结点的二叉树，其时间复杂度均为 $O(n)$。所需辅助空间则为遍历过程中栈的最大容量，即树的深度，最坏情况下（单左分支树或单右分支树）为 n，则空间复杂度也为 $O(n)$。

例 5-1　已知一棵二叉树的先序遍历序列为 *ABDGCEF*，中序遍历序列为 *DGBAECF*。请画出这棵二叉树。

分析如下：

(1)由先序遍历特征，根结点必在先序遍历序列头部，即根结点是 *A*。

(2)由中序遍历特征，根结点必在其中序遍历序列中间，而且其左部必全部是左子树子孙（*DGB*），其右部必全部是右子树子孙（*ECF*）。

(3)继而，根据先序遍历序列中的 *BDGC* 子树可确定 *B* 为 *A* 的左孩子结点，根据 *CEF* 子树可确定 *C* 为 *A* 的右孩子结点；依次类推，可以唯一地确定一棵二叉树，如图 5-13 所示。

由二叉树的先序遍历序列和中序遍历序列，或由其后序遍历序列和中序遍历序列均能唯一地确定一棵二叉树。但是，由一棵二叉树的先序遍历序列和后序遍历序列不能唯一确定一棵二叉树，因为无法确定左右子树两部分。例如，如果有先序遍历序列 *ABC*，后序遍历序列 *CBA*，因为无法确定 *B*、*C* 为左子树还是右子树，所以可以得到如图 5-14 所示的四棵不同的二叉树。

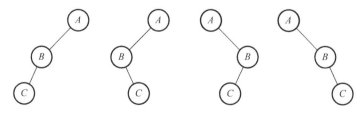

图 5-14　四棵不同的二叉树

5.3.4　层序遍历

二叉树的层序(次)遍历，是指按照从上到下，从左到右的顺序遍历二叉树，即先遍历二叉树第一层的结点，然后是第二层的结点，直到最底层的结点，对每一层的遍历按照从左到

右的次序进行。图 5-13 所示的二叉树的层序遍历序列是 *ABCDEFG*。

由层序遍历的定义可以推知，在进行二叉树的层序遍历时，对每一层的结点访问结束后，再按照它们的访问次序对该层各个结点的左孩子和右孩子顺序访问，这样一层层进行，先遇到的结点先访问，这与队列的操作较为吻合，因此层序遍历的算法实现可以借助队列这种数据结构。

具体而言，设置一个队列结构，遍历从二叉树的根结点开始。首先将根结点指针入队，然后队头元素出队，出队前执行以下操作：

(1)访问该元素所指结点。

(2)若该元素所指结点的左、右孩子结点非空，则将该元素所指结点的左孩子指针和右孩子指针顺序入队。

此过程不断进行，当队列为空时，二叉树的层序遍历结束。

在代码 3-11 和代码 5-1 的基础上，很容易给出二叉树的层序遍历算法的具体实现，如代码 5-5 所示。

代码 5-5　二叉树的层序遍历

```c
#include <stdio.h>
#include <stdlib.h>
typedef enum {FALSE, TRUE} Boolean;        //重命名枚举类型，枚举值为 FALSE(0)和 TRUE(1)
typedef char ElementType;                  //定义二叉树结点的数据类型为字符型
typedef struct BiNode {
    ElementType data;                      //数据域，存储数据元素信息
    struct BiNode *lchild, *rchild;        //指针域，存放指向左右孩子的指针
} BiNODE, *BiTree;                         //二叉链表的结点结构定义
typedef BiNODE *QElementType;              //定义队列元素类型为 BiNODE *型
typedef struct {
    QElementType *data;                    //存储元素的数组，data 为指针，代表首地址
    int front;                             //队列的头指针
    int rear;                              //队列的尾指针
    int maxSize;                           //队列的最大容量
} Queue;

//初始化操作，构造一个空队列
void InitQueue(Queue *q, int maxSize)
{
    //为顺序循环队列动态分配一段可容纳 maxSize 个队列元素的连续空间
    q->data = (QElementType *)malloc(maxSize * sizeof(QElementType));
    if (!q->data) exit(1);                 //存储空间分配失败，退出程序
    q->front = q->rear = 0;                //头指针和尾指针置为 0，队列为空
    q->maxSize = maxSize;                  //设置队列的容量
}
//判断队列是否为空，若队列为空，则返回 TRUE，否则返回 FALSE
Boolean IsEmpty(Queue *q)
{
    if (q->front == q->rear) return TRUE;  //若队列为空，返回 TRUE
```

```
        else return FALSE;                          //否则，返回 FALSE
}
//判断队列是否满，若队列满，则返回 TRUE，否则返回 FALSE
Boolean IsFull (Queue *q)
{
    if ((q->rear + 1) % q->maxSize == q->front)
        return TRUE;                                //若队列满，返回 TRUE
    else return FALSE;                              //否则，返回 FALSE
}
//入队操作，若队列 q 不满，则插入元素 e 到队列中成为新的队尾元素，并返回 TRUE；否则返回 FALSE
Boolean EnQueue (Queue *q, QElementType e)
{
    if (IsFull (q)) return FALSE;                   //若队列满，返回 FALSE
    q->data[q->rear] = e;                           //否则，新元素插入队尾
    q->rear = (q->rear + 1) % q->maxSize;           //尾指针加 1
    return TRUE;                                    //返回 TRUE
}
//出队操作，若队列 q 非空，则删除 q 的队头元素，用 e 返回其值，并返回 TRUE；否则返回 FALSE
Boolean DeQueue (Queue *q, QElementType *e)
{
    if (IsEmpty (q)) return FALSE;                  //若队列空，返回 FALSE
    *e = q->data[q->front];                         //否则，即将出队的队头元素赋给 e
    q->front = (q->front + 1) % q->maxSize;         //头指针加 1
    return TRUE;                                    //返回 TRUE
}
//构造空的二叉树
void InitBiTree (BiTree *t)
{
    *t = NULL;                                      //树的根结点置为空
}
//前序输入二叉树中结点的值构造二叉树
void CreateBiTree (BiTree *t)
{
    //先创建根结点，再递归地创建左子树，之后递归地创建右子树，#表示空树
    ElementType ch;
    ch = getchar ();                                //从键盘输入字符，该字符是二叉树中结点的值
    if (ch == '#') *t = NULL;                       //输入'#'代表空树，递归的终止条件，即递归出口
    else
    {
        //生成根结点
        *t = (BiNODE *) malloc (sizeof (BiNODE));
        if (!*t) exit (1);                          //根结点空间分配失败，退出程序
        (*t) ->data = ch;                           //根结点的数据域赋值
        CreateBiTree (& (*t) ->lchild);             //递归构造左子树
        CreateBiTree (& (*t) ->rchild);             //递归构造右子树
    }
}
```

```
//访问二叉树结点函数，输出结点值
void PrintElement(ElementType e)
{
    putchar(e);
}
//层序遍历二叉树，其中形参 Visit 为指向函数的指针，实参为函数名
void LevelOrderTraverse(BiTree t, Queue *q, void (*Visit)(ElementType))
{
    QElementType e;
    if (t == NULL)  return;                     //若二叉树为空，则空操作返回
    EnQueue(q, t);                              //根结点指针入队
    while (IsEmpty(q) == FALSE)                 //若队列非空
    {
        DeQueue(q, &e);                         //队头元素出队，用 e 带回
        (*Visit)(e->data);                      //访问队头元素所指结点的数据域
        if (e->lchild) EnQueue(q, e->lchild);   //若左孩子非空，则将指向左孩子结点的指针入队
        if (e->rchild) EnQueue(q, e->rchild);   //若右孩子非空，则将指向右孩子结点的指针入队
    }
}
int main()
{
    Queue q;                                    //定义队列实例 q(结构体变量)
    BiTree t;                                   //定义 t 为指向二叉树的根结点的头指针
    InitQueue(&q, 100);                         //初始化队列 q，队列容量设置为 100
    InitBiTree(&t);                             //初始化 t 为空树
    CreateBiTree(&t);                           //构造二叉树 t
    LevelOrderTraverse(t, &q, PrintElement);    //层序遍历二叉树，访问结点函数为 PrintElement
    return 0;
}
```

图 5-13 所示二叉树的层序遍历序列为 *ABCDEFG*。

5.4　线索二叉树

　　二叉树是一种非线性结构，而二叉树遍历序列则是线性序列，因此二叉树的遍历实质上是对一个非线性结构进行线性化操作的过程。根据线性结构的特性，除了第一个结点外，每一个结点都有唯一的前驱，除了最后一个结点外，每一个结点都有唯一的后继。

　　如前面所述，二叉树以二叉链表作为存储结构时，每个结点有两个指针(链)域。假如二叉树中有 n 个结点，则总共有 $2n$ 个指针域，其中只有 $n–1$ 个实指针，其余 $n+1$ 个都是空指针。因此，可以考虑充分利用这些空指针来存放结点在遍历序列中的前驱或后继信息，从而加快查找结点前驱和后继的速度。

　　试做如下规定：若结点有左子树，则其 lchild 域指向其左孩子，否则 lchild 域指向其前驱；若结点有右子树，则其 rchild 域指向其右孩子，否则 rchild 域指向其后继。为了能正确地区分指针域指向的究竟是左孩子还是前驱、右孩子还是后继，需要在结点结构中增加两个

标志域 ltag 和 rtag，线索二叉树的结点结构如图 5-15 所示。

左孩子/前驱	左标志	数据	右标志	右孩子/后继
lchild	ltag	data	rtag	rchild

图 5-15　线索二叉树的结点结构

其中，

$$ltag = \begin{cases} 0, & \text{lchild域指向结点的左孩子} \\ 1, & \text{lchild域指向结点的前驱} \end{cases}$$

$$rtag = \begin{cases} 0, & \text{rchild域指向结点的右孩子} \\ 1, & \text{rchild域指向结点的后继} \end{cases}$$

线索二叉树的结点结构可定义如下：

```
typedef char ElementType;                //定义二叉树结点的数据类型为字符型
typedef struct BiThrNode {
    ElementType data;                    //数据域，存储数据元素信息
    struct BiThrNode *lchild, *rchild;   //指针域，存放指向左孩子/前驱、右孩子/后继的指针
    int ltag, rtag;                      //左右标志域
} BiThrNODE, *BiThrTree;                 //二叉链表的结点结构定义
```

以上这种带有标志域的二叉链表称为线索链表，其中指向结点前驱和后继的指针称为线索。加上线索的二叉树称为线索二叉树(Threaded Binary Tree)。对二叉树以某种次序遍历，使其变为线索二叉树的过程称为线索化。

线索化的实质就是将二叉链表中的空指针改为指向前驱或后继的线索。由于前驱和后继的信息只有在遍历该二叉树时才能得到，所以线索化的过程就是在遍历的过程中修改空指针的过程。

图 5-16 展示了图 5-13 所示二叉树的中序线索二叉树，以及与之对应的中序线索链表，其中实线为指向左、右孩子的指针，虚线为指向前驱和后继的线索。

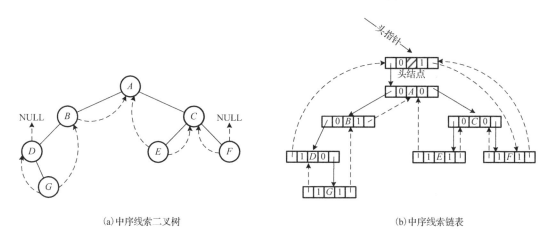

(a)中序线索二叉树　　　　　　　　　　　(b)中序线索链表

图 5-16　线索二叉树及线索链表

为方便起见，可以仿照双向链表的存储结构，在二叉树的线索链表上添加一个头结点，

并令其 lchild 域的指针指向二叉树的根结点，其 rchild 域的指针指向中序遍历时的最后一个结点；同样地，令二叉树的中序遍历序列中的第一个结点的 lchild 域的指针和最后一个结点的 rchild 域的指针均指向头结点。这就相当于为二叉树建立了一个双向线索链表，既可以从第一个结点起顺后继进行遍历，也可以从最后一个结点起顺前驱进行遍历。

下面以带头结点的二叉树中序线索化和遍历为例，给出相应的算法描述如代码 5-6 所示。

代码 5-6　二叉树的中序线索化及遍历

```
#include <stdio.h>
#include <stdlib.h>
typedef enum {FALSE, TRUE} Boolean;            //重命名枚举类型，枚举值为 FALSE(0)和 TRUE(1)
typedef char ElementType;                       //定义二叉树结点的数据类型为字符型
typedef struct BiNode {
    ElementType data;                           //数据域，存储数据元素信息
    struct BiNode *lchild, *rchild;             //指针域，存放指向左孩子/前驱、右孩子/后继的指针
    int ltag, rtag;                             //左右标志域，0 表示左右孩子，1 表示前驱后继
} BiNODE, *BiTree;                              //二叉链表的结点结构定义
BiNODE *pre;                                    //全局变量，始终指向刚刚访问过的结点
//构造空的二叉树
void InitBiTree(BiTree *t)
{
    *t = NULL;                                  //树的根结点置为空
}
//前序输入二叉树中结点的值构造二叉树
void CreateBiTree(BiTree *t)
{
    //先创建根结点，再递归地创建左子树，之后递归地创建右子树，#表示空树
    ElementType ch;
    ch = getchar();                             //从键盘输入字符，该字符是二叉树中结点的值
    if (ch == '#')  *t = NULL;                  //输入'#'代表空树，递归的终止条件，即递归出口
    else
    {
        //生成根结点
        *t = (BiNODE *)malloc(sizeof(BiNODE));
        if (!*t)  exit(1);                      //根结点空间分配失败，退出程序
        (*t)->data = ch;                        //根结点的数据域赋值
        (*t)->ltag = (*t)->rtag = 0;            //默认左右标志值为 0
        CreateBiTree(&(*t)->lchild);            //递归构造左子树
        CreateBiTree(&(*t)->rchild);            //递归构造右子树
    }
}
//以结点 p 为根的子树中序线索化
void InThreading(BiNODE *p)
{
    if (p)                                      //指针 p 指向当前访问的结点，若非空
    {
        InThreading(p->lchild);                 //左子树递归线索化
```

```
        if (!p->lchild)                          //若当前结点 p 没有左孩子
        {
            p->ltag = 1;                         //给结点 p 加上前驱线索
            p->lchild = pre;                     //p 结点的左孩子指针指向前驱 pre
        }
        if (!pre->rchild)                        //若前驱结点没有右孩子
        {
            pre->rtag = 1;                       //给结点 pre 加上后继线索
            pre->rchild = p;                     //前驱结点 pre 的右孩子指针指向后继，即当前结点 p
        }
        pre = p;                                 //保持 pre 指向结点 p 的前驱
        InThreading (p->rchild);                 //右子树递归线索化
    }
}
//中序遍历二叉树 t，并将其中序线索化，thrt 指向头结点
BiNODE *InOrderThreading (BiTree t)
{
    BiNODE *head;
    head = (BiNODE *) malloc (sizeof (BiNODE));
    if (!head) exit (1);                         //若头结点存储空间分配失败，则退出程序
    head->rtag = 1;                              //头结点的右孩子指针为后继线索
    head->rchild = head;                         //初始化时右孩子指针指向自己
    head->ltag = 0;                              //头结点有左孩子
    if (!t) head->lchild = head;                 //若二叉树为空，则左孩子指针也指向自己
    else
    {
        head->lchild = t;                        //若二叉树非空，则头结点的左孩子指向树根
        pre = head;                              //pre 初值指向头结点
        InThreading (t);                         //对以 t 为根的二叉树进行中序线索化
        //中序线索化结束后，pre 指向中序遍历序列最后一个结点，给该结点加上右线索
        pre->rtag = 1;
        pre->rchild = head;                      //该结点的右线索指向头结点
        head->rchild = pre;                      //同时，头结点的右线索也指向 pre
    }
    return head;
}
//遍历中序线索二叉树
void InOrderThrTraverse (BiNODE *head)
{
    BiNODE *p;
    p = head->lchild;                            //p 指向二叉树的根结点
    while (p != head)                            //空树或遍历结束时，p=head
    {
        //沿着左孩子向下，到达最左下结点，它是中序遍历的第一个结点
        while (p->ltag == 0) p = p->lchild;
        printf ("%2c", p->data);                 //访问中序遍历序列的第一个结点，输出其值
```

```
            //沿右线索反复查找当前结点 p 的后继结点并访问，直到右标志为 0 或者遍历结束
            while (p->rtag == 1 && p->rchild != head)
            {
                    p = p->rchild;                       //沿右线索访问后继结点
                    printf("%2c", p->data);              //输出其值
            }
            p = p->rchild;                               //转向结点 p 的右子树
    }
}
int main ()
{
    BiTree t;                                            //定义 t 为指向二叉树根结点的指针
    BiNODE *head;                                        //定义头结点指针
    InitBiTree (&t);                                     //初始化 t 为空树
    CreateBiTree (&t);                                   //构造二叉树 t
    head = InOrderThreading (t);                         //中序线索化带头结点的二叉树 t
    InOrderThrTraverse (head);                           //遍历中序线索二叉树
    return 0;
}
```

二叉树中序线索化后，就多了结点的前驱和后继信息，使得线索二叉树的遍历以及在指定次序下查找结点的前驱和后继算法都变得简单。因此，若需经常查找结点在所遍历线性序列中的前驱和后继，则采用线索二叉链表作为存储结构就是非常合适的选择。

下面还是以中序线索二叉树为例讨论如何查找结点的前驱和后继。

（1）查找 p 指针所指结点的前驱：

①若 p->ltag 为 1，则 p 的左孩子指向其前驱；

②若 p->ltag 为 0，则说明 p 有左子树。根据中序遍历的规律可知，结点的前驱应是中序遍历其左子树时最后访问的结点，即左子树中最右下的结点。如图 5-16 中结点 B 的前驱是 G。

（2）查找 p 指针所指结点的后继：

①若 p->rtag 为 1，则 p 的右孩子指向其后继；

②若 p->ltag 为 0，则说明 p 有右子树。根据中序遍历的规律可知，结点的后继应是中序遍历其右子树时最先访问的结点，即右子树中最左下的结点。如图 5-16 中结点 A 的后继是 E。

遍历线索二叉树的时间复杂度为 $O(n)$，空间复杂度为 $O(1)$，这是因为线索二叉树的遍历不需要使用栈来实现递归操作。

综上，本节以中序线索二叉树为例讨论了如何构造、遍历线索二叉树，并给出算法的 C 语言描述，先序线索二叉树和后序线索二叉树的构造与遍历，则留给读者思考并完成。

5.5　二叉树、树和森林

前面讲解了树、二叉树的定义和存储结构，很显然对树的约束条件较少，相应地，对树的处理则较为复杂。那么上述诸多适用于二叉树的性质和算法能否被应用于树呢？这就涉及树和二叉树之间的相互转换问题。

再回顾下树的存储结构，采用孩子兄弟表示法可以将一棵树用二叉链表进行存储，所以借助二叉链表，树和二叉树之间可以相互转换。因为从存储结构来看，它们的二叉链表是相同的，只是有不同的解释。因此，通过设定一定的规则，用二叉树来表示树，甚至表示森林都是可行的。

5.5.1 树和二叉树的转换

1. 树转换成二叉树

树转换为二叉树的思路为：树中每个结点最多只有一个最左边的孩子(长子)和一个右邻的兄弟。按照这种关系很自然地就能将树转换成相应的二叉树，其步骤如下。

(1)加线。在所有兄弟结点之间加一条连线。

(2)抹线。对树中每个结点，只保留它与第一个孩子结点的连线，删除它与其他孩子结点之间的连线。

(3)层次调整。以树的根结点为轴心，将整棵树顺时针旋转一定的角度，使之结构层次分明。注意第一个孩子是二叉树结点的左孩子，兄弟转换过来的孩子是结点的右孩子。

例 5-2 将图 5-17(a)所示的树转换为二叉树，其转换步骤如图 5-17(b)～(d)所示。

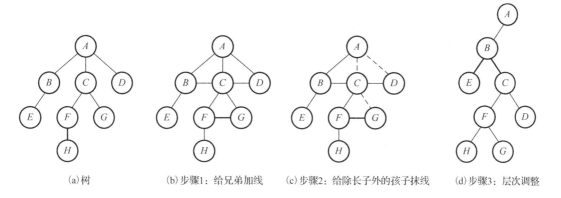

|(a)树|(b)步骤1：给兄弟加线|(c)步骤2：给除长子外的孩子抹线|(d)步骤3：层次调整|

图 5-17 树转换为二叉树示例

注意：由于树的根结点没有兄弟结点，故将树转换为二叉树后，其根结点的右子树必定为空。

2. 二叉树转换为树

二叉树转换为树是树转换为二叉树的逆过程，其步骤如下：

(1)加线。若某结点是其双亲结点的左孩子结点，则将该结点的右孩子结点、右孩子的右孩子结点、……都与该结点的双亲结点用线连接起来。

(2)抹线。删除原二叉树中所有结点与其右孩子结点的连线。

(3)层次调整。整理树的结构层次，使得每个结点的孩子结点都处于相同的层次。

例 5-3 将图 5-18(a)所示的二叉树转换为树，其转换步骤如图 5-18(b)～(d)所示。

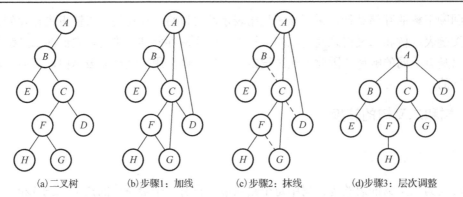

(a)二叉树　　　(b)步骤1：加线　　　(c)步骤2：抹线　　　(d)步骤3：层次调整

图 5-18　二叉树转换为树示例

5.5.2　森林和二叉树的转换

1. 森林转换为二叉树

森林是树的有限集合，可以将森林中的每一棵树都理解为兄弟，按照兄弟的处理方法来操作，这样森林就可以转换为二叉树，其步骤如下。

(1)将森林中的每棵树都转换为二叉树，形成二叉树的森林。

(2)按森林中二叉树的前后次序，依次将后一棵二叉树的根结点作为前一棵二叉树的根结点的右子树，用线连接起来。当所有的二叉树都连接起来后就得到了由森林转换来的二叉树。

例5-4　将图 5-19(a)所示的森林转换为一棵二叉树，其转换步骤如图 5-19(b)和(c)所示。

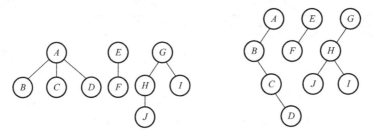

(a)拥有三棵树的森林　　　　　　(b)步骤1：森林中每棵树都转换为二叉树

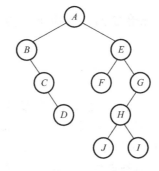

(c)步骤2：将所有二叉树转换为一棵二叉树

图 5-19　森林转换为二叉树示例

容易发现，第一棵树的根结点便是转换后的二叉树的根结点。

2．二叉树转换为森林

判断一棵二叉树能够转换为一棵树还是森林，只要看这棵二叉树的根结点有没有右孩子，有就可以转换为森林，否则只能转换为一棵树。二叉树转换为森林的步骤如下。

（1）从根结点开始，若右孩子存在，则将其与右孩子的连线删除；再查看分离后的二叉树，若右孩子存在，则连线删除，……这样可以得到二叉树的森林。

（2）将森林中的每棵二叉树都转换为树，得到树的森林。

例 5-5　将图 5-20（a）所示的二叉树转换为森林，其转换步骤如图 5-20（b）和（c）所示。

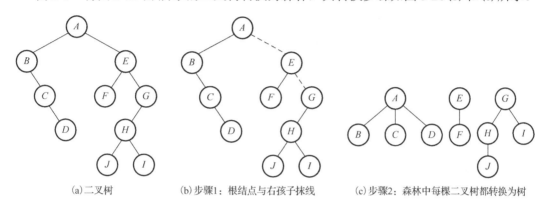

(a) 二叉树　　　　　　(b) 步骤1：根结点与右孩子抹线　　　　(c) 步骤2：森林中每棵二叉树都转换为树

图 5-20　二叉树转换为森林示例

5.5.3　树和森林的遍历

1．树的遍历

树的遍历分为以下两种方式。

先根遍历：先访问树的根结点，然后依次先根遍历树的每棵子树。

后根遍历：先依次后根遍历树的每棵子树，然后访问根结点。

对图 5-17（a）所示的树进行先根遍历，可得先根遍历序列为 *ABECFHGD*，这与图 5-17（d）所示的二叉树的先序遍历结果相同。若对此树进行后根遍历，可得后根遍历序列为 *EBHFGCDA*，这与图 5-17（d）所示的二叉树的中序遍历结果相同。

2．森林的遍历

同样地，森林的遍历也分为以下两种方式。

先序遍历：先访问森林中第一棵树的根结点，再先序遍历第一棵树的根结点的子树森林，最后先序遍历除去第一棵树之后剩余的树构成的森林。

中序遍历：先中序遍历森林中第一棵树的根结点的子树森林，再访问第一棵树的根结点，最后中序遍历除去第一棵树之后剩余的树构成的森林。

对图 5-19（a）所示的森林进行先序遍历，可得先序遍历序列为 *ABCDEFGHJI*，这与图 5-19（c）所示的二叉树的先序遍历结果相同。若对此森林进行中序遍历，可得中序遍历序列为 *BCDAFEJHIG*，这与图 5-19（c）所示的二叉树的中序遍历结果相同。

通过上面的分析就会发现树、森林的遍历与二叉树的遍历之间存在对应关系，如表 5-2 所示。也就是说，当以二叉链表作为树的存储结构时，树的先根遍历和后根遍历完全可以借用二叉树的先序遍历和中序遍历的算法来实现。这也再次证实了，通过树、森林和二叉树之间的相互转换，我们找到了对树和森林这种复杂问题的简单解决之道。

表 5-2 树、森林和二叉树遍历的对应关系

树	森林	二叉树
先根遍历	先序遍历	先序遍历
后根遍历	中序遍历	中序遍历

5.6 哈夫曼树及其应用

5.6.1 哈夫曼树的基本概念

在介绍哈夫曼树之前，下面先给出树的一些概念的定义。

路径：从树中一个结点到另一个结点之间分支构成这两个结点之间的路径。

路径长度：路径上的分支数目称为路径长度。

树的路径长度：从树根到每一结点的路径长度之和。

权：赋予某个实体的一个量，是对实体的某个或某些属性的数值化描述。在数据结构中，有结点权和边权，其具体含义由具体情况决定。

结点的带权路径长度：从该结点到树根之间的路径长度与结点上权的乘积。

树的带权路径长度：树中所有叶子结点的带权路径长度之和称为树的带权路径长度 WPL（Weighted Path Length），通常记作 $WPL = \sum_{k=1}^{n} w_k l_k$。

假设有 n 个权值 $\{w_1, w_2, \cdots, w_n\}$，构造一棵有 n 个叶子结点的二叉树，每个叶子结点的权为 w_k，每个叶子结点的路径长度为 l_k，则其中 WPL 最小的二叉树称作哈夫曼树，又称最优二叉树。

例 5-6 图 5-21 中所示的 3 棵二叉树，都含有 4 个叶子结点[①]，其权值分别为 2、4、5、8，则它们的带权路径长度分别如图 5-21 所示。

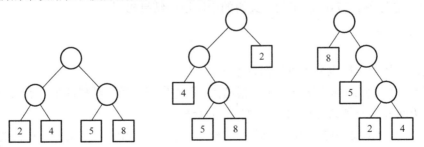

(a) WPL=2×2+4×2+5×2+8×2=38　　(b) WPL=4×2+5×3+8×3+2×1=49　　(c) WPL=2×3+4×3+5×2+8×1=36

图 5-21 具有不同带权路径长度的二叉树

---

① 为方便查看，叶子结点用方框表示，分支结点用圆圈表示。

其中以图 5-21(c)的 WPL 最小。可以验证，它恰为哈夫曼树。从上面的例子还可以发现，在哈夫曼树中，权值越大的叶子结点离根结点越近，这也是哈夫曼编码的核心思想。

5.6.2　哈夫曼树的构造

给定 n 个带权的结点，其权值分别为 $w_1, w_2, \cdots, w_n$，构造以这 n 个结点为叶子结点的哈夫曼树，其步骤如下。

(1)根据给定的 n 个权值，构造 n 棵只有根结点的二叉树，这 n 棵二叉树构成一个森林 F。

(2)在森林 F 中选取两棵根结点的权值最小的树作为左、右子树构造一棵新的二叉树，且置新的二叉树的根结点的权值为其左、右子树上根结点的权值之和。这是哈夫曼算法采取的贪心策略。

(3)在森林 F 中删除这两棵树，同时将新得到的二叉树加入 F 中。

(4)重复步骤(2)和(3)，直到 F 只含一棵树为止。这棵树就是哈夫曼树。

例 5-7　图 5-22 为图 5-21(c)所示的哈夫曼树的构造过程。

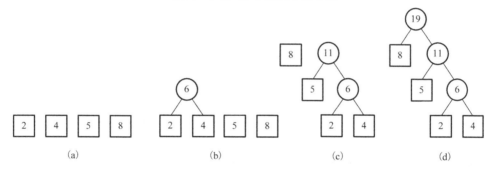

图 5-22　哈夫曼树的构造过程

需要强调的是：n 个带权叶子结点构成的哈夫曼树，其 WPL 是唯一的，但哈夫曼树的形态并不唯一。因为步骤(2)将森林中两棵根结点的权值最小和次小的树合并时，并没有严格规定哪棵作为左子树，哪棵作为右子树。当然，为了便于讨论交流，不妨规定权值最小的树作为左子树，权值次小的树作为右子树。

5.6.3　哈夫曼树的应用

哈夫曼树在通信、编码和数据压缩等技术领域有着广泛的应用。

例 5-8　远距离通信中数据传输的优化问题。假设待发送的电报内容为 "ANTBEECAT"，只包含 A、B、C、E、N、T 六种字符，如果采用等长编码[①]，每个字符编码取 3 位即可，表 5-3 为一种等长编码方案。上述电文 9 个字符，其编码总长度为 9×3=27 位。但这并非最优的编码方案。

表 5-3　编码方案

字符	A	B	C	E	N	T
二进制编码	000	001	010	011	100	101

---

① 在数据通信、数据压缩问题中，将数据文件转换成由二进制字符 0、1 组成的二进制串，称为编码。

如果在编码时考虑字符出现的频率，使频率高的字符采用尽可能短的编码，频率低的字符采用稍长的编码，来构造一种不等长(变长)编码，则会获得更好的空间效率，这也是文件压缩技术的核心思想。为了确保对数据文件进行有效的压缩和对压缩文件进行正确的解码，可以利用哈夫曼树来设计二进制编码。

一般地，设需要编码的字符集为$\{d_1, d_2, \cdots, d_n\}$，各个字符在电文中出现的次数或者频率集合为$\{w_1, w_2, \cdots, w_n\}$，以$d_1, d_2, \cdots, d_n$作为叶子结点，以$w_1, w_2, \cdots, w_n$作为相应叶子结点的权值来构造一棵哈夫曼树。不妨约定：哈夫曼树的左分支代表 0，右分支代表 1，则从根结点到

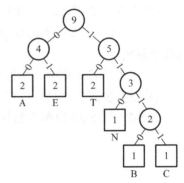

叶子结点所经过的路径分支组成的 0 和 1 的序列便为该结点对应字符的编码，这就是哈夫曼编码。哈夫曼编码是一种前缀编码，即在不等长编码中，任何一个字符编码都不是另一个字符编码的前缀。由于编解码须采用相同的哈夫曼编码规则，前缀编码可以保证对压缩文件进行解码时不会产生二义性，确保能正确解码。

回到例 5-8，A、B、C、E、N、T 这六种字符在电文中出现的次数分别为 2、1、1、2、1、2，将其作为 6 个叶子结点的权值构造如图 5-23 所示的哈夫曼树。其哈夫曼编码方案如表 5-4 所示。

图 5-23   电文的哈夫曼树

表 5-4   哈夫曼编码方案

字符	A	B	C	E	N	T
二进制编码	00	1110	1111	01	110	10

因此，电文采用哈夫曼编码方案时，编码总长度=$2 \times 2 + 1 \times 4 + 1 \times 4 + 2 \times 2 + 1 \times 3 + 2 \times 2 = 23$，这无疑优于表 5-3 的等长编码方案。实际上，可以证明哈夫曼编码是最优前缀编码，感兴趣的读者可以参考《算法导论》等相关文献。

5.6.4   哈夫曼编码的算法实现

1. 数据结构设计

为了确定合适的数据结构，编程之前需要考虑的因素如下：

(1)哈夫曼树中没有度为 1 的结点，则一棵有 n 个结点的哈夫曼树共有 $2n-1$ 个结点(经历 $n-1$ 次"合并"，每次都将产生一个新结点)。

(2)创建哈夫曼树，求叶子结点的哈夫曼编码需要从叶子结点出发，向上回溯至根结点为止。

(3)译码需要从哈夫曼树的根结点出发走一条从根结点到叶子结点的路径。

因此，对于每个结点而言，需要知道其权值、双亲、左右孩子和结点信息。结点形式可设计如图 5-24 所示，其数据结构可定义如下：

```
typedef char ElementType;              //定义二叉树结点的数据类型为字符型
typedef struct HNode {
    int weight;                        //结点的权值
```

```
    int parent, lchild, rchild;                    //结点的双亲、左孩子、右孩子的下标
    ElementType data;                              //结点的数据信息
} HNODE, *HuffmanTree;                            //哈夫曼树的结点结构
```

weight	parent	lchild	rchild	data

图 5-24　哈夫曼树的结点形式

哈夫曼树的所有结点可以存储在一个大小为 $2n-1$ 的一维数组中，为了实现方便，数组的 0 号单元不使用，从 1 号单元开始使用，所以数组大小设定为 $2n$。将叶子结点集中存储在前面 $1{\sim}n$ 号单元，第 $n+1$ 号之后的 $n-1$ 个单元用于存储新产生的非叶子结点。

2. 构造哈夫曼树

构造哈夫曼树算法可以分为以下两个步骤。

(1) 初始化。首先动态申请 $2n$ 个单元；然后循环 $2n-1$ 次，从 1 号单元开始，依次将 $1{\sim}2n-1$ 所有单元的双亲结点、左右孩子结点的下标都初始化为 0；最后循环 n 次，输入前 n 个单元中叶子结点的权值。

(2) 创建哈夫曼树。循环 $n-1$ 次，通过 $n-1$ 次的选择、删除与合并来创建哈夫曼树。选择是从当前森林中选择双亲下标为 0 且权值最小的两个树根结点 $s1$ 和 $s2$；删除是指将 $s1$ 和 $s2$ 的双亲下标改为非 0；合并就是将 $s1$ 和 $s2$ 的权值之和作为一个新结点的权值依次存入数据的第 $n+1$ 号之后的单元中，同时记录该新结点左孩子的下标为 $s1$，右孩子的下标为 $s2$。

3. 哈夫曼编码

在构造哈夫曼树之后，求哈夫曼编码的主要思想是：依次以叶子结点为出发点，向上回溯至根结点为止。回溯时走左分支则生成代码 0，走右分支则生成代码 1。

由于哈夫曼编码是不等长编码，各字符的编码串长度不相等，因此可以使用一个指针数组来存放每个字符编码串的首地址(基址)。

```
typedef char **HuffmanCode;                       //动态分配数组存储各字符的哈夫曼编码表
```

各字符的哈夫曼编码存储在由 HuffmanCode 定义的动态分配的数组 hc 中，同样地，为了实现方便，数组的 0 号单元不使用，从 1 号单元开始使用，所以数组 hc 的大小为 $n+1$，即编码表 hc 包含 $n+1$ 行。由于每个字符编码的长度事先无法确定，因此考虑用一个长度为 n 的一维数组 cd 临时存放当前正在求解的第 $i(1{\leqslant}i{\leqslant}n)$ 个字符编码，待该字符编码求解完毕，再根据其实际编码串长度动态分配 hc[i] 的空间，然后将数组 cd 中的编码串复制到 hc[i] 中。

由于求解编码是向上回溯的过程，因此对于每个结点，得到的编码顺序是自右向左的，故将编码存入数组 cd 时也应该是从后往前的，即从 cd[$n-2$] 至 cd[1]，cd[$n-1$] 用于存放字符串结束标志'\0'。

4. 算法实现

基于上述的分析过程，下面给出构造哈夫曼树和哈夫曼编码的算法实现，如代码 5-7 所示。

代码 5-7　哈夫曼编码

```c
#include <stdio.h>
#include <stdlib.h>
#include <string.h>
#define INFINITY 142857                          //设定权值上限，表示∞
typedef char ElementType;                        //定义顶点的数据类型为字符型
typedef struct HNode {
    int weight;                                  //结点的权值
    int parent, lchild, rchild;                  //结点的双亲、左孩子、右孩子的下标
    ElementType data;                            //结点的数据信息
} HNODE, *HuffmanTree;                            //哈夫曼树的结点结构
typedef char **HuffmanCode;                       //动态分配数组存储各字符的哈夫曼编码表

//在 ht[i](1≤i≤n)中选择两个其双亲域为 0 且权值最小的结点，并通过 s1 和 s2 返回它们在 ht 中的下标。该
函数也可通过最小堆方便地实现，感兴趣的读者可参阅本书 8.4.2 节堆排序
void SelectMinTwo(HuffmanTree ht, int n, int *s1, int *s2)
{
    int i, x1, x2;                               //x1 为权值最小结点的下标, x2 为权值次小结点的下标
    int w1, w2;                                  //w1 为权值最小结点的权值，w2 为权值次小结点的权值
    w1 = w2 = INFINITY;                          //初始化为权值上限
    x1 = x2 = 0;                                 //下标初始化为 0
    for (i = 1; i <= n; i++)                     //找出所有结点中权值最小、无双亲结点的两个结点
    {
        if (ht[i].parent == 0)                   //首先必须是无双亲结点
        {
            if (ht[i].weight < w1)               //ht[i]的权值<当前最小权值
            {
                w2 = w1;                         //则最小的变为次小
                x2 = x1;                         //下标跟着改变
                w1 = ht[i].weight;               //新的最小权值
                x1 = i;                          //新的权值最小结点的下标
            }
            else if (ht[i].weight < w2)          //ht[i]的权值≥当前最小权值，且<当前次小权值
            {
                w2 = ht[i].weight;               //则取代次小权值结点
                x2 = i;
            }
        }
    }
    if (x1) *s1 = x1;                            //若 x1 不等于 0, 通过 s1 返回权值最小的结点下标
    if (x2) *s2 = x2;                            //若 x2 不等于 0, 通过 s2 返回权值次小的结点下标
}
//构造含 n 个叶子结点的哈夫曼树
HuffmanTree CreateHuffmanTree(int n)
{
    int i, s1, s2;
```

```
        HuffmanTree ht;
        if (n < 2) return NULL;                    //叶子结点数小于 2，返回 NULL
        ht = (HuffmanTree) malloc (sizeof (HNODE) * (2 * n));
        //0 号单元未用，需要动态分配 2n 个单元，ht[2n–1]表示根结点
        for (i = 1; i <= 2 * n – 1; i++)           //遍历 1～2n–1 号单元
            //将其双亲、左右孩子的下标都初始化为 0
            ht[i].parent = ht[i].lchild = ht[i].rchild = 0;
        for (i = 1; i <= n; i++)
        {
            printf("请输入第%d 个叶子结点的字符和权值(以空格隔开)：", i);
            getchar();                             //清除键盘缓冲区，避免对后续字符输入造成影响
            //注：在某些编译环境中，fflush (stdin) 函数可能会无效或失效。在这种情况下，可以使用 getchar
            函数来清除键盘缓冲区中的单个字符，需要注意的是，每次调用只能清除一个字符
            scanf("%c%d", &ht[i].data, &ht[i].weight);
        }
        for (i = n + 1; i <= 2 * n – 1; i++)       //通过 n–1 次的选择、删除、合并来创建哈夫曼树
        {
            //选择：在 ht[k](1≤k≤i–1)中选择两个其双亲域为 0 且权值最小的结点，并返回它们在 ht 中的下
            标 s1 和 s2
            SelectMinTwo (ht, i – 1, &s1, &s2);
            ht[s1].parent = ht[s2].parent = i;     //删除：生成新结点 i，将 ht[s1]和 ht[s2]的双亲设置为 i
            ht[i].lchild = s1;                     //合并：s1 作为 i 的左孩子
            ht[i].rchild = s2;                     //s2 作为 i 的右孩子
            //i 的权值为左右孩子权值之和
            ht[i].weight = ht[s1].weight + ht[s2].weight;
        }
        return ht;
    }
//从叶子结点到根结点逆向求每个字符的哈夫曼编码，存储在编码表 hc 中
HuffmanCode CreateHuffmanCode (HuffmanTree ht, int n)
{
    int i, start, child, parent;
    char *cd;                                  //字符编码串
    //分配存储 n 个字符编码的编码表空间
    HuffmanCode hc = (HuffmanCode) malloc (sizeof (char *) * (n + 1));
    //分配临时存放字符编码的动态数组空间，大小为 n，字符编码长度不会超过 n–1
    cd = (char *) malloc (sizeof (char) * n);
    cd[n–1] = '\0';                            //设置字符编码串结束符
    for (i = 1; i <= n; i++)                   //逐个字符求哈夫曼编码
    {
        //start 指向待写入代码位置，初始指向最后，即编码串结束符位置
        start = n – 1;
        //变量 child 记录从叶子结点向上回溯至根结点所经过的结点下标，初始为当前待编码字符的下标 i
        child = i;
        parent = ht[child].parent;            //变量 parent 用于记录 child 的双亲结点的下标
        while (parent != 0)                   //从叶子结点开始向上回溯，直至根结点
        {
```

```
                start—;                         //回溯一次 start 向前移动一个位置
                if (ht[parent].lchild == child)  //若结点 child 是 parent 的左孩子
                    cd[start] = '0';             //则生成代码 0
                else cd[start] = '1';            //否则，说明结点 child 是 parent 的右孩子，则生成代码 1
                child = parent;                  //继续向上回溯
                parent = ht[child].parent;
            }
            //为第 i 个字符编码串分配空间
            hc[i] = (char *) malloc (sizeof(char) * (n – start));
            strcpy (hc[i], &cd[start]);          //将求得的编码从临时空间 cd 复制到 hc 的当前行中
        }
        free (cd);                               //释放临时空间
        return hc;
}
int main (void)
{
        int n, i;
        HuffmanTree ht;
        HuffmanCode hc;
        printf("请输入叶子结点数：");
        scanf("%d", &n);
        ht = CreateHuffmanTree (n);              //以输入的叶子结点构造哈夫曼树
        hc = CreateHuffmanCode (ht, n);          //求每个叶子结点的哈夫曼编码
        printf("哈夫曼编码方案：\n");
        for (i = 1; i <= n; i++)                 //依次输出各个叶子结点的编码
            printf("字符%c 的编码：%s\n", ht[i].data, hc[i]);
        return 0;
}
```

执行上述算法，输入例 5-8 中的数据，可以得到如图 5-25 所示的编码方案。

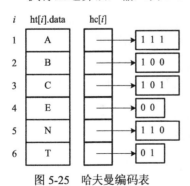

图 5-25 哈夫曼编码表

显然，该哈夫曼编码方案不同于表 5-4 所示的编码方案，但它们的编码总长度都等于 23，这也再次证明了哈夫曼树的形态并不唯一。

对编码后的文件进行译码的过程必须借助于哈夫曼树。具体过程是：依次读入文件的二进制编码，从哈夫曼树的根结点（即 ht[2n–1]）出发，若当前读入 0，则走向左孩子结点，否则走向右孩子结点。一旦到达某一叶子结点 ht[i] 时便译出了相应的字符编码 hc[i]，其对应的字符为 ht[i].data。然后重新从根出发继续译码，直至文件结束。

5.7 本 章 小 结

树和二叉树是一类具有层次关系的非线性数据结构，本章主要讲述了树的基本概念和存储方式，重点介绍了二叉树的基本性质和二叉树的遍历及应用，具体内容如图 5-26 所示。

逻辑结构: 分支层次非线性结构

树 存储结构 顺序存储: 双亲表示法
链式存储: 孩子表示法、孩子兄弟表示法(常用)

相关概念: 结点、双亲、孩子、兄弟、祖先、子孙、层次、度、深度、森林等

二叉树 性质: 结点数、深度(高度)、层次、单支树、满二叉树、完全二叉树

遍历 先序遍历、中序遍历、后序遍历
层序遍历

应用: 线索二叉树、哈夫曼树(编码)、树(森林)与二叉树的转换、遍历序列确定二叉树

图 5-26　树和二叉树的主要内容

学习完本章后，要求掌握二叉树的性质和存储结构，熟练掌握二叉树的先序、中序、后序、层序遍历算法，掌握线索化二叉树的基本概念和构造方法。熟练掌握哈夫曼树和哈夫曼编码的构造方法。能够根据二叉树的两种遍历序列确定二叉树。掌握树、森林与二叉树之间的相互转换方法。

习　题

5.1　在一棵度为 3 的树中，度为 2 的结点个数是 1，度为 0 的结点个数是 6，则度为 3 的结点个数是多少？

5.2　如图 5-27 所示的二叉树：(1)写出这棵二叉树的先序、中序、后序遍历序列；(2)画出这棵二叉树的先序、中序、后序线索树。

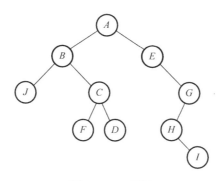

图 5-27　二叉树

5.3　已知一棵二叉树的先序遍历序列为 *ABDCEFG*，中序遍历序列为 *DBCAFEG*，请画出这棵二叉树，并写出其后序遍历序列。

5.4　已知一个森林 *F* 转换成的二叉树的先序遍历序列为 *ABCDEFGHIJKL*，中序遍历序列为 *CBEFDGAJIKLH*。请画出森林 *F*。

5.5　编写算法判断一棵二叉树是否为完全二叉树。

5.6　以二叉链表作为二叉树的存储结构，编写以下算法：

(1)统计二叉树的叶子结点个数。

(2)判别两棵二叉树是否相等。

(3)交换二叉树中每个结点的左孩子和右孩子。

(4)在二叉树中查找值为 *x* 的结点，并返回该结点在树中的层数。

5.7　以二叉链表作为二叉树的存储结构，编写算法计算二叉树最大的宽度（二叉树的最大宽度是指二叉树所有层中结点个数的最大值）。

5.8　用按层次顺序遍历二叉树的方法，编写算法统计二叉树中度为 1 的结点个数。

5.9　已知一组权值分别为 3、12、7、4、2、8、11 的叶子结点，请构造出哈夫曼树，并计算其 WPL。

5.10　假设一个文本使用的字符集为 {a, b, c, d, e, f, g}，这些字符在文本中出现的频率分别为 {3, 35, 13, 15, 20, 5, 9}。

(1)试为这 7 个字符设计哈夫曼编码。

(2)试设计另一种由二进制表示的等长编码方案。

(3)对于上述实例，比较两种方案的优缺点。

第6章 图

图(Graph)是一种比线性表和树更为复杂的数据结构。在线性表中，数据元素之间仅有线性关系，除了第一个和最后一个数据元素，每个数据元素只有一个直接前驱和一个直接后继；在树形结构中，结点之间具有分支层次关系，并且每一层的结点最多只能和上一层中一个结点(即其双亲结点)相关，但可能和下一层中多个结点(即其孩子结点)相关；而在图状结构中，顶点之间的关系可以是任意的，图中任意两个顶点之间都可能相关，通俗地讲，图更像是一张"网"。因此，图状结构被用于描述各种复杂的数据对象，在自然科学、社会科学和人文科学等许多领域都有着非常广泛的应用。

6.1 图的定义和术语

图 G 是由顶点的有穷非空集合 V 和顶点之间边的集合 E 组成的，通常记作 $G=(V, E)$，其中，G 表示一个图，V 是图 G 中顶点的有穷非空集合，E 是图 G 中边的集合。

关于图的定义，与以前的线性表和树比较，有以下两点需要先明确：

(1)在线性表中，数据对象一般称为元素；在树中，将数据对象称为结点；而在图中，数据对象被称作顶点。

(2)线性表中可以没有数据对象，此时称为空表；没有数据对象的树称为空树；而在图中，至少要求有一个顶点，但边集可以为空。

下面以图 6-1 为例，介绍图结构中的一些常用术语。

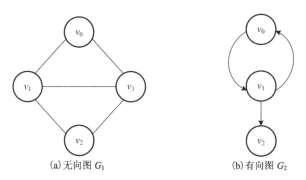

(a)无向图 G_1 (b)有向图 G_2

图 6-1   无向图和有向图

(1)顶点、边、弧、弧头、弧尾。在图中的数据元素，称为顶点(Vertex)；如果顶点 v_i 和顶点 v_j 之间有一条直接连线，则称它们之间有一条边。在有向图中，顶点对 $<v_i,v_j>$ 是有序的，它称为从顶点 v_i 到顶点 v_j 的一条有向边。边 $<v_i,v_j>$ 又称为一条弧(Arc)，其中，v_i 为弧尾，v_j 为弧头。

(2)无向边、无向图。若顶点 v_i 和顶点 v_j 之间的边没有方向 (v_i,v_j)，则称这条边为无向边(Edge)，用无序偶对 (v_i,v_j) 来表示，称为与顶点 v_i 和顶点 v_j 相关联的一条边，顶点 v_i 和顶

点 v_j 互为邻接点(Adjacent Vex),而边则依附于顶点 v_i 和顶点 v_j。如果图中任意两个顶点之间的边都是无向边,则称该图为无向图(Undirected Graph)。对于图 6-1(a)所示的无向图 G_1 来说,$G_1=(V_1, E_1)$,其中顶点集合 $V_1=\{v_0, v_1, v_2, v_3\}$,边集合 $E_1=\{(v_0, v_1), (v_0, v_3), (v_1, v_2), (v_1, v_3), (v_2, v_3)\}$。

(3)有向边、有向图。若从顶点 v_i 到顶点 v_j 的边有方向,则称这条边为有向边,也称为弧(Arc),用有序偶对 $<v_i, v_j>$ 来表示,v_i 称为弧尾,v_j 称为弧头。如果图中任意两个顶点之间的边都是有向边,则称该图为有向图(Directed Graph)。对于图 6-1(b)所示的有向图 G_2 来说,$G_2=(V_2, E_2)$,其中顶点集合 $V_2=\{v_0, v_1, v_2\}$,边集合 $E_2=\{<v_0, v_1>, <v_1, v_0>, <v_1, v_2>\}$。

(4)无向完全图。在无向图中,如果任意两个顶点之间都存在边,则称该图为无向完全图(Undirected Complete Graph)。含有 n 个顶点的无向完全图有 $n(n-1)/2$ 条边。

(5)有向完全图。在有向图中,如果任意两个顶点之间都存在方向相反的两条弧,则称该图为有向完全图(Directed Complete Graph)。含有 n 个顶点的有向完全图有 $n(n-1)$ 条边。

(6)简单图。如果图中出现重边(即边的集合 E 中有相同的重复元素)或者自回路边(即边的起点和终点是同一个顶点),就称为非简单图,如图 6-2 所示。它们均不在本书的讨论范围内,本书考虑的都是简单图(Simple Graph)。

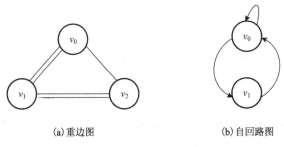

(a)重边图　　　　　　　　　　　(b)自回路图

图 6-2　非简单图示例

(7)稀疏图、稠密图。边数或弧数很少(如 $e<n\log_2 n$)的图称为稀疏图(Sparse Graph);反之称为稠密图(Dense Graph)。

(8)顶点的度、入度、出度。顶点 v 的度(Degree)是指和 v 相关联的边的数目,通常记为 $\text{TD}(v)$。例如,图 6-1(a)中 G_1 的顶点 v_1 的度为 3。对于有向图,顶点 v 的度分为入度与出度。入度是指以顶点 v 为头的弧的数目,记为 $\text{ID}(v)$;出度是指以顶点 v 为尾的弧的数目,记为 $\text{OD}(v)$。顶点 v 的度为 $\text{TD}(v)=\text{ID}(v)+\text{OD}(v)$[①]。例如,图 6-1(b)中 G_2 的顶点 v_1 的入度 $\text{ID}(v_1)=1$,出度 $\text{OD}(v_1)=2$,度 $\text{TD}(v_1)=\text{ID}(v_1)+\text{OD}(v_1)=3$。一般地,对于一个具有 n 个顶点、e 条边的无向图,顶点 v_i 的度 $\text{TD}(v_i)$ 与顶点的个数以及边的条数满足如下关系:

$$e=\frac{1}{2}\sum_{i=0}^{n-1}\text{TD}(v_i)$$

换句话说,无向图中的每条边都为各顶点的总度数"贡献"2 度,因此,边的数目等于各顶点的总度数除以 2。

(9)权、网。与图的边或弧相关的数称为该边或弧的权(Weight)或代价(Cost)。在实际应用中,权值可以表示某种具体的含义。例如,在城市交通线路图中,边上的权值可以表示该

---

① TD 是 Total Degree 的缩写,ID 是 In-degree 的缩写,OD 是 Out-degree 的缩写。

条线路的长度或者运费等；对于工程项目进度图而言，边上的权值可以表示从前一个工程到后一个工程所需要的时间等。带权的图称为网(Network)。如图 6-3(a)所示，G_3 就是一个无向网；如图 6-3(b)所示，G_4 则是一个有向网。

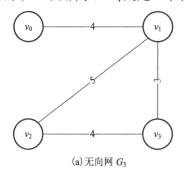 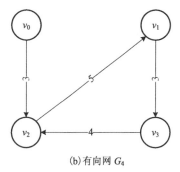

图 6-3　无向网和有向网

(10) 路径、路径长度。在无向图 G 中，从顶点 v_s 到顶点 v_d 的路径(Path)是一个顶点序列 $(v_s, v_{p1}, v_{p2}, \cdots, v_{pm}, v_d)$，其中，$(v_s, v_{p1})$、$(v_{p1}, v_{p2})$、$\cdots$、$(v_{p,m-1}, v_{pm})$、$(v_{pm}, v_d)$ 均为图中的边。如果 G 是有向图，则路径也是有向的。一条路径上经过的边或弧的数目称为路径长度。如图 6-3(a)所示的无向图 G_3 中，(v_0, v_1, v_2, v_3) 与 (v_0, v_1, v_3) 是从顶点 v_0 到顶点 v_3 的两条路径，路径长度分别为 3 和 2。

(11) 简单路径、回路、简单回路。序列中顶点不重复出现的路径称为简单路径(Simple Path)。第一个顶点和最后一个顶点相同的路径称为回路或环(Cycle)。在图 6-3(a)中，v_0 到 v_3 的两条路径都为简单路径。除了第一个顶点与最后一个顶点之外，其余顶点不重复出现的回路称为简单回路或简单环。如图 6-3(b)中的 (v_1, v_3, v_2, v_1)。

(12) 子图。假设有两个图 $G=(V, E)$，$G'=(V', E')$，若存在 V' 是 V 的子集，E' 是 E 的子集，则称图 G' 是 G 的一个子图(Subgraph)。例如，图 6-4(a)所示为图 6-1(a)中 G_1 子图的一些例子，图 6-4(b)所示为图 6-1(b)中 G_2 子图的一些例子。显然，任意一个图都是其自身的子图。

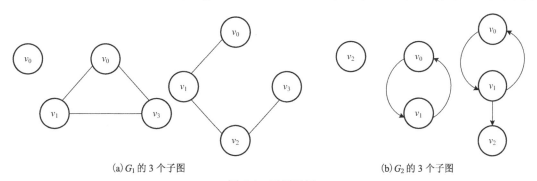

图 6-4　子图示例

(13) 连通、连通图、连通分量。在无向图 G 中，如果顶点 v_s 到顶点 v_d 有路径，则称 v_s 和 v_d 是连通(Connected)的。如果图中的任意两个顶点都是连通的，则称该图是连通图(Connected Graph)。连通分量(Connected Component)，指的是无向图中的极大连通子图。图 6-1(a)中的 G_1 就是一个连通图，而图 6-5(a)中的 G_5 则是非连通图，但 G_5 有 3 个连通分量，如图 6-5(b)所示。

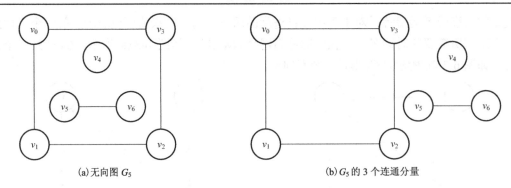

(a)无向图 G_5 (b) G_5 的 3 个连通分量

图 6-5　无向图 G_5 及其连通分量

(14)强连通图、强连通分量。在有向图 G 中，若对于图中任意一对顶点 v_s、v_d，$v_s \neq v_d$，从顶点 v_s 到顶点 v_d 和从顶点 v_d 到顶点 v_s 都存在路径，则称 G 是强连通图(Strongly Connected Graph)。有向图中的极大强连通子图称为强连通分量(Strongly Connected Component)。例如，图 6-1(b)中的 G_2 不是强连通图，但它有 2 个强连通分量，如图 6-6 所示。

极大(强)连通子图的意思是如果在该连通子图中再加入一个顶点，该子图将不再(强)连通。例如，在图 6-6(a)所示的强连通分量中加入 v_0 或者 v_1，则该子图将不再强连通；同样，若在图 6-6(b)所示的强连通分量中加入 v_2，则该子图也将不再强连通。

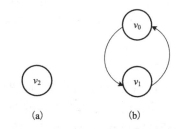

(a)　　　　(b)

图 6-6　有向图 G_2 的 2 个强连通分量

(15)连通图的生成树。连通图 G 的生成树指的是 G 的一个含有其全部顶点的极小连通子图。一棵有 n 个顶点的生成树有且仅有 $n-1$ 条边。图 6-4(a)第 3 个子图显示了图 G_1 的一棵生成树。极小连通子图的意思是，如果在该连通子图中删除任何一条边，该子图将不再连通。

(16)生成森林。在非连通图中，由各个连通分量的生成树构成的集合。例如，图 6-5(b)中 G_5 的 3 个连通分量，每个连通分量都可以得到一棵生成树，构成生成森林，如图 6-7 所示。

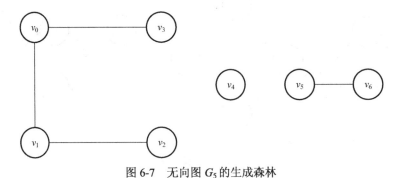

图 6-7　无向图 G_5 的生成森林

6.2　图的抽象数据类型

图是一种数据结构，加上一组基本操作，就构成了抽象数据类型。图的抽象数据类型可定义如下：

ADT Graph {

　　数据对象：V 是有穷非空的顶点集合。

　　数据关系：$R = \{VR\}, VR = \{<u,v>|u,v \in V$ 且 $P(u,v)$,

　　　　　　　其中 $<u,v>$ 表示从 u 到 v 的弧，谓词 $P(u,v)$ 定义了弧 $<u,v>$ 的意义或信息}

　　基本操作：

　　　　CreateGraph (Graph *G, V, VR)：按图的顶点集合 V 和弧的集合 VR 的定义构造图 G。

　　　　DestroyGraph (Graph *G)：若图 G 存在，则销毁图 G。

　　　　LocateVex (Graph *G, u)：若 G 中存在顶点 u，则返回该顶点在图中的位置；否则返回特殊错误标志 ERROR。

　　　　GetVex (Graph *G, u)：若图 G 存在，则返回 G 中顶点 u 的值。

　　　　PutVex (Graph *G, u, value)：若图 G 存在，对 G 中顶点 u 赋值 value。

　　　　FirstAdjVex (Graph *G, u)：若图 G 存在，则返回 G 中顶点 u 的第一个邻接顶点。若顶点 u 在 G 中没有邻接顶点，则返回 ERROR。

　　　　NextAdjVex (Graph *G, u, v)：若图 G 存在，v 是 G 中顶点 u 的邻接顶点，则返回 u 的下一个(相对于 v)邻接顶点。若 v 是 u 的最后一个邻接顶点，则返回 ERROR。

　　　　InsertVex (Graph *G, u)：若图 G 存在，则在图 G 中插入新的顶点 u。

　　　　DeleteVex (Graph *G, u)：若图 G 存在，则删除 G 中顶点 u 及其相关的弧。

　　　　InsertAcr (Graph *G, u, v)：若图 G 存在，则在 G 中的两个顶点 u 和 v 之间增添弧 $<u,v>$，若 G 是无向图，则还增添对称弧 $<v,u>$。

　　　　DeleteArc (Graph *G, u, v)：若图 G 存在，则在 G 中删除顶点 u 和 v 之间的弧 $<u,v>$，若 G 是无向图，则还删除对称弧 $<v,u>$。

　　　　DFS (Graph *G, u, *Visit ( ))：若图 G 存在，则从 G 中顶点 u 起对图进行深度优先遍历，并对每个顶点调用 Visit ( ) 函数一次且仅一次。一旦 Visit ( ) 失败，则操作失败。

　　　　BFS (Graph *G, u, *Visit ( ))：若图 G 存在，则从 G 中顶点 u 起对图进行广度优先遍历，并对每个顶点调用 Visit ( ) 函数一次且仅一次。一旦 Visit ( ) 失败，则操作失败。

}

6.3　图的存储结构

　　图的结构较为复杂，图中任意两个顶点之间都可能存在关系。如果采用顺序存储，则需要借助二维数组来表示元素之间的关系，即邻接矩阵(Adjacency Matrix)表示法；如果采用链式存储，则有邻接表、十字链表和邻接多重表等多种表示方法。其中，邻接矩阵和邻接表是最简单且最常用的存储方法。

6.3.1　邻接矩阵

　　邻接矩阵是表示顶点之间邻接关系和权值的矩阵。邻接矩阵的存储方法是用两个数组来表示图：一个一维数组存储图中顶点的信息，另一个二维数组存储图中的边或弧的信息。这个存储图中顶点之间邻接关系和权值的二维数组称为邻接矩阵。

设 $G(V,E)$ 是具有 n 个顶点的图，则 G 的邻接矩阵是具有如下性质的 n 阶方阵：

$$A[i][j] = \begin{cases} 1, & \text{若}(v_i,v_j)\text{或}<v_i,v_j>\in E \\ 0, & \text{其他} \end{cases} \tag{6-1}$$

例如，图 6-1 中的无向图 G_1 和有向图 G_2 的邻接矩阵如图 6-8 所示。

$$G_1 = \begin{bmatrix} 0 & 1 & 0 & 1 \\ 1 & 0 & 1 & 1 \\ 0 & 1 & 0 & 1 \\ 1 & 1 & 1 & 0 \end{bmatrix} \qquad G_2 = \begin{bmatrix} 0 & 1 & 0 \\ 1 & 0 & 1 \\ 0 & 0 & 0 \end{bmatrix}$$

(a) 图 G_1 的邻接矩阵　　　　　　　　(b) 图 G_2 的邻接矩阵

图 6-8　图的邻接矩阵示例

若 G 是网，则邻接矩阵可以定义为

$$A[i][j] = \begin{cases} w_{ij}, & \text{若}(v_i,v_j)\text{或}<v_i,v_j>\in E \\ \infty, & \text{其他} \end{cases} \tag{6-2}$$

式中，w_{ij} 为边上的权值；∞ 为计算机允许的、大于所有边上权值的数。

例如，图 6-9 为一个有向网和它的邻接矩阵。

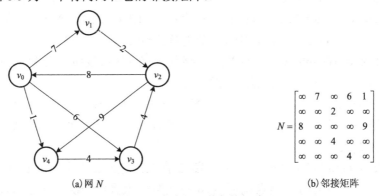

(a) 网 N　　　　　　　　　　　　　　　(b) 邻接矩阵

图 6-9　有向网及其邻接矩阵

图的邻接矩阵表示法具有以下特点：

(1) 无向图的邻接矩阵是对称的，可以对其进行压缩存储，只需存储下三角（或上三角）的元素即可；有向图的邻接矩阵不一定是对称的。

(2) 对于无向图，邻接矩阵的第 i 行或第 i 列非零（或非 ∞）元素的个数正好是第 i 个顶点的度 $TD(v_i)$。

(3) 对于有向图，邻接矩阵的第 i 行非零（或非 ∞）元素的个数正好是第 i 个顶点的出度 $OD(v_i)$，第 i 列非零（或非 ∞）元素的个数正好是第 i 个顶点的入度 $ID(v_i)$。

邻接矩阵表示法的主要优缺点如表 6-1 所示。

图的邻接矩阵存储结构可定义如下：

```
#define MaxVexNum 100              //最大顶点数
typedef char ElementType;         //定义顶点的数据类型为字符型
```

```
typedef int EdgeType;                               //定义边或弧的权值类型为整型
typedef struct {
    ElementType vex[MaxVexNum];                      //顶点表，存储各顶点的信息
    EdgeType edge[MaxVexNum][MaxVexNum];             //邻接矩阵，存储边的信息
    int vexNum, edgeNum;                             //图的顶点数和边数
} Graph;                                             //图的结构体定义
```

表 6-1 邻接矩阵表示法的优缺点

主要优点	主要缺点
(1)便于判断两个顶点之间是否有边 (2)便于计算各个顶点的度	(1)不便于增加和删除顶点 (2)不便于统计边的数目，需要扫描邻接矩阵所有元素才能统计完毕，时间复杂度为 $O(n^2)$ (3)空间复杂度高。如果是有向图，n 个顶点需要 n^2 个单元存储边；如果是无向图，需要 $n(n-1)/2$ 个单元。邻接矩阵的空间复杂度均为 $O(n^2)$，对于稀疏图而言尤其浪费空间

基于上述图的邻接矩阵表示法，代码 6-1 以一个网图为例给出创建图、在图中插入顶点、删除顶点、查找顶点、插入边（或弧）、删除边（或弧）、查找邻接顶点等图的基本操作的具体实现。

代码 6-1 图的邻接矩阵表示法的存储表示及操作

```
#include <stdio.h>
#define MaxVexNum 100                               //最大顶点数
#define INFINITY 142857                             //表示∞
typedef enum {FALSE, TRUE} Boolean;                 //重命名枚举类型，枚举值为 FALSE(0) 和 TRUE(1)
int ERROR = -1;                                     //特殊错误标志，必须是顶点元素不可能取到的下标
typedef char ElementType;                           //定义顶点的数据类型为字符型，且各顶点的数据唯一
typedef int EdgeType;                               //定义边或弧的权值类型为整型
typedef struct
{
    ElementType vex[MaxVexNum];                      //顶点表，存储各顶点的信息
    EdgeType edge[MaxVexNum][MaxVexNum];             //邻接矩阵，存储图中的边或弧的信息
    int vexNum, edgeNum;                             //图的顶点数和边数
} Graph;                                             //图的结构体定义
//在图 g 中查找顶点 v
int LocateVex(Graph *g, ElementType v)
{
    int i;
    for (i = 0; i < g->vexNum; i++)                  //遍历顶点表
        if (g->vex[i] == v)                          //若存在顶点 v
            return i;                                //返回该顶点在图中的位置，即下标
    return ERROR;                                    //否则，返回特殊错误标志 ERROR
}
//若图 g 存在，则返回 g 中顶点 v 的第一个邻接顶点，若顶点 v 在 g 中没有邻接顶点，则返回 ERROR
int FirstAdjVex(Graph *g, ElementType v)
{
    int i, j;
    i = LocateVex(g, v);                             //查找顶点 v 的存储下标 i
```

```
        if (i == ERROR) return ERROR;               //图中不存在顶点 v, 返回 ERROR
        for (j = 0; j < g->vexNum; j++)
                //若边的权值不等于 0, 也不等于∞, 则下标为 j 的顶点是 v 的邻接点
                if (g->edge[i][j] > 0 && g->edge[i][j] < INFINITY)
                        return j;                    //返回第一个邻接顶点的下标
        return ERROR;                                //否则, 返回特殊错误标志 ERROR
}
//若图 g 存在, v 是 g 中顶点 u 的邻接顶点, 则返回 u 的下一个(相对于 v)邻接顶点; 若 v 是 u 的最后一个邻
  接顶点, 则返回 ERROR
int NextAdjVex (Graph *g, ElementType u, ElementType v)
{
        int i, j, k;
        i = LocateVex (g, u);                        //查找顶点 u 的存储下标 i
        j = LocateVex (g, v);                        //查找顶点 v 的存储下标 j
        if (i == ERROR || j == ERROR)                //图中不存在顶点 u 或 v, 返回 ERROR
                return ERROR;
        for (k = j + 1; k < g->vexNum; k++)
                //若边的权值不等于 0, 也不等于∞, 则下标为 k 的顶点是 v 的邻接点
                if (g->edge[i][k] > 0 && g->edge[i][k] < INFINITY)
                        return k;                    //返回 u 的下一个邻接顶点的下标
        return ERROR;                                //否则, 返回特殊错误标志 ERROR
}
//在图 g 中插入顶点 v
Boolean InsertVex (Graph *g, ElementType v)
{
        int i;
        i = LocateVex (g, v);                        //查找顶点 v 的存储下标 i
        if (i != ERROR) return FALSE;                //图中已存在该顶点, 返回 FALSE
        g->vex[g->vexNum] = v;                       //在顶点表的表尾插入新顶点
        for (i = 0; i <= g->vexNum; i++)
                //将该顶点与其余顶点关联的边的权值初始化为无穷大, 若不是网图, 则置为 0, 循环终止条件
                  中的"="代表将该顶点到自身的边的权值也初始化为无穷大
                g->edge[i][g->vexNum] = g->edge[g->vexNum][i] = INFINITY;
        g->vexNum++;                                 //图的顶点数加 1
        return TRUE;                                 //顶点插入成功, 返回 TRUE
}
//若图 g 存在, 则删除 g 中顶点 v 及其相关的边或弧
Boolean DeleteVex (Graph *g, ElementType v)
{
        int n, i, j;
        n = LocateVex (g, v);                        //查找顶点 v 的存储下标 n
        if (n == ERROR) return FALSE;                //图中不存在顶点 v, 操作失败, 返回 FALSE
        for (i = 0; i < g->vexNum; i++)
                //若边的权值不等于 0, 也不等于∞, 说明该边依附于顶点 v
                if ((g->edge[i][n] > 0 && g->edge[i][n] < INFINITY) || (g->edge[n][i] > 0 && g->edge[n][i] < INFINITY))
                        //由于每删除一条与顶点 v 相关联的边, 图的边数就减 1, 先计算删掉该顶点后的新边数
                        g->edgeNum--;
```

```
    for (i = n + 1; i < g->vexNum; i++)          //删除第 n 行，邻接矩阵第 n 行后的元素依次往上移一行
        for (j = 0; j < g->vexNum; j++)
            g->edge[i – 1][j] = g->edge[i][j];
    for (i = 0; i < g->vexNum; i++)              //删除第 n 列，邻接矩阵第 n 列后的元素依次往左移一列
        for (j = n + 1; j < g->vexNum; j++)
            g->edge[i][j – 1] = g->edge[i][j];
    //删除第 n 个顶点，顶点表第 n+1 个元素起依次往前移动一个位置
    for (i = n + 1; i < g->vexNum; i++)
        g->vex[i – 1] = g->vex[i];
    g->vexNum—;                                  //图的顶点数减 1
    return TRUE;                                 //顶点删除成功，返回 TRUE
}
//在图 g 中插入弧<u, v>，权值为 w；若不是网图，则置为 1
Boolean InsertArc (Graph *g, ElementType u, ElementType v, EdgeType w)
{
    int i, j;
    i = LocateVex (g, u);                        //查找顶点 u 的存储下标
    j = LocateVex (g, v);                        //查找顶点 v 的存储下标
    if (i != ERROR && j != ERROR)                //若两个顶点的信息正确
    {
        g->edge[i][j] = w;                       //置弧<u, v>的权值为 w
        g->edgeNum++;                            //图的边数加 1
        return TRUE;                             //弧插入成功，返回 TRUE
    }
    return FALSE;                                //操作失败，返回 FALSE
}
//若图 g 存在，则在 g 中删除顶点 u 和 v 之间的弧<u, v>，若 G 是无向图，则还删除对称弧<v, u>
Boolean DeleteArc (Graph *g, ElementType u, ElementType v)
{
    int i, j;
    i = LocateVex (g, u);                        //查找顶点 u 的存储下标
    j = LocateVex (g, v);                        //查找顶点 v 的存储下标
    if (i != ERROR && j != ERROR)                //若两个顶点的信息正确
    {
        g->edge[i][j] = INFINITY;                //置边<u, v>的权值为 ∞
        g->edgeNum—;                             //图的边数减 1
        return TRUE;                             //边删除成功，返回 TRUE
    }
    return FALSE;                                //操作失败，返回 FALSE
}
//采用邻接矩阵表示法，创建网 G
void CreateGraph (Graph *g)
{
    int i, j;
    int vexNum, edgeNum;
    ElementType u, v;
    EdgeType w;
    g->vexNum = g->edgeNum = 0;                  //图的顶点数和边数初始均置为 0
```

```
    printf("请输入顶点数和弧数(逗号隔开，无多余空格)：");
    scanf("%d,%d", &vexNum, &edgeNum);        //输入顶点数和弧数
    for (i = 0; i < vexNum; )
    {
        printf("请输入第%d 个顶点信息：", i + 1);
        //由于顶点信息是字符型，为避免输入回车符的干扰，故清除键盘缓冲区
        getchar();
        scanf("%c", &v);                      //输入顶点 v 的信息
        if (InsertVex (g, v) == FALSE)        //插入顶点 v，建立顶点表
        {
            printf("该顶点信息已存在，请重新输入! \n");
            continue;
        }
        i++;
    }
    for (j = 0; j < edgeNum; )
    {
        printf("请输入弧的两个顶点和权值(逗号隔开，无多余空格)：");
        getchar();                            //清除键盘缓冲区
        scanf("%c,%c,%d", &u, &v, &w);        //输入两个顶点 u、v 的信息，以及边的权值
        if (InsertArc (g, u, v, w) == FALSE)
        {
            printf("顶点信息输入有误，请重新输入! \n");
            continue;
        }
        j++;                                  //当前弧处理完毕，继续输入下一条边
    }
}
int main (void)
{
    int i, j;
    Graph g;
    CreateGraph (&g);                         //创建网 g，如图 6-10 所示，则应该输入 6 个顶点、16 条弧
    DeleteArc (&g, 'A', 'E');                 //删除弧<A, E>
    DeleteVex (&g, 'C');                      //删除顶点 C
    printf("顶点集合为：");                    //输出图的顶点集合
    for (i = 0; i < g.vexNum; i++)
        printf("%c ", g.vex[i]);
    printf("\n");
    printf("邻接矩阵为: \n");                  //输出图的邻接矩阵
    for (i = 0; i < g.vexNum; i++)
    {
        for (j = 0; j < g.vexNum; j++)
            if (g.edge[i][j] != INFINITY) printf("%5d", g.edge[i][j]);
            else printf("%5s", "∞");
        printf("\n");
    }
    return 0;
}
```

为了测试上述操作的正确性，请读者运行程序建立如图 6-10 所示的无向网，并尝试完善主函数以测试插入顶点、插入边、查找邻接顶点等其他函数的功能。

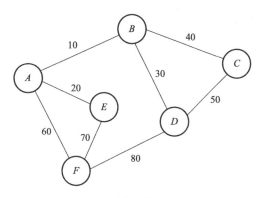

图 6-10 无向网的测试例子

6.3.2 邻接表

邻接表（Adjacency List）是图的一种顺序存储与链式存储相结合的存储方法。邻接表由两部分组成：顶点表和边表。

（1）顶点表。以顺序结构的形式存储如一维数组，数组中的每个数据元素包括数据域（data）和链域（firstEdge）两部分。其中，数据域用于存储顶点 v_i 的信息；链域用于存储指向顶点 v_i 的第一个邻接点的指针，如图 6-11（a）所示。

（2）边表。在邻接表中，对图中每个顶点 v_i 都建立一个单链表，把 v_i 的所有邻接点链成一个单链表，称为顶点 v_i 的边表。边表中每个边表结点（有时也简称边结点）包括邻接点域（adjvex）、信息域（info）和链域（nextEdge）三部分，如图 6-11（b）所示。其中，邻接点域指示 v_i 的邻接点在图中的位置；信息域存储和边相关的信息，如权值等；链域指示与顶点 v_i 邻接的下一条边的结点。

图 6-11 顶点表结点和边结点

例如，图 6-12 所示分别为图 6-1 中 G_1 和 G_2 的邻接表。

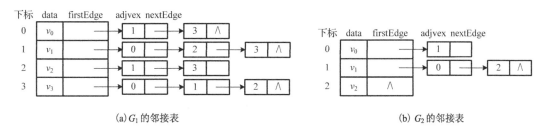

图 6-12 邻接表

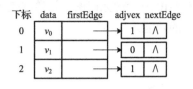

图 6-13　G_2 的逆邻接表

在无向图的邻接表中，顶点 v_i 的度恰为第 i 个链表中的结点数；而在有向图中，第 i 个链表中的结点个数只是顶点 v_i 的出度，为求入度则必须遍历整个邻接表。在所有链表中，其邻接点域的值为 i 的结点的个数，是顶点 v_i 的入度。有时，为了便于确定顶点的入度，可以建立一个有向图的逆邻接表，即对每个顶点 v_i 建立一个链接所有以 v_i 为弧头的弧的单链表，例如，图 6-13 为图 6-1 中有向图 G_2 的逆邻接表。

值得注意的是，一个图的邻接矩阵表示是唯一的，但其邻接表表示不唯一，这是因为邻接表表示中，各边表结点的链接次序取决于建立邻接表的算法，以及边的输入次序。

邻接表表示法的主要优缺点如表 6-2 所示。

表 6-2　邻接表表示法的主要优缺点

主要优点	主要缺点
(1)便于增加和删除顶点 (2)便于统计边的数目，按顶点表顺序扫描所有边表可得到边的数目，时间复杂度为 $O(n+e)$ (3)空间效率高。若无向图 G 中有 n 个顶点、e 条边，则它的邻接表需 n 个顶点表结点和 $2e$ 个边表结点；若 G 是有向图，则在它的邻接表表示中有 n 个顶点表结点和 e 个边表结点。因此，邻接表表示的空间复杂度为 $O(n+e)$，适合表示稀疏图	(1)不便于判断顶点之间是否有边，要判定 v_i 和 v_j 之间是否有边，需要扫描第 i 个边表，最坏情况下要耗费 $O(n)$ 时间 (2)不便于计算有向图各个顶点的度。在有向图的邻接表中，求顶点的入度较难，需要遍历各顶点的边表；若有向图采用逆邻接表表示，则与邻接表表示相反，求顶点的入度容易，而求顶点的出度较难

根据上述讨论，要定义一个邻接表，需要先定义其存放顶点的顶点表结点和表示边的边结点。图的邻接表存储结构可定义如下：

```
#define MaxVexNum 100              //最大顶点数
typedef char ElementType;         //定义顶点的数据类型为字符型
typedef int EdgeType;             //定义边或弧的权值类型为整型
typedef struct EdgeNode {         //边表结点
    int adjvex;                   //邻接点域，存储该顶点的位置，即对应的顶点数组下标
    EdgeType weight;              //信息域，存储边的权值，对于非网图可以省略
    struct EdgeNode *next;        //链域，存储指向下一条边(边表结点)的指针
} EdgeNODE;
typedef struct VexNode {          //顶点表结点
    ElementType data;            //数据域，存储顶点信息
    EdgeNODE *firstEdge;         //链域，存储指向顶点的第一个邻接点的指针
} VexNODE, VexList[MaxVexNum];
typedef struct {
    VexList vex;                 //顶点表
    int vexNum, edgeNum;         //图的顶点数和边数
} Graph;                         //图的结构体定义
```

基于上述图的邻接表表示法，代码 6-2 以一个有向网为例给出创建图，在图中插入顶点、删除顶点、查找顶点、插入边(或弧)、删除边(或弧)、查找邻接顶点等基本操作的具体实现。

代码 6-2　图的邻接表表示法的存储表示及操作

```
#include <stdio.h>
#include <stdlib.h>
#define MaxVexNum 100                      //最大顶点数
typedef enum {FALSE, TRUE} Boolean;        //重命名枚举类型，枚举值为 FALSE(0)和 TRUE(1)
int ERROR = -1;                            //特殊错误标志，必须是顶点元素不可能取到的下标
typedef char ElementType;                  //定义顶点的数据类型为字符型
typedef int EdgeType;                      //定义边或弧的权值类型为整型
typedef struct EdgeNode {                  //边表结点
    int adjvex;                            //邻接点域，存储该顶点的位置，即它在顶点数组中的下标
    EdgeType weight;                       //信息域，可以是边的权值，对于非网图可以省略
    struct EdgeNode *next;                 //链域，存储指向下一条边(边表结点)的指针
} EdgeNODE;
typedef struct VexNode {                   //顶点表结点
    ElementType data;                      //数据域，存储顶点信息
    EdgeNODE *firstEdge;                   //链域，存储指向顶点的第一个邻接点的指针
} VexNODE, VexList[MaxVexNum];
typedef struct {
    VexList vex;                           //顶点表
    int vexNum, edgeNum;                   //图的顶点数和边数
} Graph;                                   //图的结构体定义
//在图 g 中查找顶点 v
int LocateVex(Graph *g, ElementType v)
{
    int i;
    for (i = 0; i < g->vexNum; i++)        //遍历顶点表
        if (g->vex[i].data == v)           //若存在顶点 v
            return i;                      //返回该顶点在图中的位置，即下标
    return ERROR;                          //否则，返回特殊错误标志 ERROR
}
//若图 g 存在，则返回 g 中顶点 v 的第一个邻接顶点；若顶点 v 在 g 中没有邻接顶点，则返回 ERROR
int FirstAdjVex(Graph *g, ElementType v)
{
    int i;
    EdgeNODE *p;
    i = LocateVex(g, v);                   //查找顶点 v 的存储下标 i
    if (i == ERROR) return ERROR;          //图中不存在顶点 v，返回 ERROR
    p = g->vex[i].firstEdge;
    if (p) return p->adjvex;               //返回第一个邻接顶点的下标
    return ERROR;                          //否则，返回特殊错误标志 ERROR
}
//若图 g 存在，v 是 g 中顶点 u 的邻接顶点，则返回 u 的下一个(相对于 v)邻接顶点；若 v 是 u 的最后一个邻
  接顶点，则返回 ERROR
int NextAdjVex(Graph *g, ElementType u, ElementType v)
{
    int i, j;
```

```
        EdgeNODE *p;
        i = LocateVex (g, u);                    //查找顶点 u 的存储下标 i
        j = LocateVex (g, v);                    //查找顶点 v 的存储下标 j
        if (i == ERROR || j == ERROR)            //图中不存在顶点 u 或 v，返回 ERROR
            return ERROR;
        p = g->vex[i].firstEdge;
        while (p)
        {
            if (g->vex[p->adjvex].data == v)
            {
                if (p->next)
                    return p->next->adjvex;      //返回 u 的下一个邻接顶点的下标
                else return ERROR;               //若 v 是 u 的最后一个邻接顶点，则返回 ERROR
            }
            else p = p->next;                    //继续判断下一个邻接点
        }
        return ERROR;                            //若 v 不是 u 的邻接点，返回特殊错误标志 ERROR
}
//在图 g 中插入顶点 v
Boolean InsertVex (Graph *g, ElementType v)
{
        int i;
        i = LocateVex (g, v);                    //查找顶点 v 的存储下标 i
        if (i != ERROR) return FALSE;            //图中已存在该顶点，返回 FALSE
        g->vex[g->vexNum].data = v;              //在顶点表的表尾插入新顶点
        g->vex[g->vexNum].firstEdge = NULL;      //新顶点的边表初始为空
        g->vexNum++;                             //图的顶点数加 1
        return TRUE;                             //顶点插入成功，返回 TRUE
}
//若图 g 存在，则删除 g 中顶点 v 及其相关的边或弧
Boolean DeleteVex (Graph *g, ElementType v)
{
        int i, n;
        EdgeNODE *p, *q, *pre;
        n = LocateVex (g, v);                    //查找顶点 v 的存储下标 n
        if (n == ERROR) return FALSE;            //图中不存在顶点 v，操作失败，返回 FALSE
        //删除边表中以顶点 v 为弧头的边，相当于邻接矩阵的删除列
        for (i = 0; i < g->vexNum; i++)
        {
            if (i == n) continue;                //跳过顶点 v 的边表
            p = g->vex[i].firstEdge;             //p 指向第 i 个边表的首元结点
            while (p)                            //遍历第 i 个顶点的边链表
            {
                //p 结点的邻接点域值等于 n，说明该边依附于顶点 v，需删除
                if (p->adjvex == n)
                {
                    if (p == g->vex[i].firstEdge) //判断 p 结点是否为边链表的首元结点
```

```
                              //p 结点的后继结点成为新的首元结点
                              g->vex[i].firstEdge = p->next;
                    else                      //p 结点不是边链表的首元结点
                        pre->next = p->next;   //将 p 结点的前驱和后继链接起来
                    q = p;
                    p = p->next;              //p 指向下一个边结点,注意先过河再拆桥
                    free(q);                  //删除边结点
                }
                else
                {
                    //由于后续删除第 n 个顶点表结点后,它后面所有顶点在表中的位置需依次前移,其邻
                      接点域值则需相应减 1,这里提前完成该工作
                    if (p->adjvex > n) p->adjvex—;
                    pre = p;                  //pre 指针指向 p 的前驱结点
                    p = p->next;              //p 指针指向下一个边结点
                }
            }
        }
    }
    p = g->vex[n].firstEdge;                  //p 指向第 n 个边表的首元结点
    //删除边表中以顶点 v 为弧尾的边,相当于邻接矩阵的删除行
    while (p)
    {
        q = p;
        p = p->next;                          //p 指向下一个边结点,注意先过河再拆桥
        free(q);                              //删除边结点
    }
    //删除第 n 个顶点,顶点表第 n+1 个元素起依次往前移动一个位置
    for (i = n + 1; i < g->vexNum; i++)
        g->vex[i – 1] = g->vex[i];
    g->vexNum—;                               //图的顶点数减 1
    return TRUE;                              //顶点删除成功,返回 TRUE
}
//在图 g 中插入边<v, w>,权值为 w;若不是网图,则置为 1
Boolean InsertArc (Graph *g, ElementType u, ElementType v, EdgeType w)
{
    int i, j;
    EdgeNODE *p, *pNew;
    i = LocateVex (g, u);                     //查找顶点 u 的存储下标
    j = LocateVex (g, v);                     //查找顶点 v 的存储下标
    if (i != ERROR && j != ERROR)             //若两个顶点的信息正确
    {
        p = g->vex[i].firstEdge;              //p 指向第 i 个边表的首元结点
        pNew = (EdgeNODE *) malloc (sizeof(EdgeNODE));
        if (!pNew) exit(1);                   //存储空间分配失败,退出程序
        if (p == NULL)
            g->vex[i].firstEdge = pNew;
        else
        {
```

```
            while (p->next) p = p->next;        //让 p 指向边链表的末元结点，即表尾结点
            p->next = pNew;
        }
        pNew->adjvex = j;                        //边结点的邻接点域值置为 j
        pNew->weight = w;                        //边结点的信息域值置为 w
        pNew->next = NULL;
        g->edgeNum++;                            //图的边数加 1
        return TRUE;                             //边插入成功，返回 TRUE
    }
    return FALSE;                                //操作失败，返回 FALSE
}
//若图 g 存在，则在 g 中删除顶点 u 和 v 之间的弧<u, v>，若 g 是无向图，则还删除对称弧<v, u>
Boolean DeleteArc (Graph *g, ElementType u, ElementType v)
{
    int i, j;
    EdgeNODE *p, *q;
    i = LocateVex (g, u);                        //查找顶点 u 的存储下标
    j = LocateVex (g, v);                        //查找顶点 v 的存储下标
    if (i != ERROR && j != ERROR)                //若两个顶点的信息正确
    {
        p = g->vex[i].firstEdge;                 //p 指向第 i 个边表的首元结点
        if (p->adjvex == j)
        {
            q = p;
            g->vex[i].firstEdge = p->next;
        }
        else
        {
            while (p && p->next->adjvex != j)
                p = p->next;                     //p 指向边表中顶点 v 的前驱
            if (!p) return FALSE;                //若边表中不存在顶点 v，操作失败，返回 FALSE
            q = p->next;                         //q 指向边表中顶点 v
            p->next = q->next;                   //将 q 结点的前驱和后继链接起来
        }
        free (q);                                //删除 q 结点，即删除有向边<u, v>
        g->edgeNum—;                             //图的边数减 1
        return TRUE;                             //边删除成功，返回 TRUE
    }
    else return FALSE;                           //操作失败，返回 FALSE
}
//采用邻接表表示法，创建有向网 g
void CreateGraph (Graph *g)
{
    int i, j;
    int vexNum, edgeNum;
    ElementType u, v;
    EdgeType w;
```

```
    g->vexNum = g->edgeNum = 0;                    //图的顶点数和边数初始均置为 0
    printf("请输入顶点数和边数(逗号隔开，无多余空格)：");
    scanf("%d,%d", &vexNum, &edgeNum);             //输入顶点数和边数
    for (i = 0; i < vexNum; )
    {
        printf("请输入第%d 个顶点信息：", i + 1);
        //由于顶点信息是字符型，为避免输入回车符的干扰，故清除键盘缓冲区
        getchar();
        scanf("%c", &v);                           //输入顶点 v 的信息
        if (InsertVex(g, v) == FALSE)              //插入顶点 v，建立顶点表
        {
            printf("该顶点信息已存在，请重新输入！\n");
            continue;
        }
        i++;
    }
    for (j = 0; j < edgeNum; )
    {
        printf("请输入边的两个顶点和权值(逗号隔开，无多余空格)：");
        getchar();                                 //清除键盘缓冲区
        scanf("%c,%c,%d", &u, &v, &w);             //输入两个顶点 u、v 的信息，以及边的权值
        if (InsertArc(g, u, v, w) == FALSE)
        {
            printf("顶点信息输入有误，请重新输入！\n");
            continue;
        }
        j++;                                       //当前边处理完毕，继续输入下一条边
    }
}
int main(void)
{
    int i;
    Graph g;
    EdgeNODE *p;
    CreateGraph(&g);                               //创建有向网 g，如图 6-14，则应该输入 6 个顶点、8 条弧
    DeleteArc(&g, 'A', 'E');                       //删除边<A, E>
    DeleteVex(&g, 'C');                            //删除顶点 C
    printf("顶点集合为：");                          //输出图的顶点集合
    for (i = 0; i < g.vexNum; i++)
        printf("%c ", g.vex[i]);
    printf("\n");
    printf("邻接表为：\n");                          //输出图的邻接表
    for (i = 0; i < g.vexNum; i++)
    {
```

```
        printf ("顶点%c: ", g.vex[i]);
        for （p = g.vex[i].firstEdge; p; p = p->next)
            printf ("%c (%d) → ", g.vex[p->adjvex].data, p->weight);
        printf ("∧\n");
    }
    return 0;
}
```

同样地，为了测试上述操作的正确性，请读者运行程序建立如图 6-14 所示的有向网，并尝试完善主函数以测试插入顶点、插入弧、查找邻接顶点等其他函数的功能。

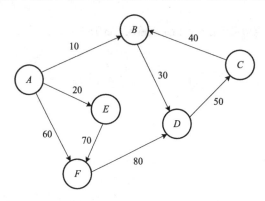

图 6-14   有向网的测试例子

6.3.3   十字链表

十字链表 (Orthogonal List) 是有向图的另一种链式存储方法，它实际上是图的邻接表和逆邻接表的结合，即把每一条弧的弧结点分别链接到以该弧的弧尾顶点为头结点的链表和以该弧的弧头顶点为头结点的链表中。在十字链表表示法中，顶点表和边表的结点结构如图 6-15 所示。

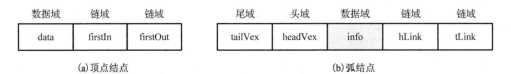

图 6-15   顶点结点和弧结点

在弧结点中有 5 个域: 其中尾域 tailVex 和头域 headVex 分别指示弧尾和弧头这两个顶点在图中的位置，链域 hLink 指向弧头相同的下一条弧，链域 tLink 指向弧尾相同的下一条弧，info 存储该弧的相关信息，如权值等。弧头相同的弧在同一链表上，弧尾相同的弧也在同一链表上。它们的头结点即顶点结点，它由 3 个域组成: data 域存储和顶点相关的信息，如顶点的名称等; firstIn 和 firstOut 为两个链域，分别指向以该顶点为弧头或弧尾的第一个弧结点。例如，图 6-1 (b) 有向图 G_2 的十字链表如图 6-16 所示。若将有向图的邻接矩阵看成稀疏矩阵，则十字链表也可以看成邻接矩阵的链式存储结构，在图的十字链表中，弧结点所在的链表非循环链表，结点之间相对位置自然形成，不一定按顶点序号有序，表头结点即顶点结点，它们之间采用顺序存储方式。

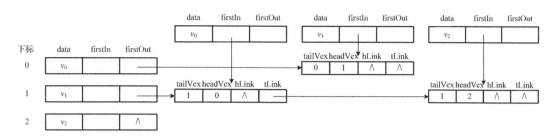

图 6-16　有向图 G_2 的十字链表

有向图的十字链表表示法的结点结构可定义如下：

```
#define MaxVexNum 100                    //最大顶点数
typedef char ElementType;                //定义顶点的数据类型为字符型
typedef int EdgeType;                    //定义边或弧的权值类型为整型
typedef struct EdgeNode {                //边表结点
    int tailVex, headVex;                //尾域、头域，存储该弧的尾(头)顶点的位置
    EdgeType weight;                     //信息域，存储边的权值，对于非网图可以省略
    struct EdgeNode *hLink, *tLink;      //链域，存储指向弧头(尾)相同的下一条弧的指针
} EdgeNODE;
typedef struct VexNode {                 //顶点表结点
    ElementType data;                    //数据域，存储顶点信息
    EdgeNODE *firstIn, *firstOut;        //链域，分别指向该顶点的第一条入弧和出弧
} VexNODE, VexList[MaxVexNum];
typedef struct {
    VexList vex;                         //顶点表
    int vexNum, edgeNum;                 //图的顶点数和弧数
} Graph;                                 //图的结构体定义
```

只要输入 n 个顶点和 e 条弧的信息，便可建立该有向图的十字链表，读者可以模仿代码 6-2 写出基于十字链表表示法的有向图的基本操作的算法。建立十字链表的时间复杂度和建立邻接表是相同的。在十字链表中既易于找到以 v_i 为尾的弧，也易于找到以 v_i 为头的弧，因而容易求得顶点的出度和入度。在某些有向图的应用中，十字链表是非常好的数据结构模型。

6.3.4　邻接多重表

邻接多重表(Adjacency Multilist)是无向图的另一种链式存储方法。因为，如果用邻接表存储无向图，每条边 (v_i, v_j) 的两个边结点分别在第 i 个和第 j 个链表中，这给图的某些操作带来不便。例如，想要对已访问过的边做标记，或者要删除图中某条边等，都需要找到表示这条边的两个结点。因此，在进行这一类操作的无向图的问题中采用邻接多重表作为存储结构更为合适。

邻接多重表的存储结构和十字链表类似，也是由顶点表和边表组成的。

(1)顶点表。以顺序结构的形式存储，如一维数组，数组中的每个数据元素包括数据域(data)和链域(firstEdge)两部分。其中，数据域用于存储顶点 v_i 的信息；链域用于存储指向顶点 v_i 的第一个邻接点的指针，如图 6-17(a)所示。

(2) 边表。在邻接多重表中，每一条边用一个边结点表示，它由如图 6-17(b) 所示的 5 个域组成。其中，iVex 和 jVex 为邻接点域，分别指示该边依附的两个顶点在图中的位置；信息域 info 存储和边相关的信息，如权值等；链域 iLink 指向下一条依附于顶点 iVex 的边；链域 jLink 指向下一条依附于顶点 jVex 的边。

图 6-17　邻接多重表的顶点表结点和边结点

例如，图 6-18 所示为无向图 G_1 的邻接多重表。在邻接多重表中，所有依附于同一顶点的边链在同一链表中，由于每条边依附于两个顶点，因此每个边结点同时链接在两个链表中。可见，对于无向图而言，其邻接多重表和邻接表的差别：仅仅在于同一条边在邻接表中用两个结点表示，而在邻接多重表中只用一个结点表示。

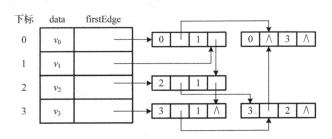

图 6-18　无向图 G_1 邻接多重表

邻接多重表的存储结构可描述如下：

```
#define MaxVexNum 100                      //最大顶点数
typedef char ElementType;                  //定义顶点的数据类型为字符型
typedef int EdgeType;                      //定义边或弧的权值类型为整型
typedef struct EdgeNode {                  //边表结点
    int iVex, jVex;                        //邻接点域，存储该边依附的两个顶点的位置
    struct EdgeNode *iLink, *jLink;        //链域，分别指向依附于这两个顶点的下一条边
    InfoType info;                         //信息域，存储边的信息如权值等
} EdgeNODE;
typedef struct VexNode {                   //顶点表结点
    ElementType data;                      //数据域，存储顶点信息
    EdgeNODE *firstEdge;                   //链域，存储指向第一条依附于该顶点的边
} VexNODE, VexList[MaxVexNum];
typedef struct {
    VexList vex;                           //顶点表
    int vexNum, edgeNum;                   //无向图的顶点数和边数
} Graph;                                   //无向图的结构体定义
```

其中，边表的结点结构还可以根据需要增加标志域，以标记该条边是否被访问过。

6.4　图 的 遍 历

图的遍历是指从图中的某一顶点出发，按照某种搜索策略对图中所有顶点访问一次且仅访问一次。图的遍历是图的一种基本操作，是求解图的连通性问题、拓扑序列和关键路径等算法的基础。

图的遍历比树的遍历要复杂得多，主要原因在于图的任一顶点都可能和其余的顶点相邻接，很可能存在沿着某条路径搜索后，又回到该顶点，而此时图中某些顶点却还没有遍历到的情况。因此，需要科学合理地设计遍历策略，避免因形成回路而陷入死循环。

根据搜索路径的方向，通常有两种遍历次序策略：深度优先遍历和广度优先遍历。它们对无向图和有向图均适用。

6.4.1　深度优先遍历

深度优先遍历（Depth First Search，DFS），也称为深度优先搜索，类似于树的先序遍历，是树的先序遍历的推广。

图的深度优先遍历的过程如下：

(1) 从图中某个顶点 v 出发，访问 v。

(2) 找出刚访问过的顶点的第一个未被访问的邻接点，访问该顶点。以该顶点为新顶点，重复此步骤，直至刚访问过的顶点没有未被访问的邻接点为止。

(3) 返回前一个访问过的且仍有未被访问的邻接点的顶点，找出该顶点的下一个未被访问的邻接点，访问该顶点。

(4) 重复步骤(2)和(3)，直到顶点 v 所在连通分量上的所有顶点都被访问到。

(5) 若图中仍有顶点未被访问，说明该图必定是非连通图，则从图中另选一个未被访问的顶点作为起始点，重复上述过程，直到图中所有顶点均被访问到为止。

以图 6-19(a)所示的无向图 G_6 为例，其邻接表如图 6-19(b)所示，深度优先遍历图的过程如图 6-19(c)[①]所示，具体过程如下：

(1) 从顶点 v_0 出发，访问 v_0。

(2) 在访问了顶点 v_0 之后，选择[②]其第一个未被访问的邻接点 v_1，访问 v_1。以 v_1 为新顶点，选择其第一个未被访问的邻接点 v_3，访问 v_3。以 v_3 为新顶点，重复此步骤，依次访问 v_7、v_4。在访问了顶点 v_4 之后，由于 v_4 的邻接点都已被访问，此步骤结束。

(3) 搜索从 v_4 回到 v_7，选择其下一个未被访问的邻接点 v_5，访问 v_5。以 v_5 为新顶点，再继续进行下去，依次访问 v_2、v_6。由此，得到图的深度优先遍历序列为

$$v_0 \to v_1 \to v_3 \to v_7 \to v_4 \to v_5 \to v_2 \to v_6$$

显然，深度优先遍历连通图是一个递归的过程。但是在访问了某顶点之后，如果它存在多个未被访问的邻接点，那么可以任意选择其中一个继续访问，因此深度优先遍历的序列并不唯一。此外，为了在遍历过程中便于区分顶点是否已被访问，需附设访问标志数组 visited[n]，其初值为 FALSE，一旦某个顶点被访问过，则其相应的分量置为 TRUE。

---

① 图 6-19(c)中以带箭头的实线表示遍历时的访问路径，以带箭头的虚线表示回溯的路径。
② 建议结合图的邻接表或者邻接矩阵进行选择，但不是必需的。

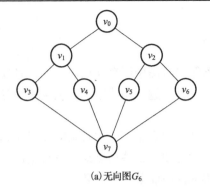

(a) 无向图G_6

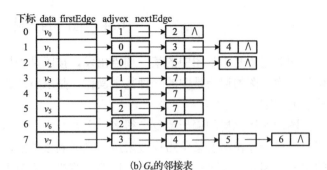

(b) G_6的邻接表

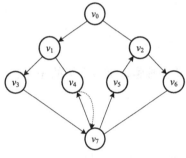

(c) 深度优先遍历G_6的过程

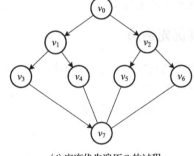

(d) 广度优先遍历G_6的过程

图 6-19　无向图 G_6 的遍历过程

下面在代码 6-2 的基础上给出图的深度优先遍历算法的具体实现，如代码 6-3 所示。

代码 6-3　图的深度优先遍历算法

```
//访问标志数组，FALSE 表示尚未访问；TRUE 表示已被访问，全部初始化为 FALSE
Boolean visited[MaxVexNum] = {FALSE};
//访问图的顶点函数，输出顶点值
void PrintElement(ElementType e)
{
    printf("%c → ", e);
}
//若图 g 存在，则从 g 中顶点 u 起对图进行深度优先遍历，并对每个顶点调用 Visit()函数一次且仅一次，一
  旦 Visit()失败，则操作失败
void DFS(Graph *g, ElementType u, void (*Visit)(ElementType))
{
    int i, j;
    i = LocateVex(g, u);                //查找顶点 u 的存储下标
    if (i == ERROR) return;            //图中不存在该顶点，返回
    (*Visit)(g->vex[i].data);          //访问该顶点，*Visit 是调用实参传进来的函数
    visited[i] = TRUE;                 //设置该顶点的访问标志为 TRUE，即已被访问过
    j = FirstAdjVex(g, u);             //查找顶点 u 的第一个邻接点，得出其下标 j
    while (j != ERROR)                 //若顶点 u 没有邻接点，则返回
    {
        if (!visited[j])
```

```
                DFS(g, g->vex[j].data, Visit);        //对 u 的尚未访问的第一个邻接点递归调用 DFS
            j = NextAdjVex(g, u, g->vex[j].data);
        }
}
void DFSTraverse(Graph *g, void (*Visit)(ElementType))
{
    int i;
    for (i = 0; i < g->vexNum; i++)
        if (!visited[i])
            DFS(g, g->vex[i].data, Visit);            //对尚未访问的顶点调用 DFS
}
int main(void)
{
    Graph g;
    CreateGraph(&g);                                   //如创建无向图 G6,应该输入 8 个顶点、20 条弧
    printf("图的深度遍历序列为: ");
    DFSTraverse(&g, PrintElement);                     //调用 DFSTraverse 对图进行深度优先遍历
    return 0;
}
```

分析上述算法,在遍历图时,对图中每个顶点至多调用一次 DFS 函数,因为一旦某个顶点被标记为已被访问,就不再从它出发进行搜索。因此,遍历图的过程实质上是对每个顶点查找其邻接点的过程。其耗费的时间则取决于所采用的存储结构。当以二维数组表示的邻接矩阵作为图的存储结构时,查找每个顶点的邻接点所需时间为 $O(n^2)$,其中 n 为图中的顶点数。而当以邻接表作为图的存储结构时,查找邻接点所需时间为 $O(e)$,其中 e 为无向图中边的数量或有向图中弧的数量。由此,当以邻接表作为存储结构时,深度优先搜索遍历图的时间复杂度为 $O(n+e)$。

6.4.2　广度优先遍历

广度优先遍历(Breadth First Search,BFS),也称为广度优先搜索,类似于树的按层次遍历的过程。

图的广度优先遍历的过程如下:

(1)从图中某个顶点 v 出发,访问 v。

(2)依次访问 v 的各个未被访问的邻接点,然后分别从这些邻接点出发依次访问它们的邻接点,并使"先被访问的顶点的邻接点"先于"后被访问的顶点的邻接点"被访问,直至图中所有已被访问的顶点的邻接点都被访问到。

(3)若图中仍有顶点未被访问,说明该图必定是非连通图,则从图中另选一个未被访问的顶点作为起始点,重复上述过程,直到图中所有顶点均被访问到为止。

简而言之,广度优先遍历图的过程中以 v 为起始点,由近及远,依次访问和 v 有路径相通且路径长度分别为 $1,2,\cdots$ 的顶点。

还是以图 6-19(a)所示的无向图 G_6 为例,广度优先遍历图的过程如图 6-19(d)所示,具体过程如下:

(1)从顶点 v_0 出发,访问 v_0。

(2) 在访问了顶点 v_0 之后，依次访问 v_0 的各个未被访问的邻接点 v_1、v_2，然后访问 v_1 的邻接点 v_3、v_4 以及 v_2 的邻接点 v_5、v_6，最后访问 v_3 的邻接点 v_7。在访问了顶点 v_7 之后，由于 v_7 的邻接点都已被访问，此步骤结束。

此时，图中所有顶点均已被访问，由此完成了图的遍历，得到图的广度优先遍历序列为

$$v_0 \rightarrow v_1 \rightarrow v_2 \rightarrow v_3 \rightarrow v_4 \rightarrow v_5 \rightarrow v_6 \rightarrow v_7$$

和深度优先遍历类似，广度优先遍历在遍历过程中也需要附设访问标志数组 visited[n]。并且还需引进辅助队列保存已被访问过的顶点，算法步骤如下。

(1) 从图中某个顶点 v 出发，访问 v，并置其访问标志值为 TRUE，然后将 v 入队。

(2) 只要队列非空，则重复下述操作：

① 队头顶点 u 出队；

② 依次检查 u 的所有邻接点 w，如果顶点 w 的访问标志值为 FALSE，则访问 w，并置其访问标志值为 TRUE，然后将 w 入队。

下面在代码 3-8 和代码 6-2 的基础上给出图的广度优先遍历算法的具体实现，如代码 6-4 所示，读者可根据算法中的函数调用关系自行裁剪源代码。

代码 6-4　图的广度优先遍历算法

```
//访问标志数组，FALSE 表示尚未访问；TRUE 表示已被访问，全部初始化为 FALSE
Boolean visited[MaxVexNum] = {FALSE};
//访问图的顶点函数，输出顶点值
void PrintElement(ElementType e)
{
    printf("%c → ", e);
}
//若图 g 存在，则从 g 中顶点 u 起对图进行广度优先遍历，并对每个顶点调用 Visit()函数一次且仅一次，
  一旦 Visit()失败，则操作失败
void BFS(Graph *g, ElementType u, void (*Visit)(ElementType))
{
    int i, j;
    Queue q;                      //定义队列实例 q(结构体变量)
    i = LocateVex(g, u);          //查找顶点 u 的存储下标
    if (i == ERROR) return;       //图中不存在该顶点，返回
    InitQueue(&q, 100);           //初始化辅助队列 q，队列容量设置为 100
    visited[i] = TRUE;            //设置该顶点的访问标志为 TRUE
    (*Visit)(u);                  //访问该顶点，*Visit 是调用实参传进来的函数
    EnQueue(&q, u);               //顶点 u 入队
    while (IsEmpty(&q) == FALSE)  //若队列非空
    {
        DeQueue(&q, &u);          //队头顶点出队，顶点值赋给 u
        j = FirstAdjVex(g, u);    //查找顶点 u 的第一个邻接点，得出其下标 j
        while (j != ERROR)
        {
            if (!visited[j])
            {
                visited[j] = TRUE;       //设置该顶点的访问标志为 TRUE
                (*Visit)(g->vex[j].data);//访问该顶点，*Visit 是调用实参传进来的函数
```

```
                    //将 u 的邻接点入队
                    EnQueue (&q, g->vex[j].data);
                }
                //继续查找下一个邻接点
                j = NextAdjVex (g, u, g->vex[j].data);
            }
        }
}
void BFSTraverse (Graph *g, void (*Visit) (ElementType))
{
    int i;
    for (i = 0; i < g->vexNum; i++)
        if (!visited[i])
            BFS (g, g->vex[i].data, Visit);        //对尚未访问的顶点调用 BFS
}
int main (void)
{
    Graph g;
    CreateGraph (&g);                              //如创建无向图 G6, 应该输入 8 个顶点、20 条弧
    printf ("图的广度遍历序列为：");
    BFSTraverse (&g, PrintElement);               //调用 BFSTraverse 对图进行广度优先遍历
    return 0;
}
```

分析上述算法，每个顶点至多进一次队列。遍历图的过程实质是通过边或弧查找邻接点的过程，因此广度优先遍历图的时间复杂度和深度优先遍历相同，两者不同之处仅仅在于对顶点访问的顺序不同。

6.5　最小生成树

在 6.1 节中讲解图的定义和术语时，我们曾提过，一个连通图的生成树是一个极小连通子图，它含有图中全部的 n 个顶点，但只有足以构成一棵树的 $n-1$ 条边。同时我们还注意到，图 6-19(c) 中的所有顶点加上带有实箭头的边，可以构成一棵以 v_0 为根的树，如图 6-20(a) 所

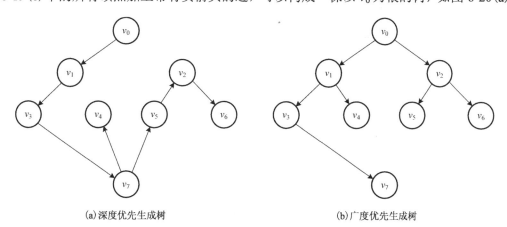

(a) 深度优先生成树　　　　　　　　　　　(b) 广度优先生成树

图 6-20　无向图 G_6 的生成树

示；图 6-19(d) 中的所有顶点加上带有实箭头的边，同样可以构成一棵以 v_0 为根的树，如图 6-20(b) 所示。根据生成树的定义，这两棵树都是图 6-19(a) 中连通图 G_6 的极小连通子图，即它们都是 G_6 的生成树。由深度优先遍历得到的生成树称为深度优先生成树，如图 6-20(a) 所示；由广度优先遍历得到的生成树称为广度优先生成树，如图 6-20(b) 所示。

当然，对于非连通图，通过这样的遍历得到的将是生成森林。例如，图 6-21(b) 为图 6-21(a) 的深度优先生成森林，它由 3 棵深度优先生成树构成。

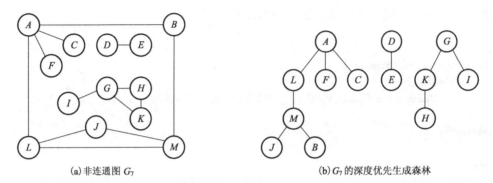

(a) 非连通图 G_7　　　　　　(b) G_7 的深度优先生成森林

图 6-21　非连通图 G_7 及其生成森林

6.5.1　基本概念

由生成树的定义可知，无向连通图的生成树不是唯一的。连通图的一次遍历所经过的边的集合以及图中所有顶点的集合就构成了该图的一棵生成树，因此，对连通图的不同遍历，就可能得到不同的生成树。图 6-22(b)、(c) 和 (d) 所示的均为图 6-22(a) 的无向连通网 G_8 的生成树。

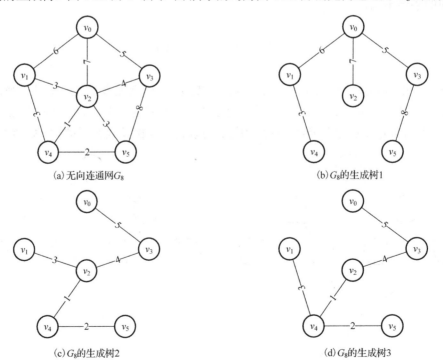

(a) 无向连通网 G_8　　　　　　(b) G_8 的生成树1

(c) G_8 的生成树2　　　　　　(d) G_8 的生成树3

图 6-22　无向连通网 G_8 及其 3 棵生成树

一个图可以有许多棵不同的生成树，它们都具备以下特点：

(1)生成树的顶点个数与图的顶点个数相同。

(2)生成树是图的极小连通子图。

(3)一个有 n 个顶点的连通图的生成树有 $n–1$ 条边，而含有 n 个顶点和 $n–1$ 条边的图则不一定是生成树。

(4)生成树中任意两个顶点间的路径是唯一的。

(5)在生成树中再加一条边必然形成回路。

在一个连通网的所有生成树中，各边的代价(或权值)之和最小的那棵生成树称为该连通网的最小代价生成树(Minimum Cost Spanning Tree，MST)，简称最小生成树。构造最小生成树有多种算法，其中，最为经典的是普里姆(Prim)算法和克鲁斯卡尔(Kruskal)算法。

6.5.2　普里姆算法

1. 普里姆算法

假设 $N = (V, E)$ 是连通网，TE 是 N 上最小生成树中边的集合。普里姆算法的构造过程可描述如下：

(1)令 $U = \{v_0\}(v_0 \in V)$，$TE = \{\}$。

(2)从所有 $u \in U$，$v \in V - U$ 的边 $(u, v) \in E$ 中选择一条权值最小的边 $(u_x, v_x) \in E$ 并入集合 TE，同时 v_x 并入 U。

(3)重复步骤(2)，直至 $U = V$ 为止。

此时 TE 中必有 $n–1$ 条边，则 $T = (V, TE)$ 为 N 的最小生成树。

图 6-23 所示为图 6-22(a)中的连通网 G_8 从 v_0 开始构造最小生成树的过程，其详细步骤

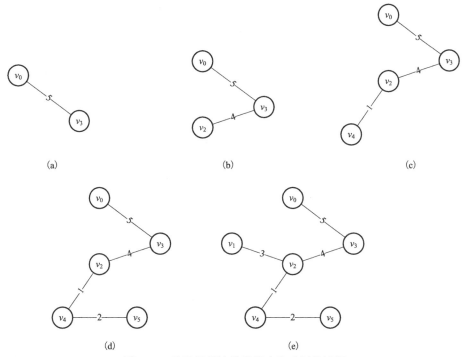

图 6-23　普里姆算法构造最小生成树的过程

如表 6-3 所示。表 6-3 第 1～2 行、图 6-24(a) 和 (b) 及图 6-23(a) 和 (b) 所描述含义均相同，读者可对照理解。可以看出，普里姆算法在构造过程中逐步增加 U 中的顶点，这种方法称为"加点法"。

表 6-3 普里姆算法构造最小生成树的步骤

U	$V-U$	$(u, v) \in E, u \in U, v \in V-U$	示意图	最小生成树 T
$\{v_0\}$	$\{v_1, v_2, v_3, v_4, v_5\}$	$(v_0, v_1)\,6$, $(v_0, v_2)\,7$, $(v_0, v_3)\,\mathbf{5}$	图 6-23(a)	$(\{v_0, v_3\}, \{(v_0, v_3)\})$
$\{v_0, v_3\}$	$\{v_1, v_2, v_4, v_5\}$	$(v_0, v_1)\,6$, $(v_0, v_2)\,7$, $(v_3, v_2)\,\mathbf{4}$, $(v_3, v_5)\,8$	图 6-23(b)	$(\{v_0, v_2, v_3\}, \{(v_0, v_3), (v_3, v_2)\})$
$\{v_0, v_2, v_3\}$	$\{v_1, v_4, v_5\}$	$(v_0, v_1)\,6$, $(v_2, v_1)\,3$, $(v_2, v_4)\,\mathbf{1}$, $(v_2, v_5)\,3$, $(v_3, v_5)\,8$	图 6-23(c)	$(\{v_0, v_2, v_3, v_4\}, \{(v_0, v_3), (v_3, v_2), (v_2, v_4)\})$
$\{v_0, v_2, v_3, v_4\}$	$\{v_1, v_5\}$	$(v_0, v_1)\,6$, $(v_2, v_1)\,3$, $(v_2, v_5)\,3$, $(v_3, v_5)\,8$, $(v_4, v_1)\,3$, $(v_4, v_5)\,\mathbf{2}$	图 6-23(d)	$(\{v_0, v_2, v_3, v_4, v_5\}, \{(v_0, v_3), (v_3, v_2), (v_2, v_4), (v_4, v_5)\})$
$\{v_0, v_2, v_3, v_4, v_5\}$	$\{v_1\}$	$(v_0, v_1)\,6$, $(v_2, v_1)\,\mathbf{3}$, $(v_4, v_1)\,3$	图 6-23(e)	$(\{v_0, v_1, v_2, v_3, v_4, v_5\}, \{(v_0, v_3), (v_3, v_2), (v_2, v_4), (v_4, v_5), (v_2, v_1)\})$
$\{v_0, v_1, v_2, v_3, v_4, v_5\}$	$\{\}$			

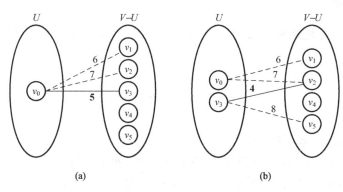

图 6-24 普里姆算法构造最小生成树的部分过程

注意：每次选择最小边时，如果存在多条权值一样的边可选，则可以任选其一。后面介绍的克鲁斯卡尔算法也是一样。

2. 普里姆算法的实现

假设一个无向网 G 以邻接矩阵表示法存储，要求从顶点 u 出发构造 G 的最小生成树。为了实现上述构造过程中的步骤(2)，需附设一个辅助结构体数组 dist[n]，用于记录从顶点集 $V-U$ 到 U 的权值最小的边，不妨称为最小边，例如，dist[i] 存储从顶点 i 到 U 的最小边的相关信息。每个数组元素包括两个域：minCost 和 adjvex。其中 minCost 存储从顶点 i 到 U 的最小边的权值，adjvex 存储最小边在 U 中的那个顶点。显然，若 dist[i].minCost = 0，表示顶点 i 已加入顶点集 U。

下面在代码 6-1 的基础上给出普里姆算法的具体实现，如代码 6-5 所示。

代码 6-5 普里姆算法

```
//采用普里姆算法从顶点 u 出发构造 g 的最小生成树，并输出它的各条边
void Prim(Graph *g, ElementType u)
{
    int i, j, n;
    struct
```

```
    {
        EdgeType minCost;                      //存储从某个顶点到 U 的最小边的权值
        ElementType adjvex;                    //存储最小边在 U 中的那个顶点下标
    } dist[MaxVexNum];                         //辅助数组，记录从顶点集 V–U 到 U 的最小边的信息
    i = LocateVex(g, u);                       //查找顶点 u 的存储位置，即数组下标 i
    if (i == ERROR) return;                    //图中不存在顶点 u，返回
    n = g->vexNum;                             //n 为图的顶点数
    dist[i].minCost = 0;                       //顶点 u 的 minCost 置为 0，表示将其加入 U，此时 U={u}
    for (j = 0; j < n; j++)
        if (j != i)                            //对 V–U 的每一个顶点 j
        {
            dist[j].minCost = g->edge[j][i];   //初始 dist[j]的最小边的权值为从顶点 j 到 i 的边的权值
            dist[j].adjvex = i;                //该最小边在 U 中的那个顶点当然是 i
        }
    for (i = 1; i < n; i++)                    //加点法，选择其余 n–1 个顶点，生成 n–1 条边
    {
        int k;
        EdgeType min = INFINITY;               //边的最小权值初始化为∞
        for (j = 0; j < n; j++)                //选出最小边
            if (dist[j].minCost != 0 && dist[j].minCost < min)
            {
                min = dist[j].minCost;         //更新最小权值
                //最小边依附的一个顶点 k∈V–U，另一个顶点 dist[k].adjvex∈U
                k = j;
            }
        //输出当前的最小边
        printf("(%c, %c), ", g->vex[dist[k].adjvex], g->vex[k]);
        dist[k].minCost = 0;                   //顶点 k 并入顶点集 U
        //新顶点并入 U 后需要更新 V–U 中其余顶点到 U 的最小边的信息
        for (j = 0; j < n; j++)
            if (dist[j].minCost != 0 && g->edge[k][j] < dist[j].minCost)
            {
                dist[j].adjvex = k;
                //如果 V–U 中某顶点到顶点 k 的边的权值小于该顶点当前最小边的权值，则替换之
                dist[j].minCost = g->edge[k][j];
            }
    }
}
int main(void)
{
    Graph g;
    CreateGraph(&g);                           //如创建无向网 G8，应该输入 6 个顶点、20 条弧
    printf("最小生成树的边集为：\n");
    Prim(&g, 'A');                             //从顶点 A 出发调用普里姆算法求最小生成树
    return 0;
}
```

分析上述算法，假设连通网中有 n 个顶点，则普里姆算法的时间复杂度为 $O(n^2)$，与网中的边数无关，因此较适用于求稠密图的最小生成树。

6.5.3　克鲁斯卡尔算法

1. 克鲁斯卡尔算法

假设 $N=(V,E)$ 是连通网，将 N 中的边按权值从小到大的顺序排列。克鲁斯卡尔算法的构造过程可描述如下：

(1) 令 N 的最小生成树为 T，其初始状态为 $T=(V,\{\})$，即只有 n 个顶点而无边，图中每个顶点自成一个连通分量。

(2) 在边集合 E 中选择权值最小的边，若该边所依附的两个顶点分别落在 T 中不同的连通分量上，则将此边加入 T，否则舍去此边继续考察下一条权值最小的边。

(3) 重复步骤(2)，直至 T 中所有顶点都在同一个连通分量上为止。

图 6-25 为图 6-22(a) 中的连通网 G_8 构造最小生成树的过程，其步骤如表 6-4 所示。可以看出，克鲁斯卡尔算法在构造过程中逐步增加 T 中的边，这种方法称为"加边法"。

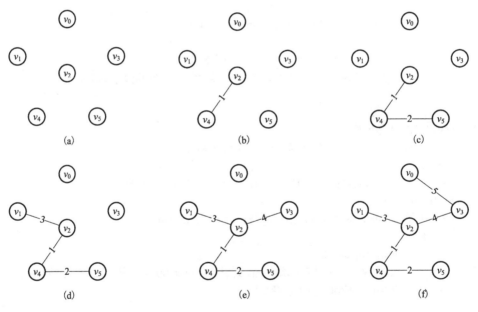

图 6-25　克鲁斯卡尔算法构造最小生成树的过程

表 6-4　克鲁斯卡尔算法构造最小生成树的步骤

考察边	权值	操作	示意图	最小生成树 T
—	—	—	图 6-25(a)	$(\{v_0,v_1,v_2,v_3,v_4,v_5\},\{\})$
(v_2,v_4)	1	加入 T	图 6-25(b)	$(\{v_0,v_1,v_2,v_3,v_4,v_5\},\{(v_2,v_4)\})$
(v_4,v_5)	2	加入 T	图 6-25(c)	$(\{v_0,v_1,v_2,v_3,v_4,v_5\},\{(v_2,v_4),(v_4,v_5)\})$
(v_1,v_2)	3	加入 T	图 6-25(d)	$(\{v_0,v_1,v_2,v_3,v_4,v_5\},\{(v_2,v_4),(v_4,v_5),(v_1,v_2)\})$
(v_1,v_4)	3	舍弃		$(\{v_0,v_1,v_2,v_3,v_4,v_5\},\{(v_2,v_4),(v_4,v_5),(v_1,v_2)\})$

考察边	权值	操作	示意图	最小生成树 T
(v_2, v_5)	3	舍弃		$(\{v_0, v_1, v_2, v_3, v_4, v_5\}, \{(v_2, v_4), (v_4, v_5), (v_1, v_2)\})$
(v_2, v_3)	4	加入 T	图 6-25(e)	$(\{v_0, v_1, v_2, v_3, v_4, v_5\}, \{(v_2, v_4), (v_4, v_5), (v_1, v_2), (v_2, v_3)\})$
(v_0, v_3)	5	加入 T	图 6-25(f)	$(\{v_0, v_1, v_2, v_3, v_4, v_5\}, \{(v_2, v_4), (v_4, v_5), (v_1, v_2), (v_2, v_3), (v_0, v_3)\})$

2. 克鲁斯卡尔算法的实现

假设无向网 G 以邻接矩阵表示法存储，它含有 n 个顶点、e 条边，算法的实现需要引入辅助的结构体数组 edge[e]，用于存储边的信息，包括边依附的两个顶点信息和边的权值，其结构可定义如下：

```
struct {
    int head;                        //边的始点
    int tail;                        //边的终点
    EdgeType cost;                   //边的权值
} edge[e];
```

此外，还需引入辅助数组 vexSet[n]，用于标识各个顶点所属的连通分量。初始时 vexSet[i] 可设为 i，表示各顶点自成一个连通分量。

下面在代码 6-1 的基础上给出克鲁斯卡尔算法的具体实现，如代码 6-6 所示。

代码 6-6　克鲁斯卡尔算法

```
#define MaxEdgeNum 100                    //最大边(弧)数
//采用克鲁斯卡尔算法构造无向网 g 的最小生成树，并输出它的各条边
void Kruskal(Graph *g)
{
    int i, j, k = 0;
    struct {
        int head;                        //边的始点
        int tail;                        //边的终点
        EdgeType cost;                   //边的权值
    } edge[MaxEdgeNum], t;               //辅助数组，用于存储图中各条边的信息
    int vexSet[MaxVexNum];               //辅助数组，用于标识各个顶点所属的连通分量
    for (i = 0; i < g->vexNum; i++)      //遍历邻接矩阵的下三角元素
        for (j = 0; j < i; j++)
            if (g->edge[i][j] != INFINITY)   //找到一条边
            {
                edge[k].head = i;            //该边的信息转存入 edge 辅助数组
                edge[k].tail = j;
                edge[k++].cost = g->edge[i][j];
            }
    for (i = 0; i < g->vexNum; i++)
        vexSet[i] = i;                   //表示各顶点自成为一个连通分量
    for (i = 0; i < g->edgeNum – 1; i++) //将数组 edge 中的各条边按权值从小到大排序
        for (j = i + 1; j < g->edgeNum; j++)
            if (edge[i].cost > edge[j].cost)  //若逆序，则交换
```

```
                    {
                        t = edge[i];
                        edge[i] = edge[j];
                        edge[j] = t;
                    }
        for (i = 0; i < g->edgeNum; i++)          //依次查看数组 edge 中的边
        {
            int vs1, vs2;
            vs1 = vexSet[edge[i].head];           //获取边的始点所在的连通分量 vs1
            vs2 = vexSet[edge[i].tail];           //获取边的终点所在的连通分量 vs2
            if (vs1 != vs2)                       //若边的两个顶点分属不同的连通分量
            {
                //输出当前的最小边
                printf("(%c, %c), ", g->vex[edge[i].tail], g->vex[edge[i].head]);
                for (j = 0; j < g->edgeNum; j++)  //合并vs1 和vs2 两个分量，即两个集合统一编号
                    if (vexSet[j] == vs2)         //若集合编号为 vs2
                        vexSet[j] = vs1;          //都改为 vs1
            }
        }
}
int main (void)
{
    Graph g;
    CreateGraph (&g);                             //如创建无向网 G8，应该输入 6 个顶点、20 条弧
    printf("最小生成树的边集为：\n");
    Kruskal (&g);                                 //调用克鲁斯卡尔算法求最小生成树
    return 0;
}
```

　　　　分析上述算法，假设连通网中有 e 条边，如果采用第 8 章中介绍的堆排序或快速排序对网中的边进行排序，时间复杂度为 $O(e\log_2 e)$，而合并连通分量的两重 for 循环，若采取合适的数据结构，则其执行时间为 $O(e\log_2 e)$，由于两者为并列关系，因此，克鲁斯卡尔算法总的时间复杂度为 $O(e\log_2 e)$，与网中的顶点数无关，较适合于求稀疏图的最小生成树。

6.6　最　短　路　径

　　　　最短路径问题是图的比较典型的应用问题。例如，若要开发一款交通咨询软件，则可以采用图状结构来表示实际的交通网络，如图 6-26 所示，图中顶点表示城市，边表示城市间的交通联系。如果一位旅客要从 A 城出发前往 B 城，那么根据他的不同需求，就有了不同的出行方案：如果他关心的仅仅是交通费用，则需要选择总里程数最短的路线[①]；如果他希望换乘次数即中转次数要少，则反映到图结构上就是要寻找一条从 A 城到 B 城所含边的数目最少的路径。

---

① 这里假设定价以里程计。

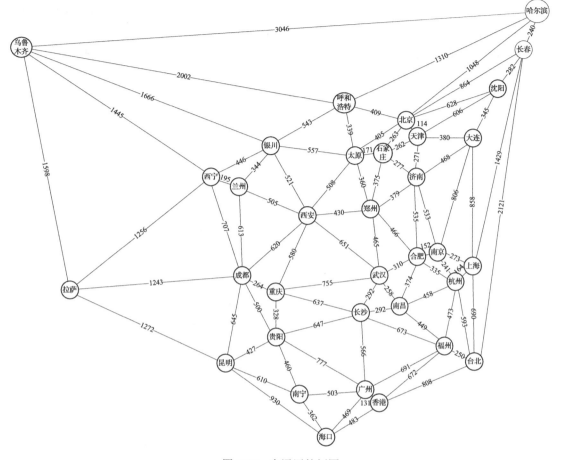

图 6-26 交通网的例图

在非网图中，最短路径是指两顶点之间经过的边数最少的路径。而对于网图来说，最短路径是指两顶点之间经过的边上权值之和最小的路径，路径上的第一个顶点通常称为源点（Sourse），最后一个顶点称为终点（Destination）。

本节主要讲解两种最常见的求最短路径的算法：一种是求从某个源点到其余各顶点的最短路径，另一种是求每一对顶点之间的最短路径。

6.6.1 迪杰斯特拉算法

1. 迪杰斯特拉(Dijkstra)算法

给定带权有向网 $N = (V, E)$ 和源点 v_0，求从 v_0 到 N 中其余各顶点的最短路径。迪杰斯特拉提出一个按路径长度递增的次序产生最短路径的算法，称为迪杰斯特拉算法。

迪杰斯特拉算法的求解过程为：

（1）将 N 中顶点分为两个集合 S 和 V–S，其中 S 为已求出最短路径的顶点集合，初始时只包含源点 v_0，V–S 为尚未求出最短路径的顶点集合，初始时为 V–$\{v_0\}$。

（2）从集合 V–S 中选取到源点 v_0 的路径长度最短的顶点 v_s，将其加入集合 S 中。

（3）每加入一个新的顶点 v_s 到 S，就意味着从源点 v_0 到 V–S 中剩余顶点就多了一个"中转"顶点，也就多了一条"中转"路径，因此，需要更新 $V–S$ 中剩余顶点的最短路径长度。

(4) 重复步骤(2)和步骤(3)，直至图中源点 v_0 可到达的所有顶点都加入顶点集 S 为止。

例如，图 6-27 所示的带权有向网 G_9，从源点 v_0 到其余各顶点之间的最短路径求解过程如表 6-5 所示。

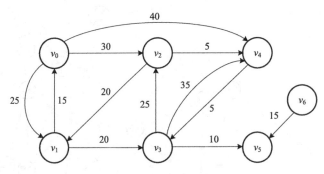

图 6-27　带权有向图 G_9

表 6-5　迪杰斯特拉算法求解单源点最短路径的过程示意图

源点	终点及集合	初始状态	$j=1$	$j=2$	$j=3$	$j=4$	$j=5$
v_0	v_1	**25** (v_0, v_1)					
	v_2	30 (v_0, v_2)	**30** (v_0, v_2)				
	v_3	∞	45 (v_0, v_1, v_3)	45 (v_0, v_1, v_3)	**40** (v_0, v_2, v_4, v_3)		
	v_4	40 (v_0, v_4)	40 (v_0, v_4)	**35** (v_0, v_2, v_4)			
	v_5	∞	∞	∞	∞	**50** $(v_0, v_2, v_4, v_3, v_5)$	
	v_6	∞	∞	∞	∞	∞	∞
	S	$\{v_0\}$	$\{v_0, v_1\}$	$\{v_0, v_1, v_2\}$	$\{v_0, v_1, v_2, v_4\}$	$\{v_0, v_1, v_2, v_3, v_4\}$	$\{v_0, v_1, v_2, v_3, v_4, v_5\}$
	$V–S$	$\{v_1, v_2, v_3, v_4, v_5, v_6\}$	$\{v_2, v_3, v_4, v_5, v_6\}$	$\{v_3, v_4, v_5, v_6\}$	$\{v_3, v_5, v_6\}$	$\{v_5, v_6\}$	$\{v_6\}$
	v_s	v_1	v_2	v_4	v_3	v_5	无

2. 迪杰斯特拉算法的实现

假设带权有向图 G 以邻接矩阵表示法存储，它含有 n 个顶点、e 条边，算法的实现需要引入以下辅助的数据结构：

(1) 一维数组 found[n]，用于记录从源点 v_0 到终点 v_j 的最短路径长度是否已被确定，TRUE 表示确定，FALSE 表示尚未确定。

(2) 一维数组 dist[n]，用于记录从源点 v_0 到终点 v_j 的当前最短路径长度。其初值为：如果从 v_0 到 v_j 有弧，则 dist[j] 为弧上的权值，否则为 ∞。

(3) 一维数组 prior[n]，用于记录从源点 v_0 到终点 v_j 的当前最短路径上 v_j 的直接前驱顶点序号。其初值为：如果从 v_0 到 v_j 有弧，则 prior[j] 为 0，否则为 –1。

显然，求解过程步骤(2)中选择的路径长度最短的顶点 v_k，必然满足以下条件：

$$\text{dist}[k] = \min\{\text{dist}[j] \mid v_j \in V - S\} \tag{6-3}$$

　　求得顶点 v_k 的最短路径后，将其加入顶点集 S 中，同时更新 V–S 中剩余顶点的最短路径长度，v_0 到 v_j 的原最短路径长度为 dist[j]，加入顶点 v_k 之后，以 v_k 作为"中转"顶点的路径长度为 dist[k]+g->edge[k][j][①]，若 dist[k]+g->edge[k][j] < dist[j]，则用 dist[k]+g->edge[k][j] 取代 dist[j] 成为新的最短路径。之后继续选择数组 dist 中路径长度值最小的顶点加入顶点集 S，如此重复进行下去，直至图中源点 v_0 可到达的所有顶点都加入 S 为止。

　　下面在代码 6-1 的基础上给出迪杰斯特拉算法的具体实现，如代码 6-7 所示。

代码 6-7　迪杰斯特拉算法

```
//从图中源点 u 出发，求解它到其余各个顶点的最短路径
void Dijkstra (Graph *g, ElementType u)
{
    int s, i, j;
    //用于记录从源点 u 到终点的最短路径长度是否已被确定，TRUE 表示确定，FALSE 表示尚未确定
    Boolean found[MaxVexNum];
    EdgeType dist[MaxVexNum];                    //用于记录从源点 u 到终点的当前最短路径长度
    //用于记录从源点 u 到终点的当前最短路径上终点的直接前驱顶点序号
    int prior[MaxVexNum];
    s = LocateVex (g, u);                        //查找源点 u 的存储位置，即数组下标 s
    if (s == ERROR) return;                      //图中不存在顶点 u，返回
    for (j = 0; j < g->vexNum; j++)
    {
        found[j] = FALSE;                        //初始时所有终点的最短路径长度均设为尚未确定
        //将源点到各个终点的最短路径长度初始化为源点到该终点的弧上的权值
        dist[j] = g->edge[s][j];
        if (dist[j] < INFINITY)
            prior[j] = s;                        //如果顶点 s 和 j 之间有弧，则将顶点 j 的前驱置为 s
        else prior[j] = -1;                      //否则，置为-1
    }
    found[s] = TRUE;                             //将源点 u 加入 S
    dist[s] = 0;                                 //源点到源点的距离为 0
    for (i = 1; i < g->vexNum; i++)              //对其余 n-1 个顶点，依次进行计算
    {
        int min = INFINITY, k;
        for (j = 0; j < g->vexNum; j++)
            if (!found[j] && dist[j] < min)      //如果顶点 j∈V-S，且它的最短路径长度小于 min
            {
                k = j;                           //选择一条当前的最短路径，终点为 k
                min = dist[j];
            }
        if (min != INFINITY)                     //若 min 不等于∞，表示找到一条可行路径
        {
            found[k] = TRUE;                     //将顶点 k 加入 S
            for (j = 0; j < g->vexNum; j++)
                if (!found[j] && dist[k] + g->edge[k][j] < dist[j])
```

————————————

① 表示弧<v_k, v_j>的权值。

```
                    {
                                //更新 V–S 中顶点 j 的最短路径长度 dist[j]
                                dist[j] = dist[k] + g->edge[k][j];
                                prior[j] = k;            //更改 j 的前驱为 k
                    }
            }
    }
    printf("迪杰斯特拉算法求解最短路径问题：\n");
    for (i = 0; i < g->vexNum; i++)               //输出每个终点的最短路径长度
    {
            if (i == s || dist[i] == INFINITY)
                    continue;                        //跳过源点自身，也跳过没有路径的终点
            printf("%c 到%c 的最短路径长度=%d，路线：%c", u, g->vex[i], dist[i], g->vex[i]);
            j = i;                                   //虚拟指针 j 初始赋值为 i
            while（1）
            {
                    j = prior[j];                    //获取下标为 j 的顶点的前驱顶点
                    printf(" ← %c", g->vex[j]);      //输出顶点信息
                    if (j == s) break;               //如果前驱顶点为源点，则跳出循环
            }
            printf("\n");
    }
}
int main（void）
{
    Graph g;
    CreateGraph（&g）;                               //创建有向网 g
    Dijkstra（&g, 'A'）;                             //调用 Dijkstra 算法求解顶点 A 到其余顶点的最短路径
    return 0;
}
```

分析上述算法的时间复杂度，其主要时间开销在于两重 for 循环，主循环共进行 $n-1$ 次，每次执行的时间是 $O(n)$，因此总的时间复杂度是 $O(n^2)$。

为了求解图中每一对顶点之间的最短路径，可以分别以图中的每个顶点作为源点，重复调用 n 次迪杰斯特拉算法，时间复杂度为 $O(n^3)$；另一种求解方法则是著名的弗洛伊德（Floyd）算法，虽然其时间复杂度仍为 $O(n^3)$，但该算法形式简单，更加简洁优雅。

6.6.2　弗洛伊德算法

1. 弗洛伊德算法

假设带权有向图 G 以邻接矩阵表示法存储，它含有 n 个顶点、e 条边，求从顶点 v_i 到 v_j 的最短路径，算法的实现需要引入以下辅助的数据结构：

(1) 二维数组 prior[i][j]，用于记录最短路径上顶点 v_j 的直接前驱顶点序号。

(2) 二维数组 dist[i][j]，用于记录顶点 v_i 和 v_j 之间的最短路径长度。

弗洛伊德算法的求解过程：

(1)顶点 v_i 到 v_j 的最短路径长度初始化，即 dist[i][j] = g->edge[i][j]，然后进行如下的 n 次试探。

(2)考虑在路径 v_i 和 v_j 间加入顶点 v_0，比较 (v_i, v_j) 和 (v_i, v_0, v_j) 的路径长度，取其较短者作为 v_i 到 v_j 的中间顶点序号不大于 $0^{①}$ 的最短路径。

(3)考虑在路径 v_i 和 v_j 间加入顶点 v_1，得到 $(v_i, \cdots, v_1)$ 和 $(v_1, \cdots, v_j)$，其中 $(v_i, \cdots, v_1)$ 是 v_i 到 v_1 的中间顶点序号不大于 0 的最短路径，$(v_1, \cdots, v_j)$ 是 v_1 到 v_j 的中间顶点序号不大于 0 的最短路径。比较 $(v_i, \cdots, v_1, \cdots, v_j)$ 与上一步求出的 v_i 到 v_j 的中间顶点序号不大于 0 的最短路径，取其较短者作为 v_i 到 v_j 的中间顶点序号不大于 1 的最短路径。

(4)依次类推，在路径 v_i 和 v_j 间加入顶点 v_k，得到 $(v_i, \cdots, v_k)$ 和 $(v_k, \cdots, v_j)$，其中 $(v_i, \cdots, v_k)$ 是 v_i 到 v_k 的中间顶点序号不大于 $k-1$ 的最短路径，$(v_k, \cdots, v_j)$ 是 v_k 到 v_j 的中间顶点序号不大于 $k-1$ 的最短路径。比较 $(v_i, \cdots, v_k, \cdots, v_j)$ 与上一步求出的 v_i 到 v_j 的中间顶点序号不大于 $k-1$ 的最短路径，取其较短者作为 v_i 到 v_j 的中间顶点序号不大于 k 的最短路径。

(5)这样，经过 n 次的比较和更新后，最后可以求得 v_i 到 v_j 的中间顶点序号不大于 $n-1$ 的最短路径，即 v_i 到 v_j 的最短路径。

根据上述求解过程，定义一个 n 阶方阵 dist，其初始状态为 $\text{dist}^{(-1)}$，在上述的 n 次比较和更新中，dist 的值不断变化，对应一个 n 阶方阵序列：

$$\{\text{dist}^{(-1)}, \text{dist}^{(0)}, \text{dist}^{(1)}, \cdots, \text{dist}^{(k)}, \cdots, \text{dist}^{(n-1)}\}$$

式中，

$$\begin{cases} \text{dist}^{(-1)}[i][j] = g->edge[i][j] \\ \text{dist}^{(k)}[i][j] = \min\{\text{dist}^{(k-1)}[i][j], \text{dist}^{(k-1)}[i][k] + \text{dist}^{(k-1)}[k][j]\}, \quad 0 \leq k \leq n-1 \end{cases}$$

显然，$\text{dist}^{(-1)}[i][j]$ 是从 v_i 到 v_j 不经过任何中间顶点的最短路径长度，即初始状态；$\text{dist}^{(0)}[i][j]$ 是从 v_i 到 v_j 的中间顶点序号不大于 0 的最短路径长度；$\text{dist}^{(k)}[i][j]$ 是从 v_i 到 v_j 的中间顶点序号不大于 k 的最短路径长度；$\text{dist}^{(n-1)}[i][j]$ 是从 v_i 到 v_j 的中间顶点序号不大于 $n-1$ 的最短路径长度，即从 v_i 到 v_j 的最短路径长度。

2. 弗洛伊德算法的实现

下面在代码 6-1 的基础上给出弗洛伊德算法的具体实现，如代码 6-8 所示。

代码 6-8　弗洛伊德算法

```
//求图 g 中各对顶点之间的最短路径
void Floyd(Graph *g)
{
    int i, j, n, k, s;
    EdgeType dist[MaxVexNum][MaxVexNum]; //用于记录两个顶点之间的当前最短路径长度
    //用于记录从源点到终点的当前最短路径上终点的直接前驱顶点序号
    int prior[MaxVexNum][MaxVexNum];
    n = g->vexNum;                        //n 为图中的顶点数
    for (i = 0; i < n; i++)
```

① 图中顶点为 $v_0, v_1, \cdots, v_{n-1}$，其顶点序号分别为 $0, 1, \cdots, n-1$。

```
        for (j = 0; j < n; j++)                        //遍历图的邻接矩阵
        {
            //将两个顶点之间的最短路径长度初始化为两顶点关联的弧上的权值
            dist[i][j] = g->edge[i][j];
            if (dist[i][j] < INFINITY)
                prior[i][j] = i;                       //如果顶点 i 和 j 之间有弧，则将 j 的前驱置为 i
            else prior[i][j] = -1;                     //否则，将 j 的前驱置为-1
        }
    for (k = 0; k < n; k++)
        for (i = 0; i < n; i++)
            for (j = 0; j < n; j++)
                //假如从 i 经 k 到达 j 的一条路径更短
                if (dist[i][k] + dist[k][j] < dist[i][j])
                {
                    //更新从 i 到 j 的最短路径长度
                    dist[i][j] = dist[i][k] + dist[k][j];
                    prior[i][j] = prior[k][j];//更改 j 的前驱，prior[k][j]表示从 k 到 j 路径上 j 的前驱
                }
    printf("弗洛伊德算法求解最短路径问题：\n");
    for(s = 0; s < n; s++)                             //若源点的顶点序号为 s
    {
        printf("源点为%c：\n", g->vex[s]);
        for (i = 0; i < n; i++)                        //输出每个终点的最短路径长度
        {
            if (i == s || dist[s][i] == INFINITY)
                continue;                              //跳过源点自身，也跳过与源点不连通的终点
            printf("到%c 的最短路径长度=%3d，路线：%c", g->vex[i], dist[s][i], g->vex[i]);
            j = i;                                     //虚拟指针 j 初始赋值为 i
            while (1)
            {
                j = prior[s][j];                       //获取下标为 j 的顶点的前驱顶点
                printf(" ← %c", g->vex[j]);            //输出顶点信息
                if (j == s) break;                     //如果前驱顶点为源点 s，则跳出循环
            }
            printf("\n");
        }
    }
}
int main (void)
{
    Graph g;
    CreateGraph (&g);                                  //创建有向网 g
    Floyd (&g);                                        //调用弗洛伊德算法求解 g 的最短路径
    return 0;
}
```

　　例如，利用弗洛伊德算法求解图 6-28 所示的有向网 G_{10} 的最短路径，给出每一对顶点之间的最短路径及其长度在求解过程中的变化。

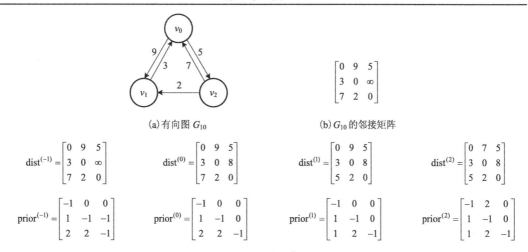

图 6-28　有向网 G_{10} 在弗洛伊德算法求解过程中最短路径及其长度变化

如何从图 6-28 中读取两个顶点之间的最短路径呢？以 prior$^{(2)}$ 为例，从 dist$^{(2)}$ 可知，顶点 v_0 到顶点 v_1 的最短路径长度为 dist[0][1]=7，其最短路径看 prior[0][1]=2，表示顶点 v_1 的前驱是 v_2；再看 prior[0][2]=0，表明顶点 v_2 的前驱是 v_0，所以从顶点 v_0 到顶点 v_1 的最短路径为 $<v_0, v_2>,<v_2, v_1>$。

6.7　拓　扑　排　序

6.7.1　拓扑排序介绍

一个无环①的有向图称作有向无环图(Directed Acycline Graph)，简称 DAG。DAG 是描述一项工程或系统的进行过程的有效工具。我们通常会把施工过程、生产流程、软件开发、程序流程、项目管理、教学安排等都当成一个工程来对待，一般来说，工程可分为若干个称为活动(Activity)的子过程。这些活动之间，通常受到一定条件的约束，如其中某些活动必须在另一些活动完成之后才能开始。

例如，一个计算机专业的学生必须学习一系列基本课程，如表 6-6 所示，其中有些课程是基础课，独立于其他课程，如"计算机大类专业导论"；而另一些课程必须在学完作为其基础的先修课程后才能开始，如学习"数值分析"前必须先学完"高等数学"、"线性代数"和"高级语言程序设计"。这些先决条件定义了课程之间的领先(优先)关系。可以用有向图清楚地表示这种关系，如图 6-29 所示。图中顶点表示课程号，有向弧表示先决条件。若课程 C_i 是课程 C_j 的先修课程，则图中有弧$<C_i, C_j>$。

这种用顶点表示活动、用弧表示活动间的优先关系的有向图称为顶点表示活动的图(Activity On Vertex Network)，简称 AOV 网。在网中，若从顶点 v_i 到 v_j 有一条有向路径，则 v_i 是 v_j 的前驱，v_j 是 v_i 的后继。若$<v_i, v_j>$是网中一条弧，则 v_i 是 v_j 的直接前驱，v_j 是 v_i 的直接后继。显然，AOV 网所代表的一项工程中，活动的集合是一个偏序集合。为了保证工程得以

---

① 图中没有回路。

顺利完成，必须保证 AOV 网中不存在环，即不存在回路；否则，就意味着某项活动应以自己为先决条件，这无疑是荒谬的。因此，对给定的 AOV 网首先应该判定网中是否存在环。检测的办法是对有向图的顶点进行拓扑排序，若网中所有顶点都在拓扑有序序列中，则该 AOV 网中必定不存在环。

表 6-6　计算机专业的必修课及其关系

课程号	课程名	先修课程号	课程号	课程名	先修课程号
C_0	计算机大类专业导论	无	C_6	计算机组成原理	C_0
C_1	高级语言程序设计	无	C_7	算法分析	C_3
C_2	高等数学	无	C_8	编译原理	C_1, C_3
C_3	数据结构	C_1, C_{11}	C_9	操作系统	C_1, C_3, C_6
C_4	汇编语言	C_1	C_{10}	线性代数	C_2
C_5	数值分析	C_1, C_2, C_{10}	C_{11}	离散数学	C_2

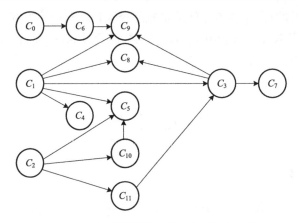

图 6-29　表示课程之间优先关系的有向图

拓扑排序是指将 AOV 网中的所有顶点排成一个线性有序序列，该序列满足：若图中一顶点 v_i 到另一顶点 v_j 存在一条路径，那么 v_j 在此图的拓扑排序序列中必定位于 v_i 之后。

例如，图 6-29 所示的有向图有如下两个拓扑有序序列：

$C_0, C_1, C_2, C_{11}, C_3, C_4, C_{10}, C_5, C_6, C_8, C_9, C_7$

$C_2, C_0, C_1, C_{11}, C_3, C_{10}, C_6, C_5, C_4, C_7, C_9, C_8$

当然，此图的拓扑有序序列并不只有上述两种，还可以构造出其他许多拓扑有序序列。

6.7.2　拓扑排序算法

拓扑排序的过程为：

(1)从 AOV 网中选择一个无前驱的顶点并且输出它。

(2)从网中删除该顶点以及所有以它为尾的弧。

(3)重复步骤(1)和(2)，直至网中不存在无前驱的顶点。

(4)若此时网中尚有顶点未被输出，则说明网中存在环，否则输出的顶点序列即一个拓扑有序序列。

以图 6-30(a)中所示的 AOV 网为例，v_3 和 v_5 没有前驱，可任选其一如 v_3 输出，在删除

v_3 及弧 $<v_3, v_1>$、$<v_3, v_2>$、$<v_3, v_4>$ 之后，考虑顶点 v_5 没有前驱，则输出 v_5 并且删除 v_5 及弧 $<v_5, v_0>$、$<v_5, v_4>$，之后 v_1 和 v_4 没有前驱，任选其一如 v_4 输出，在删除 v_4 及弧 $<v_4, v_0>$ 之后，考虑顶点 v_1 没有前驱，则输出 v_1 并且删除 v_1 及弧 $<v_1, v_0>$、$<v_1, v_2>$，之后 v_0 和 v_2 没有前驱，任选其一如 v_0 输出并删除 v_0，最后输出 v_2。整个拓扑排序的过程如图 6-30 所示，最后可得到该图的拓扑有序序列为 v_3, v_5, v_4, v_1, v_0, v_2。

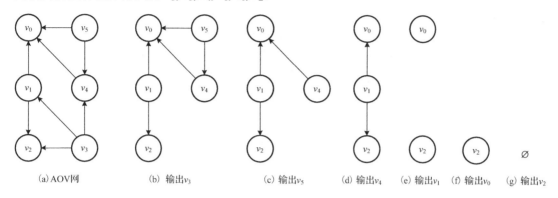

图 6-30 AOV 网及其拓扑排序

假设 AOV 网以邻接表表示法存储，拓扑排序算法的实现需要引入以下辅助的数据结构：

(1) 一维数组 inDegree[i]，用于存储各顶点入度，无前驱的顶点就是入度为 0 的顶点。

(2) 栈 S，暂存所有入度为 0 的顶点，这样可以避免重复扫描数组 inDegree 以检测入度为 0 的顶点，提高算法效率。

(3) 一维数组 topoOrder[i]，用于记录拓扑有序序列的顶点序号。

下面在代码 3-1 和代码 6-2 的基础上给出拓扑排序算法的具体实现，如代码 6-9 所示。

代码 6-9 拓扑排序算法

```
//求出各顶点的入度存入数组 inDegree 中
void CalcInDegree(Graph *g, int inDegree[ ])
{
    int i;
    EdgeNODE *p;
    for (i = 0; i < g->vexNum; i++)                //遍历图中所有顶点的邻接表
        for (p = g->vex[i].firstEdge; p; p = p->next)
            inDegree[p->adjvex]++;
}
//若 g 无回路，则生成 g 的一个拓扑序列 topoOrder 并返回 TRUE，否则返回 FALSE
Boolean TopologicalOrder(Graph *g, int topoOrder[])
{
    int i, j, m;
    Stack s;
    int inDegree[MaxVexNum] = {0};                 //初始化所有顶点的入度为 0
    CalcInDegree(g, inDegree);
    InitStack(&s, 100);                            //初始化栈 s, 实参为栈实例 s 的地址，栈容量设置为 100
    for (i = 0; i < g->vexNum; i++)
```

```
            if (!inDegree[i]) Push (&s, i);          //入度为 0 的顶点入栈
        m = 0;                                       //输出顶点计数，初始为 0
        while (!IsEmpty (&s))                         //栈 s 非空
        {
            EdgeNODE *p;
            ElementType i;                           //定义变量 i 为字符型，存储拓扑序列的顶点序号
            Pop (&s, &i);
            topoOrder[m++] = i;                      //将顶点 i 保存在拓扑序列数组 topoOrder 中
            p = g->vex[i].firstEdge;                 //指针 p 指向顶点 i 的第一个邻接点
            while (p)
            {
                j = p->adjvex;                       //顶点 j 为顶点 i 的邻接点
                inDegree[j]--;                       //顶点 i 的每个邻接点的入度减 1
                if (inDegree[j] == 0) Push (&s, j);  //若顶点入度为 0，则入栈
                p = p->next;                         //指针 p 指向顶点 i 的下一个邻接顶点
            }
        }
        if (m < g->vexNum) return FALSE;             //该有向图存在环，返回 FALSE
        else return TRUE;                            //否则返回 TRUE
}
int main (void)
{
    Graph g;
    int topoOrder[MaxVexNum];
    CreateGraph (&g);                                //创建有向网 g
    if (TopologicalOrder (&g, topoOrder))            //对 g 进行拓扑排序，若 g 不存在回路
    {
        int i;
        printf("该有向图的一个拓扑有序序列：");
        //输出 g 的一个拓扑有序序列
        for (i = 0; i < g.vexNum; i++)
                printf("%2c", g.vex[topoOrder[i]].data);
    }
    else printf("该有向图存在环。\n");
    return 0;
}
```

6.8　关 键 路 径

6.8.1　关键路径算法原理

若在带权的有向无环图中，用顶点表示事件，用弧表示活动，用权表示活动持续的时间，则称为以边表示活动的网（Activity On Edge Network），简称 AOE 网。通常，AOE 网可用来估算工程的完成时间，其主要用来解决以下两个问题：①估算完成整项工程至少需要多少时

间；②判定哪些活动是影响工程进度的关键。

通常整个工程只有一个开始点和一个完成点，故在正常的情况(无环)下，网中只有一个入度为 0 的点，称作源点，也只有一个出度为 0 的点，称作汇点。在 AOE 网中，一条路径各弧上的权值之和称为该路径的带权路径长度(后面简称路径长度)。要估算整项工程完成的最短时间，就是要找一个从源点到汇点的带权路径长度最长的路径，称为关键路径(Critical Path)，关键路径上的活动称为关键活动，这些活动是影响工程进度的关键，它们的提前或拖延将使整个工程提前或拖延。因此，工程进度控制的关键在于抓住关键活动。

例如，图 6-31 为一个有 13 项活动的 AOE 网。其中有 9 个事件 $v_0, v_1, \cdots, v_8$，每个事件表示在它之前的活动都已经完成，在它之后的活动可以开始。例如，v_0 是源点，表示整个工程开始，v_8 是汇点，表示整个工程结束，v_3 表示 a_3 和 a_4 都已经完成，a_6、a_7 和 a_8 可以开始。与每个活动相联系的数是执行该活动所需的时间，如活动 a_5 需要 3 天，活动 a_{11} 需要 5 天。那么如何确定该图的关键路径呢？下面先定义 4 个描述量，并给出其计算方法。

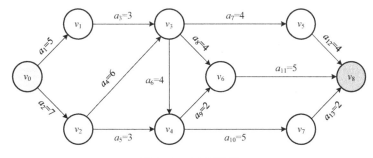

图 6-31　AOE 网 N_1

(1) 事件 v_i 的最早发生时间 $ve(i)$。

只有进入事件 v_i 的所有活动都已结束，v_i 所代表的事件才可发生，所以 $ve(i)$ 是从源点到 v_i 的最长路径长度。求 $ve(i)$ 的值，可根据 AOE 网的拓扑序列从源点开始向汇点递推。通常将工程的开始顶点事件 v_0 的最早发生时间定义为 0，即

$$\begin{cases} ve(0) = 0 \\ ve(i) = \text{Max}\{ve(k) + w_{k,i}\}, \quad <v_k, v_i> \in D_i, \quad 1 \leqslant i \leqslant n-1 \end{cases} \tag{6-4}$$

式中，D_i 为所有以 v_i 为头的弧的集合；$w_{k,i}$ 为弧 $<v_k, v_i>$ 的权值，即对应活动 $<v_k, v_i>$ 的持续时间。

(2) 事件 v_i 的最迟发生时间 $vl(i)$。

事件 v_i 的发生不得延误 v_i 的每一个后继事件的最迟发生时间。为了不拖延工期，v_i 的最迟发生时间不得迟于其后继事件 v_k 的最迟发生时间减去活动 $<v_i, v_k>$ 的持续时间。

求出 $ve(i)$ 后，可根据逆拓扑序列从汇点开始向源点递推，求出 $vl(i)$。

$$\begin{cases} vl(n-1) = ve(n-1) \\ vl(i) = \text{Min}\{vl(k) - w_{i,k}\}, \quad <v_i, v_k> \in S_i, \quad 0 \leqslant i \leqslant n-2 \end{cases} \tag{6-5}$$

式中，S_i 为所有以 v_i 为尾的弧的集合；$w_{i,k}$ 为弧 $<v_i, v_k>$ 的权值，即对应活动 $<v_i, v_k>$ 的持续时间。

(3) 活动 $a_i = <v_k, v_j>$ 的最早开始时间 $e(i)$。

若弧 $<v_k, v_j>$ 表示活动 a_i，则只有事件 v_k 发生了，活动 a_i 才能开始。所以，活动 a_i 的最早

开始时间等于事件 v_k 的最早发生时间 $ve(k)$，即

$$e(i) = ve(k) \tag{6-6}$$

(4) 活动 $a_i = <v_j, v_k>$ 的最迟开始时间 $l(i)$。

活动 a_i 的开始时间需保证不延误事件 v_k 的最迟发生时间。所以活动 a_i 的最迟开始时间 $l(i)$ 等于事件 v_k 的最迟发生时间 $vl(k)$ 减去活动 a_i 的持续时间 $w_{j,k}$，即

$$l(i) = vl(k) - w_{j,k} \tag{6-7}$$

显然，$e(i) = l(i)$ 的活动就是关键活动，而对于非关键活动，$l(i) - e(i)$ 则是该活动完成的时间余量，在该范围内的适度延误并不会影响整个工程的工期。因此，关键活动是时间余量为 0 的活动，该活动必须如期完成，否则就会拖延整个工程的进度。

例如，对于图 6-31 所示的 AOE 网，其关键路径求解的过程如下。

(1) 对图中顶点进行拓扑排序，再按拓扑序列求出每个事件的最早发生时间 $ve(i)$：

$ve(0) = 0$

$ve(1) = 5$

$ve(2) = 7$

$ve(3) = \text{Max}\{ve(1)+3, ve(2)+6\} = 13$

$ve(4) = \text{Max}\{ve(2)+3, ve(3)+4\} = 17$

$ve(5) = ve(3)+4 = 17$

$ve(6) = \text{Max}\{ve(3)+4, ve(4)+2\} = 19$

$ve(7) = ve(4)+5 = 22$

$ve(8) = \text{Max}\{ve(5)+4, ve(6)+5, ve(7)+2\} = 24$

(2) 按逆拓扑序列求出每个事件的最迟发生时间 $vl(i)$：

$vl(8) = ve(8) = 24$

$vl(7) = vl(8)-2 = 22$

$vl(6) = vl(8)-5 = 19$

$vl(5) = vl(8)-4 = 20$

$vl(4) = \text{Min}\{vl(6)-2, vl(7)-5\} = 17$

$vl(3) = \text{Min}\{vl(5)-4, vl(6)-4, vl(4)-4\} = 13$

$vl(2) = \text{Min}\{vl(4)-3, vl(3)-6\} = 7$

$vl(1) = vl(3)-3 = 10$

$vl(0) = \text{Min}\{vl(1)-5, vl(2)-7\} = 0$

(3) 求出每个活动的最早开始时间 $e(i)$ 和最迟开始时间 $l(i)$：

$e(a_1) = ve(0) = 0$　　　　$l(a_1) = vl(1)-5 = 5$

$e(a_2) = ve(0) = 0$　　　　$l(a_2) = vl(2)-7 = 0$

$e(a_3) = ve(1) = 5$　　　　$l(a_3) = vl(3)-3 = 10$

$e(a_4) = ve(2) = 7$　　　　$l(a_4) = vl(3)-6 = 7$

$e(a_5) = ve(2) = 7$　　　　$l(a_5) = vl(4)-3 = 14$

$e(a_6) = ve(3) = 13$　　　$l(a_6) = vl(4)-4 = 13$

$e(a_7) = ve(3) = 13$　　　$l(a_7) = vl(5)-4 = 16$

$$e(a_8) = ve(3) = 13 \qquad l(a_8) = vl(6) - 4 = 15$$
$$e(a_9) = ve(4) = 17 \qquad l(a_9) = vl(6) - 2 = 17$$
$$e(a_{10}) = ve(4) = 17 \qquad l(a_{10}) = vl(7) - 5 = 17$$
$$e(a_{11}) = ve(6) = 19 \qquad l(a_{11}) = vl(8) - 5 = 19$$
$$e(a_{12}) = ve(5) = 17 \qquad l(a_{12}) = vl(8) - 4 = 20$$
$$e(a_{13}) = ve(7) = 22 \qquad l(a_{13}) = vl(8) - 2 = 22$$

将各活动的最早开始时间和最迟开始时间汇总为表 6-7，可以看出，图 6-31 所示的 AOE 网有两条关键路径：一条是由活动 $(a_2, a_4, a_6, a_9, a_{11})$ 组成的关键路径，另一条是由活动 $(a_2, a_4, a_6, a_{10}, a_{13})$ 组成的关键路径，如图 6-32 所示。

表 6-7　活动的开始时间及时间余量

活动 a_i	活动最早开始时间 $e(i)$	活动最迟开始时间 $l(i)$	时间余量 $l(i)-e(i)$	是否关键活动
a_1	0	5	5	
a_2	0	0	0	√
a_3	5	10	5	
a_4	7	7	0	√
a_5	7	14	7	
a_6	13	13	0	√
a_7	13	16	3	
a_8	13	15	2	
a_9	17	17	0	√
a_{10}	17	17	0	√
a_{11}	19	19	0	√
a_{12}	17	20	3	
a_{13}	22	22	0	√

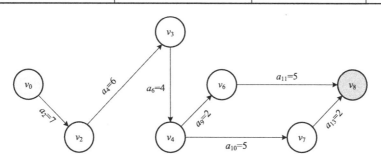

图 6-32　AOE 网 N_1 的关键路径

6.8.2　关键路径算法实现

从上述分析可知，每个事件的最早发生时间 $ve(i)$ 和最迟发生时间 $vl(i)$ 要在拓扑序列的基础上进行计算，因此关键路径算法的实现要基于拓扑排序算法，可采用邻接表作为有向图的存储结构。算法的实现还需引入以下辅助的数据结构。

(1) 一维数组 $ve[i]$。用于存储事件 v_i 的最早发生时间。

（2）一维数组 $vl[i]$。用于存储事件 v_i 的最迟发生时间。

（3）一维数组 topoOrder[i]。用于记录拓扑序列的顶点序号。

下面在代码 3-1、代码 6-2 和代码 6-9 的基础上给出关键路径算法的具体实现，读者可根据代码 6-10 中的详尽注释加以理解。

代码 6-10　关键路径算法

```
//求 AOE 网的关键路径，g 为邻接表存储的 AOE 网，输出 g 的各个关键活动
Boolean CriticalPath (Graph *g)
{
    int i, j, k, n;
    int topoOrder[MaxVexNum], ve[MaxVexNum], vl[MaxVexNum];
    EdgeNODE *p;
    //调用拓扑排序算法，使拓扑序列保存在topoOrder中；若调用失败，则说明网中存在有向环，返回FALSE
    if (TopologicalOrder (g, topoOrder) == FALSE) return FALSE;
    n = g->vexNum;                          //n 为 AOE 网中的顶点数
    for (i = 0; i < n; i++) ve[i] = 0;      //每个事件的最早发生时间置初值为 0
    for (i = 0; i < n; i++)                 //按拓扑次序求每个事件的最早发生时间
    {
        k = topoOrder[i];                   //取得拓扑序列中的顶点序号 k
        p = g->vex[k].firstEdge;            //p 指向顶点 k 的第一个邻接点
        //遍历顶点 k 的邻接表，更新顶点 k 的所有邻接点的事件最早发生时间
        while (p != NULL)
        {
            j = p->adjvex;                  //j 为邻接顶点的序号
            if (ve[j] < ve[k] + p->weight)  //根据式 (6-4)，取较大者
                ve[j] = ve[k] + p->weight;  //更新顶点 j 的事件最早发生时间 ve[j]
            p = p->next;                    //继续访问下一个邻接点
        }
    }
    for (i = 0; i < n; i++)                 //每个事件的最迟发生时间置初值为 ve[n–1]
        vl[i] = ve[n–1];
    for (i = n – 1; i >= 0; i—)            //按逆拓扑次序求每个事件的最迟发生时间
    {
        k = topoOrder[i];                   //取得拓扑序列中的顶点序号 k
        p = g->vex[k].firstEdge;            //p 指向顶点 k 的第一个邻接点
        //遍历顶点 k 的邻接表，更新顶点 k 的所有邻接点的事件最迟发生时间
        while (p != NULL)
        {
            j = p->adjvex;                  //j 为邻接顶点的序号
            if (vl[k] > vl[j] – p->weight)  //根据式 (6-5)，取较小者
                vl[k] = vl[j] – p->weight;  //更新顶点 j 的事件最迟发生时间 vl[k]
            p = p->next;                    //继续访问下一个邻接点
        }
    }
    printf("该 AOE 网的关键活动是：\n");
```

```
//每次循环针对顶点 i 为活动开始点的所有活动，判断其是否为关键活动
for (i = 0; i < n; i++)
{
        p = g->vex[i].firstEdge;                //p 指向顶点 i 的第一个邻接点
        while (p != NULL)
        {
                j = p->adjvex;                  //j 为邻接顶点的序号
                if (ve[i] == vl[j] – p->weight)   //活动<vi, vj>的最早开始时间等于最迟开始时间
                        printf("<%c, %c>是关键活动\n", g->vex[i].data, g->vex[j].data);
                p = p->next;                    //继续访问下一个邻接点
        }
}
return TRUE;
}
int main(void)
{
        Graph g;
        CreateGraph(&g);                        //创建有向网 g
        if (CriticalPath(&g) == FALSE)          //调用关键路径算法，若 g 中存在环
                printf("该有向图存在环。\n");
        return 0;
}
```

分析上述算法，在求每个事件的最早和最迟发生时间，以及活动的最早和最迟开始时间时，都要对所有顶点及每个顶点边表中的所有边结点进行遍历检查，因此，求关键路径算法的时间复杂度为 $O(n+e)$。

6.9 本 章 小 结

图是一种复杂的非线性数据结构，具有非常广泛的应用背景。本章主要讲述图的基本概念和存储方式，重点介绍了图的遍历及应用，具体内容如图 6-33 所示。

图 $\left\{\begin{array}{l}\text{逻辑结构：非线性结构} \\ \text{存储结构} \left\{\begin{array}{l}\text{顺序存储：邻接矩阵} \\ \text{链式存储：邻接表(逆邻接表)、十字链表、邻接多重表}\end{array}\right. \\ \text{相关概念：无(有)向图、稀疏(稠密)图、完全图、连通图、网、邻接点、度、路径、生成树等}\end{array}\right.$

$$\text{图的运算} \left\{\begin{array}{l}\text{创建、销毁、增加顶点、插入边(弧)、删除顶点、删除边(弧)} \\ \text{遍历} \left\{\begin{array}{l}\text{广度优先遍历} \\ \text{深度优先遍历}\end{array}\right. \\ \text{应用：最短路径、最小生成树、拓扑排序、关键路径}\end{array}\right.$$

图 6-33 图的主要内容

（1）邻接矩阵和邻接表是两种常用的存储结构，二者之间的比较如表 6-8 所示。在实际应用中具体采用哪种存储表示，需要根据图的类型和实际算法的基本思想进行选择。

表 6-8 邻接矩阵和邻接表的比较

项目		邻接矩阵		邻接表	
		无向图	有向图	无向图	有向图
空间		邻接矩阵对称，可压缩至 $n(n-1)/2$ 个存储单元	邻接矩阵不对称，需 n^2 个存储单元	需 $n+2e$ 个存储单元	需 $n+e$ 个存储单元
时间	求某个顶点 v_i 的度	扫描矩阵第 $i-1$ 行，$O(n)$	求出度：扫描矩阵第 $i-1$ 行，$O(n)$；求入度：扫描矩阵第 $i-1$ 列，$O(n)$	扫描 v_i 的边表，最坏情况为 $O(n)$	求出度：扫描 v_i 的边表，最坏情况为 $O(n)$；求入度：按顶点表顺序扫描所有边表，$O(n+e)$
	求边的数目	扫描整个邻接矩阵，$O(n^2)$		按顶点表顺序扫描所有边表，$O(n+2e)$	按顶点表顺序扫描所有边表，$O(n+e)$
	判定边 (v_i, v_j) 是否存在	直接检查矩阵 $a[i][j]$ 元素的值，$O(1)$		扫描 v_i 的边表，最坏情况为 $O(n)$	
适用场合		稠密图		稀疏图	

(2)图的遍历方法有两种：深度优先遍历和广度优先遍历。深度优先遍历类似于树的先序遍历，借助于栈结构采用递归算法来实现；广度优先遍历类似于树的层序遍历，借助于队列结构来实现。两者时间复杂度相同，采用邻接矩阵存储时，时间复杂度均为 $O(n^2)$，采用邻接表存储时，时间复杂度均为 $O(n+e)$。

(3)图的很多算法与实际应用密切相关，常用算法包括构造最小生成树算法、求解最短路径算法、拓扑排序和求解关键路径算法。

①构造最小生成树算法：普里姆算法和克鲁斯卡尔算法。普里姆算法的思想核心是归并点，时间复杂度为 $O(n^2)$，适用于稠密图；克鲁斯卡尔算法的思想核心是归并边，时间复杂度为 $O(e\log_2 e)$，适用于稀疏图。

②最短路径算法：迪杰斯特拉和弗洛伊德算法。迪杰斯特拉算法的思想核心是按路径长度递增的次序产生最短路径，可求出从某个源点到其余各顶点的最短路径，时间复杂度为 $O(n^2)$；弗洛伊德算法的思想核心是逐个顶点试探法，可求出每一对顶点之间的最短路径，时间复杂度为 $O(n^3)$。

③拓扑排序算法：基于 AOV 网，对于不存在环的有向图，图中所有顶点一定能够排成一个线性序列，即拓扑有序序列，但其不唯一。若用邻接表表示 AOV 网，则算法的时间复杂度为 $O(n+e)$。

④关键路径算法：基于 AOE 网，产生从源点到汇点的带权路径长度最大的路径。算法的实现是在拓扑排序的基础上，采用邻接表表示 AOE 网，时间复杂度为 $O(n+e)$。

学习完本章后，要求掌握图的基本概念和术语，掌握图的四种存储结构，明确它们的特点和适用场合，熟练掌握图的两种遍历算法，熟练掌握图的常用算法：最小生成树算法、最短路径算法、拓扑排序和关键路径算法。

习 题

6.1 已知如图 6-34 所示的有向图，请给出：

(1)每个顶点的入度和出度。

(2)邻接矩阵。

(3)邻接表。

(4)逆邻接表。

(5)各个强连通分量。

6.2　已知如图 6-35 所示的无向图，请给出：

(1)邻接矩阵。

(2)邻接表。

(3)画出从顶点 v_0 出发进行遍历所得的深度优先生成树和广度优先生成树(有多种选择时小标号优先)。

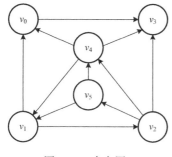

图 6-34　有向图

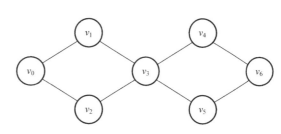

图 6-35　无向图

6.3　已知如图 6-36 所示的有向网，请完成：

(1)试用迪杰斯特拉算法求出从顶点 v_0 到其余各顶点的最短路径，仿照表 6-5 写出具体求解过程。

(2)试用弗洛伊德算法求出各对顶点之间的最短路径，仿照图 6-28 写出求解过程中最短路径及最短路径长度变化。

6.4　试对图 6-37 所示的 AOE 网：

(1)写出该网的所有拓扑排序序列。

(2)求该工程的最短工期。

(3)求每个活动的最早开始时间和最迟开始时间。

(4)确定哪些活动是关键活动，并确定该网的关键路径。

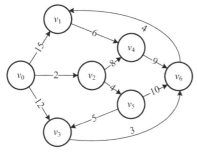

图 6-36　有向网

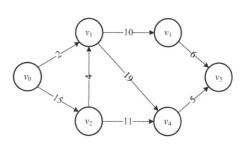

图 6-37　AOE 网

6.5　试对图 6-38 所示的无向网：

(1)给出从 v_0 出发的深度优先遍历序列(DFS，有多种选择时小标号优先)。

(2)给出从 v_0 出发的广度优先遍历序列(BFS,有多种选择时小标号优先)。

(3)采用 Prim 算法,从 v_4 顶点开始,给出该网的最小生成树(画出 Prim 算法的执行过程及最小生成树的生成示意图)。

(4)采用 Kruskal 算法,给出该网的最小生成树(画出 Kruskal 算法的执行过程及最小生成树的生成示意图)。

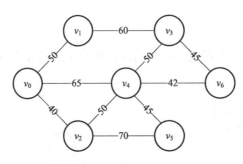

图 6-38　无向网

6.6　分别以邻接矩阵和邻接表作为存储结构,实现以下图的基本操作:

(1)增加一个新顶点 u,InsertVex(G, u)。

(2)删除顶点 u 及其相关的边,DeleteVex(G, u)。

(3)增加一条边$<u, v>$,InsertArc(G, u, v)。

(4)删除一条边$<u, v>$,DeleteArc(G, u, v)。

6.7　一个连通图采用邻接表作为存储结构,设计一个算法,实现从顶点 v 出发的深度优先遍历的非递归过程,并设计测试用例对其进行功能测试。

6.8　设计一个算法,求图 G 中距离顶点 v 的最短路径长度最大的一个顶点,假设 v 可到达其余各个顶点。

6.9　试基于图的深度优先遍历策略编写一个算法,判别以邻接表方式存储的有向图中是否存在由顶点 v_i 到顶点 v_j 的路径($i \neq j$)。

6.10　设计一个算法,求解无向图 G 的连通分量的个数,并判定该图的连通性。

6.11　采用邻接表存储结构,编写一个算法判别无向图中任意给定的两个顶点之间是否存在一条长度为 k 的简单路径。

第7章 查 找

查找是数据处理中最常用的操作之一,如在教务管理系统中查询学生成绩、在硬盘或文件夹中快速搜索文件、在炒股软件中查找某只股票、在学术期刊数据库中检索某篇论文等。而在面向一些数据量庞大的实时系统时,如搜索引擎、订票系统、网上购物平台等,查找效率则尤为重要。本章将针对查找运算,讨论应该采用何种数据结构,使用什么样的方法,并通过分析它们的效率来比较各种查找算法在不同场合下的优劣。

7.1 查找的基本概念

下面以表 7-1 的学生成绩表为例,来介绍查找的概念和术语。

表 7-1 学生成绩表

学号	姓名	高等数学	大学英语	高级语言程序设计	数据结构
20080801	张三	68	78	85	91
20080802	李四	98	92	97	95
20080803	王五	98	88	85	86
20080804	赵六	83	88	89	91

1) 查找表

查找表 (Search Table) 是由同一类型的数据元素(或记录)构成的集合。例如,表 7-1 就是一个查找表。根据操作方式的不同,查找表可分为静态查找表和动态查找表两大类。

静态查找表 (Static Search Table):只做查找操作的查找表,其主要操作有:①查询某个"特定的"数据元素是否在查找表中;②检索某个"特定的"数据元素的各种属性。

动态查找表 (Dynamic Search Table):除查找操作外,动态查找表还要插入表中不存在的数据元素,或者删除表中已经存在的某个数据元素,其主要操作有:①在查找表中插入一个数据元素;②从查找表中删去某个数据元素。

2) 数据元素(记录)

数据元素是由若干个数据项(也称为字段、域、属性)组成的数据单位。数据元素有型和值之分,表中数据项名称的集合,即表头部分就是数据元素的类型;而一个学生对应的一行数据就是一个数据元素的值,如表 7-1 中("20080801","张三", 68, 78, 85, 91),也称为一个记录。表中全体学生为数据元素的集合。

3) 关键字

关键字是数据元素中某个数据项的值,用它可以标识一个数据元素(或记录)。若此关键字可以唯一地标识一个记录,则称此关键字为主关键字(Primary Key)。这就意味着,对不同的记录,其主关键字均不相同。主关键字所在的数据项称为主关键码。如表 7-1 中"学号"

可看作主关键码，"20080801""20080802"等均为主关键字。反之，可以识别多个记录的关键字，称为次关键字(Secondary Key)。次关键字对应的数据项就是次关键码。表 7-1 中"姓名""高等数学""大学英语""高级语言程序设计""数据结构"等则应视为次关键码，因为可能存在同名同姓的学生，也可能存在某门课程成绩相同的学生。

4) 查找

查找(Searching)是指根据给定的某个值，在查找表中确定一个其关键字等于给定值的数据元素(或记录)。若表中存在这样的一个记录，则称查找成功，此时查找的结果可给出整个记录的信息，或指示该记录在查找表中的位置。例如，在表 7-1 中，假如我们查找主关键码"学号"为"20080803"的记录时，可以得到表中第 3 条这一唯一记录。假如我们查找次关键码"数据结构"为 91 的记录时，就可以得到两条记录。

若表中不存在关键字等于给定值的记录，则称查找不成功，此时查找的结果可给出"空"记录或"空"指针。例如，在表 7-1 中，假如我们查找主关键码"学号"为"20080806"的记录，则查找不成功。

5) 平均查找长度

为确定数据元素(或记录)在查找表中的位置，需和给定值进行比较的关键字个数的期望值，称为查找算法在查找成功时的平均查找长度。

对于含有 n 个数据元素的表，查找成功时的平均查找长度为

$$\text{ASL} = \sum_{i=1}^{n} P_i C_i \tag{7-1}$$

式中，P_i 为查找表中第 i 个数据元素的概率，且 $\sum_{i=1}^{n} P_i = 1$；C_i 为找到表中其关键字与给定值相等的第 i 个数据元素时，和给定值已进行过比较的关键字个数。

由于查找算法的基本运算是关键字之间的比较操作，所以可用平均查找长度来衡量查找算法的性能。

从逻辑上说，查找表是数据元素(或记录)的集合，集合中的数据元素间除了同属于一个集合外，没有其他关系。因此，为了提高查找的效率，需要改变数据元素之间的关系，在存储时将查找集合组织成表、树等查找结构，从而获得较高的查找性能。

7.2　线性表的查找

对于静态查找表而言，可以采用线性表结构来组织查找表中的数据元素，这使得查找实现非常简单。本节将依次介绍基于线性表的顺序查找、折半查找和分块查找。

7.2.1　顺序查找

顺序查找(Sequential Search)又称为线性查找，是最简单、最基本的查找技术。其查找过程为：从表的一端开始，逐个将记录的关键字和给定值进行比较，若某个记录的关键字和给定值相等，则查找成功，并给出记录在表中的位置；若扫描完整个表后，仍未找到关键字与给定值相等的记录，则查找失败。

　　顺序查找既适用于线性表的顺序存储结构，也适用于线性表的链式存储结构。下面给出以顺序表作为存储结构时的数据元素结构定义。

```
typedef int KeyType;                    //定义关键字类型为整型
typedef char InfoType;                  //定义其他数据域类型为字符型
typedef struct {
    KeyType key;                        //关键字域
    InfoType info;                      //其他数据域
} ElementType;                          //数据元素(记录)类型
```

　　顺序表的定义同第 2 章，其静态分配顺序存储结构的类型定义如下：

```
#define MAXSIZE 100                     //顺序表的最大长度
typedef struct {
    ElementType data[MAXSIZE];          //存储元素的数组
    int size;                           //顺序表中已存储的记录数，size≤MAXSIZE
} List;                                 //顺序表类型
```

　　顺序查找算法的具体实现如代码 7-1 所示。

代码 7-1　顺序查找算法

```
#include <stdio.h>
#include <stdlib.h>
#define MAXSIZE 100                     //顺序表的最大长度
typedef int Position;                   //定义顺序表中元素的位置序号类型
Position NotFound = –1;                 //查找失败的特殊标志，须顺序表元素取不到的位置序号
typedef int KeyType;                    //定义关键字类型为整型
typedef char InfoType;                  //定义其他数据域类型为字符型
typedef struct {
    KeyType key;                        //关键字域
    InfoType info;                      //其他数据域
} ElementType;                          //数据元素(记录)类型
typedef enum {FALSE, TRUE} Boolean;     //重命名枚举类型，枚举值为 FALSE(0)和 TRUE(1)
typedef struct {
    ElementType data[MAXSIZE + 1];      //存储元素的数组，预留哨兵单元
    int size;                           //顺序表中已存储的记录数，size≤MAXSIZE
} List;                                 //顺序表类型

//初始化操作，通过静态存储分配构造一个空顺序表
void InitList (List *l)
{
    l->size = 0;                        //顺序表长度置为 0
}
//判断顺序表是否满，若顺序表满，则返回 TRUE，否则返回 FALSE
Boolean IsFull (List *l)
{
    if (l->size == MAXSIZE) return TRUE;    //若顺序表满，返回 TRUE
    else return FALSE;                      //否则，返回 FALSE
```

```
}
//插入操作，在顺序表中第 pos 个位置之前插入新的数据元素 e，成功则返回 TRUE，否则返回 FALSE
Boolean InsertList(List *l, Position pos, ElementType e)
{
    Position i;
    //插入位置序号 pos 值不合法，则返回 FALSE，注意：l->size 个元素共有 l->size+1 个插入位置
    if (pos < 1 || pos > l->size + 1) return FALSE;
    if (IsFull(l)) return FALSE;                //若表的存储空间已满，则返回 FALSE
    for (i = l->size – 1; i >= pos – 1; i—)
        l->data[i + 1] = l->data[i];            //插入位置及之后的元素依次后移
    l->data[pos – 1] = e;                       //将新元素 e 放入第 pos 个位置
    l->size++;                                  //表长加 1
    return TRUE;                                //操作成功，返回 TRUE
}
//在顺序表中顺序查找其关键字等于 key 的数据元素，若找到，则返回该元素在表中的位置，否则返回特殊
 标志 NotFound
Position SequentialSearch(List *l, KeyType key)
{
    int i;
    for (i = 0; i < l->size; i++)               //从前往后依次查找
        if (l->data[i].key == key)
            return i + 1;                       //查找成功，返回该元素在表中的位置序号
    return NotFound;                            //查找不成功，返回特殊标志 NotFound
}
int main()
{
    Position i, pos;
    List l;                                     //定义顺序表 l
    //eTable[0..9]为待插入顺序表的元素
    ElementType eTable[10] = {{1, 'A'}, {2, 'B'}, {3, 'C'}, {4, 'D'}, {5, 'E'}, {6, 'F'}, {7, 'G'}, {8, 'H'}, {9, 'T'}, {10, 'J'}};
    InitList(&l);                               //初始化 l 为空表
    for (i = 1; i <= 10; i++)
        InsertList(&l, i, eTable[i – 1]);       //向顺序表依次插入 10 个元素
    pos = SequentialSearch(&l, 8);              //在顺序表中顺序查找给定值 8
    if (pos != NotFound)
        printf("查找成功，其位置序号=%d，其他数据域=%c\n", pos, l.data[pos – 1].info);
    else
        printf("查找不成功！\n");
    return 0;
}
```

函数 SequentialSearch 的代码非常简单，但每次循环时都需要检查循环变量 i 是否越界，即是否满足条件 $i < l$->size。改进方法是在数组 data[]的末端设置监视哨，即在查找之前先对 data[l->size]的关键字赋值为 key。改进后的顺序查找算法具体实现如代码 7-2 所示。

代码 7-2 设置监视哨的顺序查找算法

```
//在顺序表中顺序查找其关键字等于 key 的数据元素，若找到，则返回该元素在表中的位置，否则返回特殊
 标志 NotFound
Position SequentialSearch (List *l, KeyType key)
{
    int i = 0;
    l->data[l->size].key = key;                 //设置监视哨
    while (l->data[i].key != key)
        i++;
    if (i < l->size) return i + 1;              //查找成功，返回该元素在表中的位置序号
    return NotFound;                            //查找不成功，返回特殊标志 NotFound
}
int main ()
{
    Position i, pos;
    List l;                                     //定义顺序表 1
    //eTable[0..9]为待插入顺序表的元素
    ElementType eTable[10] = {{1, 'A'}, {2, 'B'}, {3, 'C'}, {4, 'D'}, {5, 'E'}, {6, 'F'}, {7, 'G'}, {8, 'H'}, {9, 'I'}, {10,
'J'}};
    InitList (&l);                              //初始化 1 为空表
    for (i = 1; i <= 10; i++)
        InsertList (&l, i, eTable[i – 1]);      //向顺序表依次插入 10 个元素
    pos = SequentialSearch (&l, 8);            //在顺序表中顺序查找给定值 8
    if (pos != NotFound)
        printf("查找成功，其位置序号=%d，其他数据域=%c\n", pos, l.data[pos – 1].info);
    else
        printf("查找不成功！\n");
    return 0;
}
```

在第 2 章已经分析过顺序表按值查找算法的时间复杂度为 $O(n)$，见式(2-2)，即

$$\text{ASL} = \frac{1}{n}\sum_{i=1}^{n} i = \frac{n+1}{2}$$

7.2.2 折半查找

折半查找(Binary Search)又称为二分查找，它是一种效率较高的查找方法，其前提是线性表必须采用顺序存储结构，且表中元素按关键字有序排列[①]。

折半查找的基本思想是：在有序表中，取中间记录作为比较对象，若给定值与中间记录的关键字相等，则查找成功；若给定值小于中间记录的关键字，则在中间记录的左半区域继续查找；若给定值大于中间记录的关键字，则在中间元素的右半区域继续查找。不断重复上述查找过程，直到查找成功，或所查找的区域无此记录，查找失败为止。

折半查找的具体步骤为：

[①] 在本书后续的讨论中，均假设有序表是非递减有序的。

（1）设置查找区间初值，low=0，high=n−1，n 为有序表表长。

（2）当 low≤high 时，循环执行以下操作：

①令中间位置 mid=(low+high)/2；

②将给定值 key 与中间位置记录的关键字做比较，若相等，则查找成功，返回中间位置的位置序号 mid+1；

③若不相等，则利用中间位置记录将表分成左、右两个子表，如果 key 比中间位置记录的关键字小，则令 high=mid−1，否则令 low=mid+1。

（3）循环结束，说明查找区间为空，则查找失败，返回特殊标志 NotFound。

下面在代码 7-1 的基础上给出折半查找的算法实现，如代码 7-3 所示。

代码 7-3 折半查找算法

```
//在顺序表中折半查找其关键字等于 key 的数据元素，若找到，则返回该元素在表中的位置，否则返回特殊
 标志 NotFound
Position BinarySearch(List *l, KeyType key)
{
    int low, mid, high;
    low = 0; high = l->size - 1;              //置查找区间初值
    while (low <= high)
    {
        mid = (low + high) / 2;              //求查找区间的中间位置
        if (key == l->data[mid].key)
            return mid + 1;                  //查找成功，返回该元素在表中的位置序号
        else if (key < l->data[mid].key)
            high = mid - 1;                  //继续在左子表进行查找
        else low = mid + 1;                  //继续在右子表进行查找
    }
    return NotFound;                         //查找不成功，返回特殊标志 NotFound
}
int main()
{
    Position i, pos;
    List l;                                  //定义顺序表 l
    //eTable[0..9]为待插入顺序表的元素
    ElementType eTable[10] = {{1, 'A'}, {2, 'B'}, {3, 'C'}, {4, 'D'}, {5, 'E'}, {6, 'F'}, {7, 'G'}, {8, 'H'}, {9, 'I'}, {10, 'J'}};
    InitList(&l);                            //初始化 l 为空表
    for (i = 1; i <= 10; i++)
        InsertList(&l, i, eTable[i - 1]);    //向顺序表依次插入 10 个元素
    pos = BinarySearch(&l, 8);               //在顺序表中折半查找给定值 8
    if (pos != NotFound)
        printf("查找成功，其位置序号=%d，其他数据域=%c\n", pos, l.data[pos - 1].info);
    else
        printf("查找不成功！\n");
    return 0;
}
```

上述算法很容易改写成递归程序，如代码 7-4 所示。

代码 7-4 折半查找的递归算法

```
//在顺序表中递归折半查找其关键字等于 key 的数据元素，若找到，则返回该元素在表中的位置，否则返回
 特殊标志 NotFound
Position BinarySearch(List *l, KeyType key, int low, int high)
{
    int mid;
    if (low <= high)
    {
        mid = (low + high) / 2;                //求查找区间的中间位置
        if (key == l->data[mid].key)
            return mid + 1;                    //查找成功，返回该元素在表中的位置序号
        else if (key < l->data[mid].key)
            //继续在左子表进行查找
            return BinarySearch(l, key, low, mid - 1);
        else
            //继续在右子表进行查找
            return BinarySearch(l, key, mid + 1, high);
    }
    return NotFound;                           //查找不成功，返回特殊标志 NotFound
}
int main()
{
    Position i, pos;
    List l;                                    //定义顺序表 l
    //eTable[0..9]为待插入顺序表的元素
    ElementType eTable[10] = {{1, 'A'}, {2, 'B'}, {3, 'C'}, {4, 'D'}, {5, 'E'}, {6, 'F'}, {7, 'G'}, {8, 'H'}, {9, 'T'}, {10, 'J'}};
    InitList(&l);                              //初始化 l 为空表
    for (i = 1; i <= 10; i++)
        InsertList(&l, i, eTable[i - 1]);      //向顺序表依次插入 10 个元素
    pos = BinarySearch(&l, 8, 0, l.size - 1);  //在顺序表中递归折半查找给定值 8
    if (pos != NotFound)
        printf("查找成功，其位置序号=%d，其他数据域=%c\n", pos, l.data[pos - 1].info);
    else
        printf("查找不成功！\n");
    return 0;
}
```

例 7-1 已知如下 13 个数据元素的有序表（关键字即数据元素的值）：

$$(2, 3, 5, 7, 11, 13, 17, 19, 23, 29, 31, 37, 41)$$

请给出查找关键字为 11 和 33 的数据元素的折半查找过程。

令指针 low 和 high 分别指示待查区间的下界和上界，指针 mid 指示待查区间的中间位置，即 mid=(low+high)/2。在此例中，low 和 high 的初值分别为 0 和 12，即待查区间为[0, 12]，mid 初值为 6。

查找关键字 key=11 的折半查找过程如图 7-1(a) 所示。

首先将给定值 key=11 和中间位置的数据元素的关键字 data[mid].key 相比较，因为 11<17，

说明待查元素若存在，则必在区间[low, mid−1]的范围内，令指针 high 指向第 mid−1 个元素，high=5，重新求得 mid=[(0+5)/2]=2。

　　然后仍将 key=11 和 data[mid].key 相比较，因为 11>5，说明待查元素若存在，则必在区间[mid+1, high]范围内，则令指针 low 指向第 mid+1 个元素，low=3，重新求得 mid=[(3+5)/2]=4。

　　比较 key=11 和 data[mid].key，因为相等，说明查找成功，返回所查元素在表中的位置序号，即指针 mid 的值加 1，等于 5。

　　查找关键字 key=33 的折半查找过程如图 7-1(b)所示。查找过程同上，只是在最后一趟查找时，因为 low>high，查找区间不存在，说明表中不存在关键字等于 33 的元素，查找不成功，返回特殊标志 NotFound。

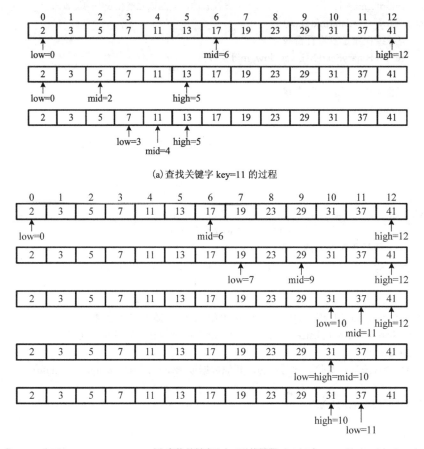

(a)查找关键字 key=11 的过程

(b)查找关键字 key=33 的过程

图 7-1　折半查找示意图

　　折半查找过程可以用二叉树来描述。树中每个结点对应表中一个记录，但结点值并不是记录的关键字，而是记录在数组中的下标。把当前查找区间的中间位置作为树的根，左子表和右子表分别作为根的左子树和右子树，由此得到的二叉树称为折半查找的判定树。

　　例 7-1 中的有序表所对应的折半查找的判定树如图 7-2 所示。从判定树上可见，成功的折半查找恰好是经历一条从判定树的根结点到被查结点的路径，比较过的关键字个数恰好为该结点在树中所处的层次。例如，查找 11 的过程经过一条从根到结点 4 的路径，需要比较 3

次，恰为结点 4 所处的层次，查找成功；而查找 33 的过程则经过一条从根到结点 10 的路径，需要比较 4 次，查找失败。

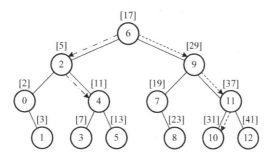

图 7-2 折半查找过程的判定树及查找 11、33 的过程

由此可见，折半查找在查找时无论成功与否，需要进行比较的关键字个数最多不超过树的深度。由于判定树中结点值为记录在数组中的下标，因此其形态只与表中记录数 n 有关，而与关键字的取值无关。5.2.3 节介绍了二叉树的性质 5-4，具有 n 个结点的完全二叉树的深度为 $\lfloor \log_2 n \rfloor + 1$，尽管判定树并非完全二叉树，但可以推导出其深度也为 $\lfloor \log_2 n \rfloor + 1$。

借助于判定树，很容易求得折半查找的平均查找长度。为便于讨论，不妨以树高为 h 的满二叉树为例，则有序表表长 $n=2^h-1$。假设表中每个记录的查找概率相等，即 $P_i = 1/n$，则树中层次为 i 的结点有 2^{i-1} 个，其查找长度为 i。因此，查找成功时的折半查找的平均查找长度为

$$\text{ASL} = \sum_{i=1}^{n} P_i C_i = \frac{1}{n}\sum_{j=1}^{h} j2^{j-1} = \frac{n+1}{n}\log_2(n+1) - 1 \tag{7-2}$$

所以，折半查找的时间复杂度为 $O(\log_2 n)$。

7.2.3 分块查找

分块查找(Blocking Search)又称索引顺序查找，它是顺序查找和折半查找两种算法的简单合成，性能介于两者之间。分块查找法除了查找表本身外，还需建立一个索引表，如图 7-3 所示。查找表被分成若干个线性子表(或称块)，并对每个子表建立一个索引项，其中包括两个域:关键字域(其值为该子表内的最大关键字)和指针域(指示该子表的第一个记录在表中位置)。要求查找表或整表有序或分块有序，索引表则按关键字有序。分块有序是指后一个子表中所有记录的关键字均大于前一个子表中的最大关键字。

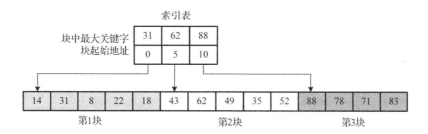

图 7-3 查找表及其索引表

分块查找的两个步骤为:

（1）先确定待查记录所在的块（子表）。

（2）在块中顺序查找。

假设给定值 key=49，则先将 key 依次和索引表中各最大关键字进行比较，因为 31<key<62，关键字为 49 的记录若存在，则必定在第二个子表中，由于同一索引项的指针域指示第二个子表的首个记录是表中下标为 5 的记录，则自下标 5 的记录起进行顺序查找，直到 data[7].key=key 为止。假如此子表中不存在关键字等于 key 的记录，则查找不成功，返回特殊标志 NotFound。

由于索引表按关键字有序，因此分块查找的步骤（1）既可以用顺序查找法，也可以用折半查找法，而块中记录不要求有序，则步骤（2）只能采用顺序查找法。

分块查找的平均查找长度为

$$ASL = ASL_b + ASL_w$$

式中，ASL_b 为查找索引表确定待查记录所在块的平均查找长度；ASL_w 为在块中查找记录的平均查找长度。

假设长度为 n 的查找表被均匀分成 b 块，每块含有 m 个记录，即 $b = \lceil n/m \rceil$；同时假定表中每个记录的查找概率相等，则每块查找的概率为 $1/b$，块中每个记录的查找概率为 $1/m$。

若分块查找的两个步骤均采用顺序查找，则平均查找长度为

$$ASL = ASL_b + ASL_w = \frac{1}{b}\sum_{i=1}^{b}i + \frac{1}{m}\sum_{j=1}^{m}j = \frac{b+1}{2} + \frac{m+1}{2} = \frac{1}{2}\left(\frac{n}{m} + m\right) + 1 \tag{7-3}$$

可见，此时的平均查找长度不仅和表长 n 有关，而且和每一个子表中的记录数 m 有关。可以证明，当 m 取 $\sqrt{n}$ 时，$ASL = \sqrt{n} + 1$ 达到最小值。

若分块查找的步骤（2）采用折半查找，则平均查找长度为

$$ASL = ASL_b + ASL_w = \frac{b+1}{b}\log_2(b+1) - 1 + \frac{1}{m}\sum_{j=1}^{m}j \approx \log_2\left(\frac{n}{m} + 1\right) + \frac{m-1}{2} \tag{7-4}$$

上述几种线性表查找算法的比较如表 7-2 所示。

表 7-2 线性表查找算法比较

项目	顺序查找	折半查找	分块查找
查找表结构	有序表、无序表	有序表	分块有序表
存储结构	顺序存储、链式存储	顺序存储	顺序存储、链式存储
平均查找长度 ASL	最大	最小	两者之间
主要优点	算法简单、对表结构及表中记录的有序性无要求	关键字的比较次数少，查找效率高	在表中插入和删除元素较为方便和快速
主要缺点	ASL 较大，查找效率较低	对表结构要求高，查找前需排序，较为耗时；插入或删除元素时，需比较和移动表中近半元素以保持有序性，较为耗时	对表结构有一定要求，需增加一个索引表的存储空间并对初始索引表进行排序运算
使用建议	当线性表表长 n 很大时，不宜采用	不适用于数据元素经常变动的线性表	适用于既要快速查找又经常动态变化的线性表

7.3 树表的查找

7.3.1 二叉排序树

1. 二叉排序树的定义

二叉排序树(Binary Sort Tree)，又称为二叉查找树、二叉搜索树。它或者是一棵空树；或者是具有下列性质的二叉树：

(1)若它的左子树不空，则左子树上所有结点的值均小于它的根结点的值。

(2)若它的右子树不空，则右子树上所有结点的值均大于它的根结点的值。

(3)它的左、右子树也分别为二叉排序树。

例如，图 7-4 所示为两棵二叉排序树。

二叉排序树是递归定义的。由定义可知，中序遍历一棵二叉排序树时可以得到一个按结点值递增的有序序列。若中序遍历图 7-4(a)，则可得到一个按数值大小排序的递增序列：{2, 3, 5, 7, 11, 13, 17, 19, 23, 29, 31, 37, 41}。若中序遍历图 7-4(b)，则可得到一个按字符串大小排序的递增序列：{BU, CHEN, JIANG, LIAO, WANG, WU, XIE, ZHANG}。

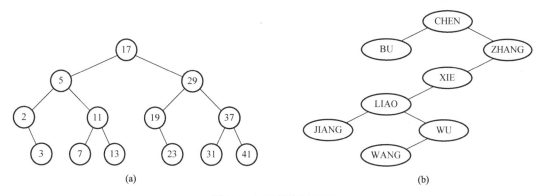

图 7-4 二叉排序树示例

二叉排序树可采用二叉链表作为存储结构，以下是二叉链表的结点结构定义：

```
typedef int KeyType;                        //定义关键字类型为整型
typedef char InfoType;                      //定义其他数据域类型为字符型
typedef struct {
        KeyType key;                        //关键字域
        InfoType info;                      //其他数据域
} ElementType;                              //数据元素(记录)类型
typedef struct BiNode {                     //二叉链表的结点结构定义
        ElementType data;                   //数据域，存储数据元素信息
        struct BiNode *lchild, *rchild;     //指针域，存放指向左右孩子的指针
} BiNODE, *BiTree;
```

2. 二叉排序树的查找

二叉排序树的查找过程为:

(1)若二叉排序树为空,则查找失败,返回空指针。

(2)若二叉排序树非空,将给定值 key 与根结点的关键字 t->data.key 进行比较:

①若 key = t->data.key,则查找成功,返回指向根结点的指针;

②若 key < t->data.key,则递归查找左子树;

③若 key > t->data.key,则递归查找右子树。

二叉排序树查找的递归算法具体实现如代码 7-5 所示。

代码 7-5　二叉排序树的递归查找算法

```
//在二叉排序树中递归查找其关键字等于 key 的数据元素,若查找成功,则返回指向该数据元素结点的指
  针,否则返回空指针 NULL
BiTree SearchBST(BiTree t, KeyType key)
{
    if (!t) return NULL;
    if (key == t->data.key) return t;              //查找成功,返回指向该数据元素结点的指针
    else if (key < t->data.key)
        return SearchBST(t->lchild, key);          //在左子树中继续查找
    else
        return SearchBST(t->rchild, key);          //在右子树中继续查找
}
```

不难发现,二叉排序树查找的过程及算法实现和折半查找非常类似,与给定值比较的关键字个数均不超过树的深度。但描述表长为 n 的顺序表的折半查找过程的判定树是唯一的,而含有 n 个结点的二叉排序树却不唯一。例如,关键字序列{29, 19, 37, 23, 31}和{37, 31, 29, 23, 19}创建的两棵二叉排序树分别如图 7-5(a)和(b)所示,虽然两棵树中结点的值都相同,但树的形态却有很大差别,(a)树的深度为 3,(b)树的深度为 5。从平均查找长度上看,假设 5 个记录的查找概率相等,则 ASL$_{(a)}$=(1+2+2+3+3)/5=2.2,ASL$_{(b)}$=(1+2+3+4+5)/5=3。

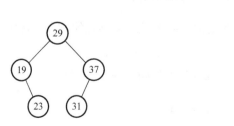
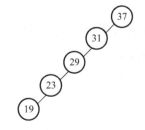

(a)关键字序列为{29, 19, 37, 23, 31}的二叉排序树　　　　　　(b)关键字序列为{37, 31, 29, 23, 19}的二叉排序树

图 7-5　不同形态的二叉排序树

表 7-3 给出了折半查找和二叉排序树查找的简单比较。

可见,二叉排序树的平均查找长度与树的形态密切相关。最好的情况是二叉排序树的形态与折半查找的判定树相似,此时平均查找长度与 $\log_2 n$ 是同数量级;最坏的情况是先后插入的关键字有序时,构成的二叉排序树将蜕变为单支树,此时树的深度等于表长 n,其平均

查找长度为 $\frac{1}{n}\sum_{i=1}^{n}i=\frac{n+1}{2}$。可以证明，平均情况下，二叉排序树的平均查找长度与 $\log_2 n$ 是同数量级的。

表 7-3 折半查找和二叉排序树查找的比较

项目	折半查找	二叉排序树查找
查找表结构	有序表	有序表、无序表
存储结构	顺序存储	链式存储
查找时间复杂度	$O(\log_2 n)$	$O(\log_2 n)$
主要特点	采用有序的顺序表，插入和删除操作需要移动大量元素	采用树的二叉链表表示，插入和删除操作无须移动元素，只需要修改指针
使用建议	不经常做插入和删除操作的静态查找表	经常做插入和删除操作的动态查找表

分析算法代码 7-5 的性能，假设二叉排序树的深度为 h，则执行 SearchBST 的时间复杂度为 $O(h)$，由于采用递归算法，需占用额外的栈空间，因此其空间复杂度为 $O(h)$。

3. 二叉排序树的插入

二叉排序树是一种动态树表。其特点是：树的结构通常不是一次生成的，而是在查找过程中，当树中不存在关键字等于给定值的结点时，再进行插入。新插入的结点一定是一个新添加的叶子结点，并且是查找不成功时查找路径上访问的最后一个结点的左孩子或右孩子结点。

二叉排序树的插入步骤为：

(1)若二叉排序树为空，则待插入结点作为根结点插入空树中。

(2)若二叉排序树非空，将给定值 key 与根结点的关键字 t->data.key 进行比较：

①若 key < t->data.key，则将待插入结点插入左子树；

②若 key > t->data.key，则将待插入结点插入右子树。

二叉排序树插入的递归算法具体实现如代码 7-6 所示。

代码 7-6 二叉排序树的递归插入算法

```
//若二叉排序树中不存在关键字等于 e.key 的数据元素，则在二叉排序树中插入该元素
void InsertBST(BiTree *t, ElementType e)
{
    if (!(*t))
    {
        //生成新结点作为二叉排序树的根结点
        BiNODE *p = (BiNODE *) malloc(sizeof(BiNODE));
        if (!p) exit(1);               //根结点空间分配失败，退出程序
        p->data = e;                   //新结点 p 的数据域置为 e
        p->lchild = p->rchild = NULL;  //新结点作为叶子结点，其左右子树均为空
        *t = p;                        //把新结点 p 链接到已找到的插入位置
    }
    else if (e.key < (*t)->data.key)
        InsertBST(&(*t)->lchild, e);   //在左子树中插入新元素
    else
```

InsertBST(&(*t)->rchild, e);　　　　　　//在右子树中插入新元素
}

例如，在图 7-5(a)所示的二叉排序树中插入关键字为 41 的结点，由于插入前二叉排序树非空，故将 41 和根结点的关键字 29 进行比较，因 41>29，则应将 41 插入 29 的右子树中；又和 29 的右子树的根结点 37 比较，因 41>37，则应将 41 插入 37 的右子树中，因 37 的右子树为空，则将 41 作为 37 的右孩子插入树中。结果如图 7-6 所示。

分析上述算法，二叉排序树插入的基本过程是查找，所以其时间复杂度与查找操作一样，均为 $O(\log_2 n)$。

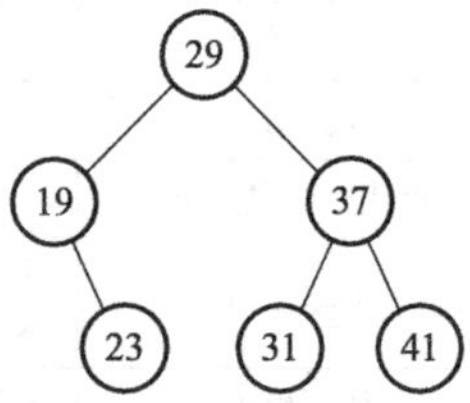

图 7-6　二叉排序树的插入

4. 二叉排序树的创建

二叉排序树的创建是从空树开始，每输入一个新结点，经过查找操作，将该结点插入当前二叉排序树的合适位置。

二叉排序树的创建步骤为：

(1)将二叉排序树 T 初始化为空树。

(2)读入一个关键字为 key 的结点，将此结点插入二叉排序树 T 中。

(3)重复执行步骤(2)，直至输入结束标志为止。

二叉排序树的创建算法具体实现如代码 7-7 所示。

代码 7-7　二叉排序树的创建算法

```
//依次读入一个关键字为 key 的结点信息，将此结点插入二叉排序树中
void CreateBST(BiTree *t)
{
    ElementType e;
    *t = NULL;                          //将二叉排序树初始化为空树
    printf("请输入关键字：");
    while (scanf("%d", &e.key) != EOF)   //输入 Ctrl+Z 结束循环
    {
        getchar();                      //清除键盘缓冲区
        printf("请输入其他信息：");
        scanf("%c", &e.info);
        InsertBST(t, e);                //将此结点插入二叉排序树中
        printf("请输入关键字：");
    }
}
```

分析上述算法，假设有 n 个结点，则需要 n 次插入操作，而插入一个结点的算法时间复杂度为 $O(\log_2 n)$，因此创建二叉排序树算法的时间复杂度为 $O(n\log_2 n)$。

5. 二叉排序树的删除

二叉排序树的删除步骤为：

(1)从二叉排序树 T 的根结点开始查找关键字等于给定值 key 的结点，如果查找失败，则不做任何操作；否则，假设指针 p 指向待删结点，指针 f 指向其双亲结点，P_L 和 P_R 分别表

示待删结点的左、右子树。

（2）不失一般性，不妨假设待删结点是其双亲结点的左孩子。下面分 3 种情况进行讨论：

①若待删结点是叶子结点，则删除它并不破坏整棵树的结构，只需修改其双亲结点的指针即可，令 f->lchild = NULL;。

②若待删结点只有左子树 P_L 或只有右子树 P_R，令 P_L 或 P_R 成为其双亲结点的左子树即可，可谓子承父业，即 f->lchild = p->lchild; 或 f->lchild = p->rchild;。

③若待删结点的左右子树均不空，根据二叉排序树中序遍历序列的有序性，删除该结点时，可以用其直接前驱（或直接后继）s 替代该结点，然后从二叉排序树中删去 s 即可。

下面在代码 7-5～代码 7-7 的基础上给出二叉排序树的删除算法的具体实现，请读者运行代码 7-8，依次输入 {29,'A'}, {19,'B'}, {37,'C'}, {23,'D'}, {31,'E'} 构造如图 7-5(a) 所示的二叉排序树，并调测其查找、插入、创建、删除等操作，以加深理解。

代码 7-8 二叉排序树的删除算法

```
#include <stdio.h>
#include <stdlib.h>
typedef int KeyType;                        //定义关键字类型为整型
typedef char InfoType;                      //定义其他数据域类型为字符型
typedef struct {
    KeyType key;                            //关键字域
    InfoType info;                          //其他数据域
} ElementType;                              //数据元素(记录)类型
typedef struct BiNode {                     //二叉链表的结点结构定义
    ElementType data;                       //数据域，存储数据元素信息
    struct BiNode *lchild, *rchild;         //指针域，存放指向左右孩子的指针
} BiNODE, *BiTree;

//从二叉排序树中删除关键字等于 key 的结点
void DeleteBST(BiTree *t, KeyType key)
{
    BiNODE *p, *f, *q, *s;
    if (!(*t)) return;                      //若 t 为空树，则返回
    p = *t; f = NULL;                       //初始化
    while (p)                               //从根结点开始查找关键字等于 key 的结点
    {
        if (key == p->data.key) break;      //找到关键字等于 key 的结点 p，结束循环
        f = p;                              //否则，令 f 为 p 的双亲结点
        if (key < p->data.key)
            p = p->lchild;                  //在 p 的左子树中继续查找
        else p = p->rchild;                 //在 p 的右子树中继续查找
    }
    if (!p) return;                         //树中不存在关键字等于 key 的结点，则返回
```

```
    //下面分 3 种情况处理: p 的左右子树均不空、无右子树(含左右子树皆空情况)、无左子树
    if (p->lchild && p->rchild)                  //若待删结点 p 的左右子树均非空
    {
        q = p; s = p->lchild;
        while (s->rchild)                        //在 p 的左子树中查找其中序前驱结点, 即最右下结点
        {
            q = s;                               //令 q 为 s 的双亲结点
            s = s->rchild;                       //一路向右
        }
        p->data = s->data;                       //s 指向待删结点 p 的前驱, 用它来替换待删结点 p
        if (q != p)                              //若 p 的左孩子结点的右子树非空
            q->rchild = s->lchild;               //则重链 q 的右子树
        else                                     //否则, 说明 p 的左孩子结点就是 p 的前驱结点
            q->lchild = s->lchild;               //则重链 q 的左子树
        free(s);                                 //删除 s 结点, 释放其存储空间
        return;                                  //返回
    }
    //若待删结点 p 无右子树(注: 左右子树皆空即待删结点 p 为叶子结点也纳入此种情况)
    else if (!p->rchild)
        q = p->lchild;                           //q 指向待删结点的左子树
    else if (!p->lchild)                         //若待删结点 p 无左子树
        q = p->rchild;                           //q 指向待删结点的右子树
    //下面将 q 所指向的子树链接到待删结点 p 的双亲结点 f 相应的位置
    if (!f) *t = q;                              //若待删结点为根结点, 则 q 成为新的根结点
    else if (p == f->lchild) f->lchild = q;      //若 p 是 f 的左孩子, 则 q 链接到 f 的左子树位置
    else f->rchild = q;                          //若 p 是 f 的右孩子, 则 q 链接到 f 的右子树位置
    free(p);                                     //删除 p 结点, 释放其存储空间
}
int main()
{
    BiTree t, pos;                               //定义 t 为指向二叉树的根结点的指针
    CreateBST(&t);
    pos = SearchBST(t, 31);                      //在二叉排序树 t 中查找关键字等于 31 的结点
    if (pos != NULL)
        printf("%c\n", pos->data.info);          //若存在该结点, 则输出该结点的其他数据域信息
    else printf("不存在关键字等于给定值的结点。\n");
    DeleteBST(&t, 29);                           //在二叉排序树 t 中删除关键字等于 29 的结点
    return 0;
}
```

同二叉排序树的插入操作, 二叉排序树删除的基本过程也是查找, 所以其时间复杂度也是 $O(\log_2 n)$。根据代码 7-8, 图 7-7 展示了在二叉排序树中删除结点的 3 种情形。

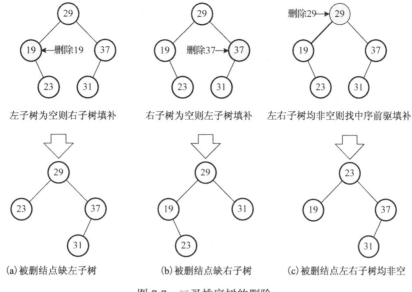

图 7-7 二叉排序树的删除

7.3.2 平衡二叉树

1. 平衡二叉树的定义

平衡二叉查找树(Balanced Binary Search Tree 或 Height-Balanced Search Tree)简称平衡二叉树,又称为 AVL 树,是最早被提出的自平衡二叉排序树,得名于它的发明者 G. M. Adelson-Velskii 和 E. M. Landis。

平衡二叉树或者是一棵空树,或者是具有下列性质的非空二叉排序树:

(1)左子树和右子树的深度之差的绝对值不超过 1。

(2)左子树和右子树也是平衡二叉树。

二叉树上结点的左子树和右子树的深度之差称为平衡因子(Balance Factor, BF),由平衡二叉树的定义可知,树中所有结点的平衡因子只可能是–1、0 和 1。只要二叉树中任一结点的平衡因子的绝对值大于 1,那么该二叉树就是不平衡的。图 7-8(a)所示为平衡二叉树,而图 7-8(b)所示为不平衡的二叉树,树中每个结点旁的数字为该结点的平衡因子。

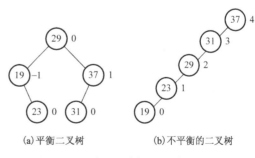

(a)平衡二叉树　　(b)不平衡的二叉树

图 7-8 平衡二叉树和不平衡的二叉树

2. 平衡二叉树的平衡调整方法

在平衡二叉树中插入结点时,可能会使二叉树失去平衡,此时需对平衡二叉树进行调整。调整方法是:找到离插入结点最近且平衡因子绝对值超过 1 的祖先结点,以该结点为根的子树称为最小不平衡子树,重新平衡的范围局限于该子树即可。

一般情况下，假设最小不平衡子树的根结点为 A，则失去平衡后进行调整可归纳为以下 4 种情况。

(1)LL 型。在结点 A 的左子树根结点 B 的左子树上(即 LL 位置)插入结点，A 的平衡因子由 1 变为 2，致使以 A 为根的子树失去平衡。调整策略是"右单旋"，即 A 向右顺时针旋转成为 B 的右子结点，B 的右子树 B_R 调整为右旋后 A 的左子树，B 成为新的根结点，如图 7-9 所示。

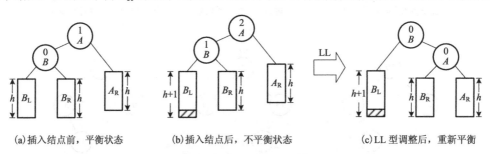

(a)插入结点前，平衡状态　　　　(b)插入结点后，不平衡状态　　　　(c)LL 型调整后，重新平衡

图 7-9　LL 型调整操作示意图

(2)RR 型。在结点 A 的右子树根结点 B 的右子树上(即 RR 位置)插入结点，A 的平衡因子由 -1 变为 -2，致使以 A 为根的子树失去平衡。调整策略是"左单旋"，即 A 向左逆时针旋转成为 B 的左子结点，B 的左子树 B_L 调整为左旋后 A 的右子树，B 成为新的根结点，如图 7-10 所示。

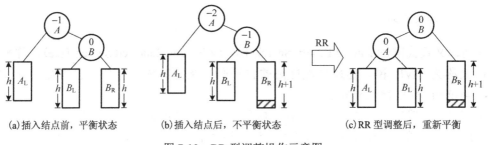

(a)插入结点前，平衡状态　　　　(b)插入结点后，不平衡状态　　　　(c)RR 型调整后，重新平衡

图 7-10　RR 型调整操作示意图

(3)LR 型。在结点 A 的左子树根结点 B 的右子树上(即 LR 位置)插入结点，A 的平衡因子由 1 变为 2，致使以 A 为根的子树失去平衡，需进行两次旋转操作。调整策略是"左-右双旋"：①对 B 及其右子树进行一次左单旋，B 向左逆时针旋转成为 C 的左子结点，此时转变成了 LL 型；②对 A 及其左子树进行一次右单旋，A 向右顺时针旋转成为 C 的右子结点。C 的左子树 C_L 调整为 B 的右子树，C 的右子树 C_R 调整为 A 的左子树，C 成为新的根结点，如图 7-11 所示。

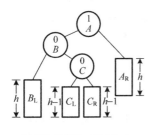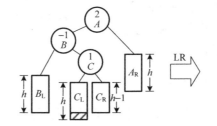

(a)插入结点前，平衡状态　　　　(b)插入结点后，不平衡状态　　　　(c)LR 型调整后，重新平衡

图 7-11　LR 型调整操作示意图

　　LR 型旋转根据平衡二叉树的形态、结点的具体插入位置又可细分为 3 种情况，相应地调整结束达到重新平衡时，A、B、C 三个结点的平衡因子会有细微差别，这里不再赘述，读者可自行推导。

　　(4)RL 型。在结点 A 的右子树根结点 B 的左子树上(即 RL 位置)插入结点，A 的平衡因子由-1 变为-2，致使以 A 为根的子树失去平衡，需进行两次旋转操作。调整策略是"右-左双旋"：①对 B 及其左子树进行一次右单旋，B 向右顺时针旋转成为 C 的右子结点，此时转变成了 RR 型；②对 A 及其右子树进行一次左单旋，A 向左逆时针旋转成为 C 的左子结点。C 的左子树 C_L 调整为 A 的右子树，C 的右子树 C_R 调整为 B 的左子树，C 成为新的根结点，如图 7-12 所示。

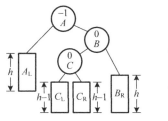 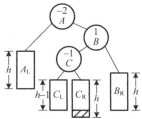 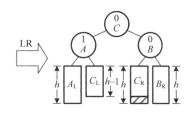

(a)插入结点前，平衡状态　　　　(b)插入结点后，不平衡状态　　　　(c)LR 型调整后，重新平衡

图 7-12　RL 型调整操作示意图

　　同 LR 型旋转类似，RL 型旋转根据平衡二叉树的形态、结点的具体插入位置也可细分为 3 种情况，平衡调整结束时，A、B、C 三个结点的平衡因子同样会有细微差别。

　　上述 4 种情况，LL 型和 RR 型对称，LR 型和 RL 型对称。当平衡的二叉排序树因插入结点而失去平衡时，仅需对最小不平衡子树进行平衡调整，即旋转处理即可。由于经过平衡调整的子树深度和插入之前相同，故不影响插入路径上所有祖先结点的平衡因子。

3．平衡二叉树的插入算法

平衡二叉树的插入步骤为：

(1)若平衡二叉树为空，则将待插入结点作为根结点插入空树中。

(2)若平衡二叉树非空，将给定值 key 与根结点的关键字 t->data.key 进行比较：

①若 key = t->data.key，则查找成功，不做任何操作，返回；

②若 key ≠ t->data.key，则从新插入结点的双亲开始，向上寻找离插入点最近的失去平衡的结点。逐层检查从其双亲到根路径上所有祖先结点，如果平衡，则更新其高度，继续向上寻找；如果不平衡，则判断失衡类型(因为插入新结点的子树的深度必然较大，故只需沿着深度大的子树判断即可)，并做相应调整。

(3)重复执行步骤(2)，直至输入结束标志为止。

　　下面将给出平衡二叉树的插入及创建算法的具体实现，如代码 7-9 所示。

代码 7-9　平衡二叉树的插入及创建算法

```
#include <stdio.h>
#include <stdlib.h>
typedef int KeyType;                    //定义关键字类型为整型
```

```
typedef char InfoType;                    //定义其他数据域类型为字符型
typedef struct {
    KeyType key;                          //关键字域
    InfoType info;                        //其他数据域
} ElementType;                            //数据元素(记录)类型
typedef struct BiNode {                   //二叉链表的结点结构定义
    ElementType data;                     //数据域，存储数据元素信息
    int height;                           //高度域，存储结点的高度
    struct BiNode *lchild, *rchild;       //指针域，存放指向左右孩子的指针
} BiNODE, *BiTree;

//获取二叉树 t 的高度
int Height(BiTree t)
{
    if (t) return t->height;
    else return 0;                        //空树高度为 0
}
//更新二叉树 t 的高度
void UpdateHeight(BiTree t)
{
    t->height = Height(t->lchild) > Height(t->rchild) ? Height(t->lchild) + 1 : Height(t->rchild) + 1;
}
//指针 t 指向不平衡结点，做单向右旋处理，处理之后返回指向新的树根结点(即旋转处理之前的左子树的根
  结点)的指针
BiTree LLRotate(BiTree t)
{
    BiTree lc;
    lc = t->lchild;                       //lc 指向 t 的左子树的根结点
    t->lchild = lc->rchild;               //lc 的右子树挂接为 t 的左子树
    lc->rchild = t;                       //t 挂接为 lc 的右子树
    UpdateHeight(t);                      //自下而上更新高度，注意先后顺序
    UpdateHeight(lc);
    return lc;                            //返回新的树根结点
}
//指针 t 指向不平衡结点，做单向左旋处理，处理之后返回指向新的树根结点(即旋转处理之前的右子树的根
  结点)的指针
BiTree RRRotate(BiTree t)
{
    BiTree rc;
    rc = t->rchild;                       //rc 指向 t 的右子树的根结点
    t->rchild = rc->lchild;               //rc 的左子树挂接为 t 的右子树
    rc->lchild = t;                       //t 挂接为 rc 的左子树
    UpdateHeight(t);                      //自下而上更新高度，注意先后顺序
    UpdateHeight(rc);
    return rc;                            //返回新的树根结点
}
//指针 t 指向不平衡结点，做先右旋再左旋的双向旋转处理
```

```
BiTree LRRotate (BiTree t)
{
    t->lchild = RRRotate (t->lchild);
    return LLRotate (t);
}
//指针 t 指向不平衡结点，做先左旋再右旋的双向旋转处理
BiTree RLRotate (BiTree t)
{
    t->rchild = LLRotate (t->rchild);
    return RRRotate (t);
}
//当平衡二叉排序树 t 中不存在关键字等于 e.key 的数据结点时，则插入该结点
BiTree InsertAVL (BiTree t, ElementType e)
{
    if (!t)                            //如果树为空，则创建新结点
    {
        //生成新结点作为二叉排序树的根结点
        BiNODE *p = (BiNODE *) malloc (sizeof (BiNODE));
        if (!p) exit (1);              //根结点空间分配失败，退出程序
        p->data = e;                   //新结点 p 的数据域置为 e
        p->lchild = p->rchild = NULL;  //新结点 p 作为叶子结点，其左右子树均为空
        p->height = 1;                 //新结点高度初始为 1
        return p;                      //返回指向新结点的指针
    }
    if (e.key == t->data.key)          //如果 e.key 等于根结点的关键字
        return t;                      //查找成功，返回指向该结点的指针
    else if (e.key < t->data.key)      //如果 e.key 小于根结点的关键字
    {
        //在左子树中插入新结点，插入后挂接为 t 的左孩子
        t->lchild = InsertAVL (t->lchild, e);
        //插入后判断 t 结点的平衡因子
        if (Height (t->lchild) - Height (t->rchild) == 2)
        {
            //判断结点插入位置是 LL 还是 LR
            if (e.key < t->lchild->data.key)
                t = LLRotate (t);      //若是 LL，则做 LL 单向旋转调整
            else t = LRRotate (t);     //若是 LR，则做 LR 双向旋转调整
        }
    }
    else                               //如果 e.key 大于根结点的关键字
    {
        //在右子树中插入新结点，插入后挂接为 t 的右孩子
        t->rchild = InsertAVL (t->rchild, e);
        //插入后判断 t 结点的平衡因子
        if (Height (t->rchild) - Height (t->lchild) == 2)
        {
            //判断结点插入位置是 RR 还是 RL
```

```
                if (e.key > t->rchild->data.key)
                        t = RRRotate(t);              //若是 RR，则做 RR 单向旋转调整
                else t = RLRotate(t);                 //若是 RL，则做 RL 双向旋转调整
            }
        }
        UpdateHeight(t);                              //更新树的高度
        return t;
}
//依次读入一个关键字为 key 的结点，将此结点插入二叉排序树 t 中
BiTree CreateAVL()
{
        ElementType e;
        BiTree t = NULL;                              //将二叉排序树初始化为空树
        printf("请输入关键字：");
        while (scanf("%d", &e.key) != EOF)            //输入 Ctrl+Z 结束循环
        {
            getchar();                                //清除键盘缓冲区
            printf("请输入其他信息：");
            scanf("%c", &e.info);
            t = InsertAVL(t, e);                      //将此结点插入二叉排序树中，t 指向树根结点
            printf("请输入关键字：");
        }
        return t;                                     //返回指向平衡二叉树根结点的指针
}
int main()
{
        BiTree t;                                     //定义 t 为指向平衡二叉树的根指针
        t = CreateAVL();                              //创建平衡二叉树，边插入边平衡
        return 0;
}
```

由于平衡二叉树上任意结点的左右子树的深度之差都不超过 1，可以证明含有 n 个结点的平衡二叉树的深度和 $\log_2 n$ 是同数量级的。因此，其查找的时间复杂度是 $O(\log_2 n)$。

例 7-2 假如一组关键字为 (Mar, May, Nov, Aug, Apr, Jan, Dec, July, Feb, June, Oct, Sept)，请按表中元素顺序构造一棵平衡二叉排序树。其构造过程如图 7-13 所示。

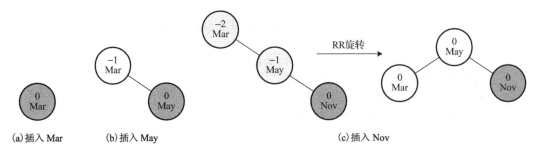

(a) 插入 Mar　　　　(b) 插入 May　　　　　　　　　　(c) 插入 Nov

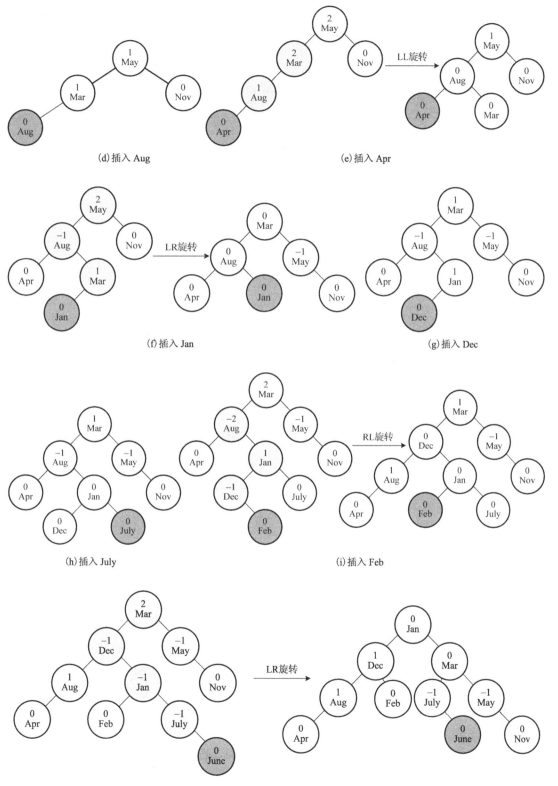

(d)插入 Aug

(e)插入 Apr

(f)插入 Jan

(g)插入 Dec

(h)插入 July

(i)插入 Feb

(j)插入 June

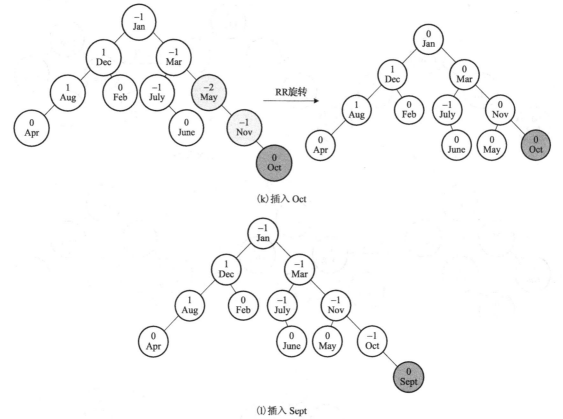

(k)插入 Oct

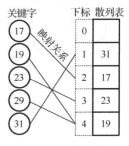

⑴插入 Sept

图 7-13 平衡二叉树的构造过程

7.4 散列表的查找

7.4.1 散列表的基本概念

前面讨论的线性表和树表的查找都是通过比较关键字的方法,查找的效率取决于关键字的比较次数。能否直接通过关键字找到目标而无须比较关键字呢? 这就是散列查找法。

散列查找法(Hash Search)又称杂凑法或散列法,它的基本思想是在元素(或记录)的存储位置与其关键字之间建立一种直接映射关系,在进行查找时,无须做比较或做少量次的比较,就可以根据这种关系直接由关键字找到相应的记录。换句话说,它是通过对元素的关键字进行某种运算,直接求出记录的存储地址,即使用关键字到存储地址的直接转换方法,而不需要反复比较。

举一个简单的例子,关键字 key=(17, 19, 23, 29, 31),记录的存储位置与其关键字之间的直接映射关系为 $H(\text{key}) = \text{key}\%5$,根据此关系将记录存储到散列表的相应位置,如图 7-14 所示。

图 7-14 记录的存储位置与其关键字之间的直接映射关系

在图 7-14 中，如果要查找关键字 19，可通过 $H(key) = key\%5$ 计算得到其存储地址 4，从而直接找到该关键字，时间复杂度为 $O(1)$。但是，这种映射关系可能会把两个或两个以上的关键字映射到同一地址，造成"冲突"。

下面先给出散列查找法中常用的几个术语。

(1) 散列函数和散列地址。在记录的存储位置 addr 与其关键字 key 之间建立一个确定的映射关系 H，使得 addr=H(key)，称此映射关系 H 为散列函数，又称为哈希函数，addr 为散列地址。

(2) 散列表。一个有限连续的存储空间，用于存储按散列函数计算得到相应散列地址的数据元素(或记录)，又称为哈希表(Hash Table)。通常散列表的存储空间是一个一维数组，散列地址是数组的下标。

(3) 冲突和同义词。对不同的关键字可能得到同一散列地址，即 $key1 \neq key2$，而 $H(key1) = H(key2)$，这种现象称为冲突。对于某散列函数来说，具有相同函数值的关键字称作同义词，key1 和 key2 互称为同义词。

通常，散列函数是一个多对一的映射，所以冲突不可避免，只能通过设计或构造一个"好"的散列函数使得在一定程度上减少冲突。例如，图 7-14 中关键字 29 通过映射关系计算得到的存储地址也是 4，与关键字 19 的存储地址相同，发生冲突，此时就必须有处理或者解决冲突的方法。

可见，散列查找法主要研究两方面的内容：①如何构造散列函数；②如何处理冲突。接下来将从散列函数的构造方法、处理冲突的方法和查找性能 3 个方面分别讲解。

7.4.2 散列函数的构造方法

散列函数的构造方法很多，一般来说，应根据具体问题设计不同的散列函数，通常要考虑以下几个因素：①散列表的长度；②关键字的长度；③关键字的分布情况；④计算散列函数所需时间；⑤记录的查找频率。

设计散列函数时应遵循以下 2 个原则：

(1) 散列函数要尽可能简单，能够快速计算出任一关键字的散列地址。

(2) 散列函数计算出的散列地址的分布应尽量均匀，避免聚集，以减少冲突。

下面介绍构造散列函数的几种常用方法。

1. 直接定址法

$$H(key) = a \times key + b, \quad a、b \text{ 为常数} \tag{7-5}$$

即取关键字的某个线性函数值作为散列地址，优点是简单、均匀，也不会产生冲突，适用于事先知道关键字分布的情况，关键字集合较小且连续性较好，否则会形成大量空位，造成空间浪费。

2. 除留余数法

除留余数法是最常用的构造散列函数方法。假设散列表表长为 m，取一个不大于 m 的数 p，用关键字除以 p，所得余数为散列地址，即

$$H(\text{key}) = \text{key}\%p \tag{7-6}$$

该方法的关键是选取合适的 p，一般情况下，可以选 p 为小于或等于表长 m 的最大质数，或不包含小于 20 的质因子的合数。

3. 数字分析法

数字分析法是根据所有的关键字每一位上各种数字的分布情况或出现频率，从关键字中抽取数字分布比较均匀的若干位作为散列地址。

例如，分析如图 7-15 所示的关键字集合，第①位都是 9，第②位都是 5，第④位只可能取 2 或 5，第⑦位只可能取 7 或 1，第⑧位只可能取 0 或 8，因此这 5 位都不可取。由于第③、⑤、⑥位数字分布均匀，可看成近乎随机的，因此可取第③、⑤、⑥位的数字或者其组合作为散列地址。

…
9 5 1 2 4 6 7 0
9 5 3 2 8 0 7 0
9 5 5 2 2 3 7 0
9 5 7 5 5 7 1 0
9 5 9 2 9 1 7 8
9 5 2 2 3 9 7 0
…
① ② ③ ④ ⑤ ⑥ ⑦ ⑧

图 7-15　数字分析法示意图

4. 平方取中法

对关键字求平方后，按散列表大小，取中间的若干位或者其组合作为散列地址。平方取中法是一种较常用的构造散列函数的方法，适用于事先不知道关键字的分布且关键字的位数不是很大的情况。

5. 折叠法

将关键字从左到右分割成位数相等的几部分(最后一部分的位数不足时可以短些)，然后将这几部分叠加求和(舍去进位)，并按散列表表长取后几位作为散列地址，这种方法称为折叠法。折叠法分为移位折叠和边界折叠两种。移位折叠是将分割后的每一部分的最低位对齐，然后相加；边界折叠是将两个相邻的部分沿边界来回折叠，然后对齐相加。

例如，关键字 key=56498876324，假设散列地址为 3 位，因此从左到右按 3 位数一段分割，叠加后舍去进位，移位折叠得到的散列地址为 339，边界折叠得到的散列地址为 258，如图 7-16 所示。

564 988 763 24
564
988
763
24
564
988
763
+ 24
2339
564
889
763
42
564
889
763
+ 42
2258

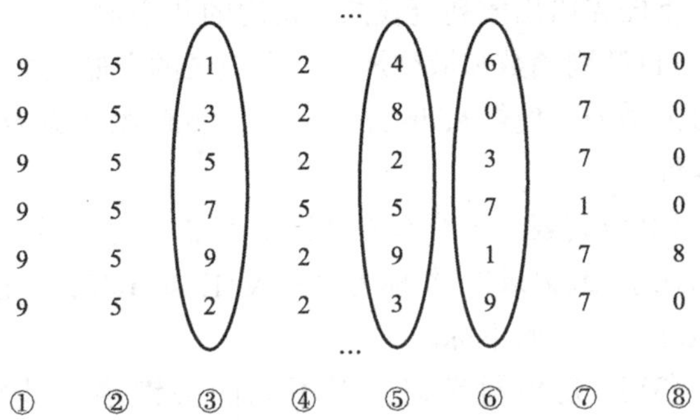

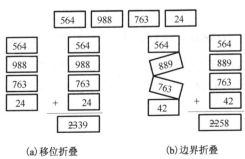

(a) 移位折叠　　(b) 边界折叠

图 7-16　折叠法示意图

7.4.3 处理冲突的方法

在实际应用中，冲突往往很难完全避免，一旦发生，就要进行冲突处理。处理冲突的方法通常分为两大类：开放定址法和链地址法。

1. 开放定址法

开放定址法，就是一旦产生了冲突，即该地址上已经存放了其他数据元素，就去寻找下一个空的散列地址。只要散列表足够大，总能找到空的散列地址，并将记录存入。通常把寻找"下一个"空位的过程称为探测，该方法可用式(7-7)表示：

$$H_i = (H(key) + d_i)\%m, \quad i = 1, 2, \cdots, k(k \leqslant m-1) \tag{7-7}$$

式中，$H(key)$ 为散列函数；m 为散列表表长；d_i 为增量序列。根据 d_i 取值的不同，可以分为以下 3 种探测方法。

1) 线性探测法

$$d_i = 1, 2, \cdots, m-1$$

这种探测方法将散列表假想为一个环状循环表，发生冲突时，从冲突地址的下一单元顺序寻找空位，如果到了表尾也没找到空位，则回到表头开始继续查找，直到找到一个空位，就把记录存入该空位。如果找不到空位，则说明散列表已满，需要进行溢出处理。

例 7-3 设关键字序列为 {32, 75, 29, 63, 48, 94, 25, 46, 18, 70}，散列表表长为 13，散列函数 $H(key) = key\%11$。用线性探测法处理冲突，列出依次插入后的散列表，并估算查找性能。表 7-4 列出了相应的地址计算和冲突情况统计。

表 7-4 散列地址计算与冲突统计

关键字	32	75	29	63	48	94	25	46	18	70
散列地址	10	9	7	8	4	6	3	2	7	4
冲突次数	0	0	0	0	0	0	0	0	4	1

如表 7-5 所示，关键字 32、75、29、63、48、94、25、46 是由散列函数得到的没有冲突的散列地址而直接存入的。关键字 18 遇到 $H(18) = 7$，散列地址冲突，需寻找下一个空的散列地址，由 $H_1(H(18) + d_1) = H_1(7+1) = 8$，仍然冲突，继续探测；由 $H_2(H(18) + d_2) = H_2(7+2) = 9$，仍然冲突，继续探测；由 $H_3(H(18) + d_3) = H_3(7+3) = 10$，仍然冲突，继续探测；由 $H_4(H(18) + d_4) = H_4(7+4) = 11$，散列地址 11 为空，将 18 存入。类似地，关键字 70 冲突 1 次才找到空地址。

表 7-5 线性探测法构建散列表的过程

项目	0	1	2	3	4	5	6	7	8	9	10	11	12	说明
插入 32											32			无冲突
插入 75										75				无冲突
插入 29								29						无冲突
插入 63									63					无冲突
插入 48					48									无冲突

续表

项目	0	1	2	3	4	5	6	7	8	9	10	11	12	说明
插入 94							94							无冲突
插入 25			25											无冲突
插入 46			46											无冲突
插入 18												18		$d_4=4$
插入 70						70								$d_1=1$

在等概率的情况下,查找成功时的平均查找长度 ASL=(1+1+1+1+1+1+1+1+5+2)/10=1.5。

线性探测法可能使第 i 个散列地址的同义词存入第 $i+1$ 个散列地址,换句话说,本应存入第 i 个散列地址的数据元素(或记录)变成了第 $i+1$ 个散列地址的同义词。因此,可能出现很多元素在相邻的散列地址上二次聚集(或称作"堆积")的现象,会大大降低查找效率。为此,可采用二次探测法、双散列探测法等来减轻聚集效应,改善"堆积"问题。

2)二次探测法

$$d_i = 1^2, -1^2, 2^2, -2^2, 3^2, -3^2, \cdots, k^2, -k^2 (k \leq m/2) \tag{7-8}$$

3)随机探测法

$$d_i = 伪随机数序列$$

随机探测法采用伪随机数进行探测,利用随机化避免二次聚集。

2. 链地址法

链地址法又称为拉链法,其基本思想是:把具有相同散列地址的记录放在同一个单链表中,称为同义词链表。有 m 个散列地址就有 m 个单链表,同时用一个一维数组存放各个链表的头指针。

例 7-4 已知一组关键字为(2, 7, 11, 14, 18, 20, 23, 29, 55, 68, 79, 84),设散列函数 $H(\text{key}) = \text{key}\%11$,用链地址法处理冲突,试构造这组关键字的散列表。

由散列函数 $H(\text{key}) = \text{key}\%11$ 得知散列地址的值域为 0~10,故整个散列表由 11 个单链表组成,可用数组 HT[0]~HT[10]存放各个链表的头指针。如散列地址为 2 的同义词 2、68、79 构成一个单链表,链表的头指针保存在 HT[2]中,同理,可以构造其他几个单链表,整个散列表的结构如图 7-17 所示。

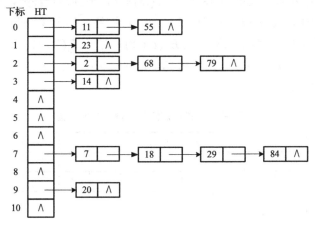

图 7-17　用链地址法处理冲突时的散列表

在等概率的情况下，查找成功时的平均查找长度 ASL=(1×6+2×3+3×2+4)/12≈1.83。

表 7-6 给出了开放定址法和链地址法的简单比较。

表 7-6　开放定址法和链地址法的比较

项目		开放定址法	链地址法
空间		无指针域，存储效率较高	附加指针域，存储效率较低
时间	查找	有二次聚集现象，查找效率较低	无二次聚集现象，查找效率较高
	插入、删除	不易实现	易于实现
使用建议		表的大小固定，适于表长无变化的情况	结点动态生成，适于表长经常变化的情况

7.4.4　散列表的查找及性能分析

在散列表上进行查找的过程和创建散列表的过程基本相同，其具体步骤如下。

(1) 给定待查的关键字 key，根据造表时设定的散列函数计算 $H_0 = H(\text{key})$。

(2) 若单元 H_0 为空，则所查记录不存在。

(3) 若单元 H_0 中记录的关键字等于 key，则查找成功。

(4) 否则重复下述解决冲突的过程：

① 按处理冲突的方法，计算下一个散列地址 H_i；

② 若单元 H_i 为空，则所查记录不存在；

③ 若单元 H_i 中记录的关键字等于 key，则查找成功。

下面以开放定址法为例，给出散列表的存储结构表示。

```
#define HTSIZE 13                        //定义散列表的表长
typedef int KeyType;                     //定义关键字类型为整型
typedef struct {
    KeyType key;                         //关键字域
    InfoType info;                       //其他数据域
} ElementType;                           //数据元素(记录)类型
typedef struct {
    ElementType data[HTSIZE];            //存储元素的数组，数组大小即散列表表长
} HashTable;
```

代码 7-10 给出开放定址法(采用线性探测法处理冲突)散列表的创建和查找算法的具体实现。

代码 7-10　散列表的创建及查找算法

```
#include <stdio.h>
#define HTSIZE 13                        //定义散列表的表长
typedef enum {FALSE, TRUE} Boolean;      //重命名枚举类型，枚举值为 FALSE(0) 和 TRUE(1)
typedef int KeyType;                     //定义关键字类型为整型
KeyType EMPTY = 142857;                  //特殊标志，该值须为正常关键字不可能取到的值
typedef char InfoType;                   //定义其他数据域类型为字符型
typedef struct {
    KeyType key;                         //关键字域
    InfoType info;                       //其他数据域
```

```
} ElementType;                              //数据元素(记录)类型
typedef struct {
    ElementType data[HTSIZE];               //存储元素的数组, 数组大小即散列表表长
} HashTable;

//初始化散列表
void InitHashTable (HashTable *ht)
{
    int i;
    for (i = 0; i < HTSIZE; i++)
        ht->data[i].key = EMPTY;            //散列表的所有单元均置为空位
}
//散列函数 H(key)=key % 11
int Hash (int key)
{
    return key % 11;                        //除留余数法
}
//将关键字 key 插入散列表中, 如果插入成功, 返回 TRUE, 否则返回 FALSE
Boolean InsertHashTable (HashTable *ht, int key)
{
    int addr = Hash (key);                  //计算散列地址
    while (ht->data[addr].key != EMPTY)     //如果不为空, 则表示发生冲突
    {
        addr = (addr + 1) % HTSIZE;         //采用开放定址法的线性探测法处理冲突
        if (ht->data[addr].key == EMPTY)
            break;                          //若找到合适的空位, 跳出循环
        else if (addr == Hash (key))        //如果又循环回到起始单元
            return FALSE;                   //则说明散列表已满, 插入失败
    }
    ht->data[addr].key = key;               //直到有空位后插入关键字
    ht->data[addr].info = key;              //不妨假设其他域值也等于关键字
    return TRUE;                            //插入成功, 返回 TRUE
}
//在散列表中查找给定值 key, 如果查找成功, 返回 TRUE, 并用 addr 带回该关键字在数组中的下标; 如果
  查找失败, 则返回 FALSE
Boolean SearchHashTable (HashTable ht, int key, int *addr)
{
    *addr = Hash (key);                     //求散列地址
    while (ht.data[*addr].key != key)       //如果不等于给定值 key, 表示发生冲突
    {
        *addr = (*addr + 1) % HTSIZE;       //采用开放定址法的线性探测法处理冲突
        //如果又循环回到起始单元
        if (ht.data[*addr].key == EMPTY || *addr == Hash (key))
            return FALSE;                   //则说明关键字不存在, 查找失败
    }
    return TRUE;                            //查找成功
}
int main ()
{
```

```
int i, keyTable[10] = {32, 75, 29, 63, 48, 94, 25, 46, 18, 70}, addr;
HashTable ht;                           //定义散列表 ht
InitHashTable(&ht);                     //初始化散列表
for (i = 0; i < 10; i++)
    //依次插入关键字集合中的关键字到散列表中
    if (InsertHashTable(&ht, keyTable[i]) == TRUE)
        printf("关键字%d 插入成功\n", keyTable[i]);
    else
        printf("关键字%d 插入失败\n", keyTable[i]);
if (SearchHashTable(ht, 18, &addr) == TRUE)
    printf("关键字 18 在散列表中的位置=%d\n", addr);
else
    printf("关键字 18 在散列表不存在\n");
return 0;
}
```

散列表的查找效率可用平均查找长度来衡量。查找过程中需和给定值进行比较的关键字的个数取决于三个因素：散列函数、处理冲突的方法和散列表的装填因子 α。

（1）散列函数是否均匀。散列函数的好坏直接影响冲突产生的频度，但在一般情况下，认为所选的散列函数是均匀的，因此，可不考虑散列函数对平均查找长度的影响。

（2）处理冲突的方法。表 7-7 给出了在等概率情况下，采用几种不同方法处理冲突时，得到的散列表查找成功和查找失败时的平均查找长度。

表 7-7 处理冲突方法比较

处理冲突的方法	平均查找长度	
	查找成功	查找失败
线性探测法	$\dfrac{1}{2}\left(1+\dfrac{1}{1-\alpha}\right)$	$\dfrac{1}{2}\left(1+\dfrac{1}{(1-\alpha)^2}\right)$
二次探测法	$-\dfrac{1}{\alpha}\ln(1-\alpha)$	$\dfrac{1}{1-\alpha}$
随机探测法		
链地址法	$1+\dfrac{\alpha}{2}$	$\alpha+\mathrm{e}^{-\alpha}$

（3）散列表的装填因子 α。

$$开放定址法的装填因子 \alpha = \frac{表中填入的记录数}{散列表的长度}$$

而链地址法的装填因子则定义为每个链表的平均长度，此时 α 有可能超过 1。

装填因子反映散列表的装满程度，α 越小，发生冲突的可能性就越小；反之，α 越大，发生冲突的可能性就越大。开放定址法的实用最大装填因子一般取 $0.5 \leqslant \alpha \leqslant 0.85$，超过最大装填因子将导致查找性能严重下降。

7.5 本章小结

查找是数据处理中经常使用的一种操作。本章主要介绍了对查找表的查找，根据查找表结构的不同，分为线性表的查找、树表的查找和散列表的查找，如图 7-18 所示。

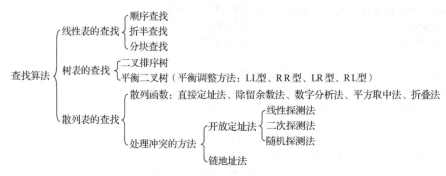

图 7-18　查找算法

学习完本章后，要求掌握顺序查找、折半查找和分块查找的方法，掌握描述折半查找过程的判定树的构造方法。掌握二叉排序树的构造和查找方法，平衡二叉树的 4 种平衡调整方法。熟练掌握散列表的构造方法。明确各种不同查找方法之间的区别和各自的适用情况，能够按定义计算各种查找方法在等概率情况下查找成功的平均查找长度。

习　　题

7.1　假定对有序表 (2, 3, 4, 6, 23, 29, 41, 53, 62, 71, 86, 94) 进行折半查找，试回答下列问题：

(1) 画出描述折半查找过程的判定树。

(2) 若查找元素 53，需依次与哪些元素比较？

(3) 若查找元素 89，需依次与哪些元素比较？

(4) 假定每个元素的查找概率相等，求查找成功时的平均查找长度。

7.2　在一棵空的二叉排序树中依次插入关键字序列 {11, 6, 16, 10, 15, 1, 12, 8, 20, 3}，请画出所得到的二叉排序树，并求其在等概率的情况下查找成功的平均查找长度。

7.3　试写出一个判别给定二叉树是否为二叉排序树的算法。

7.4　已知二叉排序树 T 的结点形式为 (lchild, data, rchild)，在树中查找数据值为 x 的结点，若找到，则计数器 count 加 1；否则，作为一个新结点插入树中，插入后仍为二叉排序树，写出其非递归算法。

7.5　已知二叉排序树采用二叉链表存储结构，根结点的指针为 T，链结点的结构为 (lchild, data, rchild)，其中 lchild、rchild 分别指向该结点的左、右孩子的指针，data 域存储结点的数据信息。请写出递归算法，从小到大输出二叉排序树中所有数据值 $\geq x$ 的结点的数据。要求先找到第一个满足条件的结点，再依次输出其他满足条件的结点。

7.6　已知长度为 12 的表：(Jan, Feb, Mar, Apr, May, June, July, Aug, Sept, Oct, Nov, Dec)。请按表中元素的顺序构造一棵初始为空的平衡二叉排序树，并求其在等概率的情况下查找成功的平均查找长度。

7.7　假设一棵平衡二叉树的每个结点都标明了平衡因子 bf，试设计一个算法，求平衡二叉树的高度。

7.8　设散列表的地址范围为 0～15，散列函数为 $H(key) = key\%13$。用线性探测法处理冲突，输入关键字序列{49, 38, 65, 97, 76, 13, 27, 44, 82, 35, 50}，构造散列表，试回答下列问题：

(1)画出散列表的示意图。

(2)若查找关键字35，需要依次与哪些关键字进行比较？

(3)若查找关键字40，需要依次与哪些关键字进行比较？

(4)假定每个元素的查找概率相等，求查找成功时的平均查找长度。

7.9 设有一组关键字序列{29, 1, 13, 15, 56, 20, 87, 27, 69, 9, 10, 74}，采用散列函数 $H(\text{key}) = \text{key}\%17$，表长为 19，用开放定址法的二次探测法处理冲突。要求：对该关键字序列构造散列表，并计算在等概率的情况下查找成功的平均查找长度。

7.10 设散列函数 $H(\text{key}) = (\text{key}*3)\%11$，散列地址空间为 0~10，对关键字序列{32, 13, 49, 24, 38, 21, 4, 12}，分别按线性探测法和链地址法两种处理冲突的方法构造散列表，并分别求出等概率下查找成功时和查找失败时的平均查找长度 ASL_{succ} 和 $\text{ASL}_{\text{unsucc}}$。

7.11 分别写出在散列表中插入和删除关键字为 k 的一个记录的算法，设散列函数为 $H(\text{key}) = \text{key}\%13$，表长为 13，解决冲突的方法为链地址法。

第8章 排　序

排序是计算机处理数据的一类重要操作，在很多领域都有着广泛的应用。如各类考试排名、网购商品排序、高校排行榜、微博热搜榜、全球富豪榜等都离不开排序。排序的重要目的是便于查找，如有序的顺序表可以采用效率较高的折半查找法，又如创建树表(无论二叉排序树还是平衡二叉树)的过程本身就是一个排序的过程。

8.1　排序的基本概念

1. 排序

排序(Sorting)是指按关键字的非递减或非递增顺序对一组记录重新进行排列的操作。严格定义为：假设含有 n 个记录的序列为 $\{r_1, r_2, \cdots, r_n\}$，其相应的关键字序列为 $\{k_1, k_2, \cdots, k_n\}$，需确定 $1, 2, \cdots, n$ 的一种排列 $p_1, p_2, \cdots, p_n$，使其相应的关键字满足 $k_{p1} \leqslant k_{p2} \leqslant \cdots \leqslant k_{pn}$(非递减或非递增)关系，即使得序列成为一个按关键字有序的序列 $\{r_{p1}, r_{p2}, \cdots, r_{pn}\}$，这样的操作就称为排序。

2. 排序的稳定性

假设 $k_i = k_j (1 \leqslant i, j \leqslant n \text{ 且 } i \neq j)$，且在排序前的序列中 r_i 领先于 r_j(即 $i<j$)。若在排序后的序列中 r_i 仍领先于 r_j，则称所用的排序方法是稳定的；反之，若可能使排序后的序列中 r_j 领先于 r_i，则称所用的排序方法是不稳定的。排序方法的稳定性是针对所有记录而言的，换句话说，在所有的待排序记录中，只要有一组关键字的实例不能满足稳定性要求，则该排序方法就是不稳定的。

3. 内部排序和外部排序

根据在排序过程中待排序记录所占用的存储设备的不同，排序可分为内部排序和外部排序。内部排序是指在整个排序过程中，待排序记录全部存放在计算机内存中进行排序的过程；外部排序指的是待排序记录的数量很大，以致内存不能一次性容纳全部记录，在排序过程中还需要访问外存的排序过程。

本章主要介绍各种常用内部排序的方法，大致可分为插入排序、交换排序、选择排序、归并排序和分配排序。在本章的讨论中，除了基数排序，待排序记录均以顺序表作为存储结构，同时为了方便讨论，设定记录的关键字均为整数。同时假定各种排序的结果均是按关键字非递减排序的。

待排序记录的数据类型定义如下：

```
typedef int KeyType;          //定义关键字类型为整型
typedef char InfoType;        //定义其他数据域类型为字符型
```

```
typedef struct {
    KeyType key;                    //关键字域
    InfoType info;                  //其他数据域
} ElementType;                      //数据元素（记录）类型
```

顺序表的定义同第 2 章，其静态分配顺序存储结构的类型定义如下：

```
#define MAXSIZE 100                 //顺序表的最大长度
typedef struct {
    ElementType data[MAXSIZE];      //data[0]闲置或用作哨兵单元
    int size;                       //顺序表中已存储的记录数，size≤MAXSIZE
} List;                             //顺序表类型
```

8.2 插 入 排 序

8.2.1 直接插入排序

直接插入排序(Straight Insertion Sort)是一种最简单常用的排序方法，其基本操作是每次将一个记录插入已排好序的有序表中，从而得到一个新的、记录数增 1 的有序表。

直接插入排序的算法步骤为：

(1) 设待排序的记录存放在数组 data[1..n][①]中，把第一个记录 data[1]看作一个有序序列。

(2) 循环 $n-1$ 次，每次采用顺序查找法，依次将 data[i](i = 2, 3,···, n)插入已排好序的序列 data[1..$i-1$]中，并保持有序性，最后得到一个表长为 n 的有序序列。

例 8-1 已知待排序记录的关键字序列为{37, 23, 41, 67, 53, 5, 19, 37}，请给出用直接插入排序法进行排序的过程。

直接插入排序过程如图 8-1 所示，其中( )中为已排好序的记录的关键字。

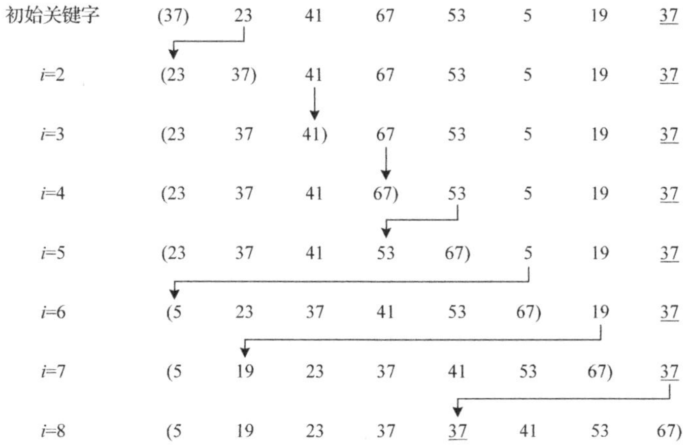

初始关键字	(37)	23	41	67	53	5	19	37
i=2	(23	37)	41	67	53	5	19	37
i=3	(23	37	41)	67	53	5	19	37
i=4	(23	37	41	67)	53	5	19	37
i=5	(23	37	41	53	67)	5	19	37
i=6	(5	23	37	41	53	67)	19	37
i=7	(5	19	23	37	41	53	67)	37
i=8	(5	19	23	37	37	41	53	67)

图 8-1 直接插入排序过程

在将 data[i]插入前面的有序序列 data[1..$i-1$]时，将其与 data[$i-1$], data[$i-2$],···, data[1]从后向前逐个比较，同时为了避免在查找插入位置的过程中出现数组下标越界，在 data[0]处放置监视哨。

① 为了描述方便，本章中连续的数组元素序列 data[m]、data[$m+1$]、···、data[$n-1$]、data[n]常简写为 data[$m..n$]。

直接插入排序算法具体实现如代码 8-1 所示。

代码 8-1　直接插入排序算法

```c
#include <stdio.h>
#include <stdlib.h>
#define MAXSIZE 100                      //顺序表的最大长度
typedef enum {FALSE, TRUE} Boolean;      //重命名枚举类型，枚举值为 FALSE(0) 和 TRUE(1)
typedef int Position;                     //定义顺序表中元素的位置序号类型为整型
typedef int KeyType;                      //定义关键字类型为整型
typedef char InfoType;                    //定义其他数据域类型为字符型
typedef struct {
    KeyType key;                          //关键字域
    InfoType info;                        //其他数据域
} ElementType;                            //数据元素（记录）类型
typedef struct {
    ElementType data[MAXSIZE];            //data[0]闲置或用作哨兵单元
    int size;                             //顺序表中已存储的记录数，size≤MAXSIZE
} List;                                   //顺序表类型

//初始化操作，通过静态存储分配构造一个空顺序表
void InitList (List *l)
{
    l->size = 0;                          //顺序表长度置为 0
}
//判断顺序表是否满，若顺序表满，则返回 TRUE，否则返回 FALSE
Boolean IsFull (List *l)
{
    if (l->size == MAXSIZE) return TRUE;  //若顺序表满，返回 TRUE
    else return FALSE;                    //否则，返回 FALSE
}
//插入操作，在顺序表中第 pos 个位置之前插入新的数据元素 e，成功则返回 TRUE，否则返回 FALSE
Boolean InsertList (List *l, Position pos, ElementType e)
{
    Position i;
    //插入位置序号 pos 值不合法，则返回 FALSE。注意：l->size 个元素共有 l->size+1 个插入位置
    if (pos < 1 || pos > l->size + 1)
        return FALSE;
    if (IsFull (l)) return FALSE;         //若表的存储空间已满，则返回 FALSE
    for (i = l->size – 1; i >= pos – 1; i—)
        l->data[i + 1] = l->data[i];      //插入位置及之后的元素依次后移
    l->data[pos – 1] = e;                 //将新元素 e 放入第 pos 个位置
    l->size++;                            //表长加 1
    return TRUE;                          //操作成功，返回 TRUE
}
//对顺序表做直接插入排序
void StraightInsertSort (List *l)
{
```

```
        int i, j, n;
        n = l->size – 1;                          //n 为待排序记录的个数
        for (i = 2; i <= n; i++)                   //需将 data[i]插入有序子表 data[1..i–1]
            if (l->data[i].key < l->data[i – 1].key)  //data[i]和前一记录进行关键字的比较
            {
                l->data[0] = l->data[i];          //将待插入的记录暂存到监视哨 data[0]中
                //从后向前寻找适当的插入位置
                for (j = i – 1; l->data[j].key > l->data[0].key; j—)
                    l->data[j + 1] = l->data[j];  //记录逐个后移,直到找到插入位置
                l->data[j + 1] = l->data[0];      //将 data[0]即原 data[i],插入正确位置
            }
}
int main ()
{
    Position i;
    List l;                                        //定义顺序表 l
    //eTable[1..8]为待排序的记录值, eTable[0]为哨兵单元的初始值
    ElementType eTable[9] = {{0, 0}, {37, 'A'}, {23, 'B'}, {41, 'C'}, {67, 'D'}, {53, 'E'}, {5, 'F'}, {19, 'G'}, {37,
'H'}};
    InitList (&l) ;                               //初始化顺序表 l
    for (i = 1; i <= 9; i++)
        InsertList (&l, i, eTable[i – 1]) ;       //向顺序表依次插入 9 个元素
    StraightInsertSort (&l);                      //调用直接插入排序算法
    return 0;
}
```

分析上述算法,排序的基本操作为:比较两个记录关键字的大小和移动记录。

对于某一趟插入排序,代码 8-1 中内层的 for 循环次数取决于待插入记录的关键字与前 $i-1$ 个记录的关键字之间的关系。在最好情况(正序:待排序序列中记录已按关键字非递减序排列)下,比较 1 次,无须移动;在最坏情况(逆序:待排序序列中记录已按关键字非递增序排列)下,比较 i 次(依次同前面的 $i-1$ 个记录进行比较,并和监视哨比较 1 次),移动 $i+1$ 次(前面的 $i-1$ 个记录依次向后移动,加上监视哨的 2 次移动)。

对于整个排序过程,外层的 for 循环需要执行 $n-1$ 次,最好情况下,总的比较次数达最小值 $n-1$,记录无须移动;最坏情况下,总的关键字比较次数为

$$\sum_{i=2}^{n} i = \frac{(n+2)(n-1)}{2} \approx \frac{n^2}{2} \tag{8-1}$$

记录移动次数为

$$\sum_{i=2}^{n} (i+1) = \frac{(n+4)(n-1)}{2} \approx \frac{n^2}{2} \tag{8-2}$$

在平均情况下,直接插入排序关键字的比较次数和记录移动次数均约为 $n^2/4$。因此,直接插入排序的时间复杂度为 $O(n^2)$;由于排序过程中仅使用了一个记录的辅助存储空间 data[0],所以空间复杂度为 $O(1)$。

由代码 8-1 可以看出,直接插入排序是一种稳定的排序方法。

8.2.2　希尔排序

希尔排序(Shell's Sort)又称缩小增量排序(Diminishing Increment Sort)，是 D. L. Shell 于 1959 年提出的一种插入排序算法。

直接插入排序，当待排序的记录个数较少且其关键字基本有序时，效率较高。希尔排序基于以上两点，从"减少记录个数"和"基本有序"两个方面对直接插入排序进行了改进，其基本思想为：将待排序的记录序列按一定的增量(间隔)分组，对每组记录分别进行直接插入排序，其后在每一趟排序中逐步减小增量，重新分组排序；当增量减至 1 时，整个序列中的记录已"基本有序"，再对全部记录进行一次直接插入排序。

希尔排序的算法步骤为：

(1)设待排序的记录存放在数组 data[1..n]中，增量序列为$\{d_1, d_2, \cdots, d_m\}$，$n > d_1 > d_2 > \cdots > d_m = 1$。

(2)第一趟取增量 d_1，所有间隔为 d_1 的记录分在同一组，对每组记录进行直接插入排序。

(3)第二趟取增量 d_2，所有间隔为 d_2 的记录分在同一组，对每组记录进行直接插入排序。

(4)依次类推，直至所取的增量 $d_m=1$，所有记录在同一组中进行直接插入排序为止。

例 8-2　已知待排序记录的关键字序列为{37, 23, 41, 67, 53, 5, 19, <u>37</u>, 97, 83}，请给出用希尔排序法进行排序的过程。

假设增量序列为{5, 3, 1}，则希尔排序过程如图 8-2 所示。

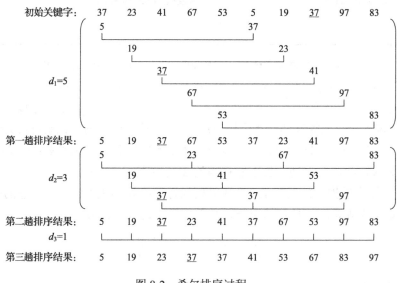

图 8-2　希尔排序过程

在代码 8-1 的基础上，希尔排序算法具体实现如代码 8-2 所示。

代码 8-2　希尔排序算法

```
//对顺序表做一趟增量为 d 的希尔插入排序
void ShellInsert(List *l, int d)
{
    int i, j, n;
```

```
        n = l->size – 1;                          //n 为待排序记录的个数
        for (i = d + 1; i <= n; i++)              //需将 data[i]插入有序增量子表
            if (l->data[i].key < l->data[i – d].key) //data[i]和前一记录 data[i–d]进行关键字的比较
            {
                l->data[0] = l->data[i];         //将待插入的记录暂存到 data[0]中, data[0]不做监视哨
                //从后向前寻找适当的插入位置
                for (j = i – d; j > 0 && l->data[j].key > l->data[0].key; j –= d)
                    l->data[j + d] = l->data[j]; //记录逐个后移, 直到找到插入位置
                l->data[j + d] = l->data[0];     //将 data[0]即原 data[i], 插入正确位置
            }
}
//按增量序列 d[0..m–1]对顺序表做 m 趟希尔排序
void ShellSort (List *l, int d[], int m)
{
    int i;
    for (i = 0; i < m; i++)
        ShellInsert (l, d[i]);                   //一趟增量为 d[i]的希尔插入排序, 需执行 m 趟
}
int main ()
{
    Position i;
    List l;                                      //定义顺序表 1
    //eTable[1..10]为待排序的记录值, eTable[0]为临时存储单元的初始值
    ElementType eTable[11] = {{0, 0}, {37, 'A'}, {23, 'B'}, {41, 'C'}, {67, 'D'}, {53, 'E'}, {5, 'F'}, {19, 'G'}, {37,
'H'}, {97, 'I'}, {83, 'J'}};
    int d[] = {5, 3, 1};                         //定义并初始化增量序列
    InitList (&l);                               //初始化顺序表 1
    for (i = 1; i <= 11; i++)
        InsertList (&l, i, eTable[i – 1]);       //向顺序表依次插入 11 个元素
    ShellSort (&l, d, 3);                        //调用希尔排序算法
    return 0;
}
```

希尔排序算法的时间复杂度和增量序列的选取有关,目前并没有统一的最优增量序列。但大量的实验结果表明,当 n 在某个特定范围内,希尔排序的时间复杂度约为 $O(n^{1.3})$,最坏情况下的时间复杂度为 $O(n^2)$ 。和直接插入排序一样,希尔排序在排序过程中也仅需一个记录的辅助存储空间 data[0],所以空间复杂度也为 $O(1)$ 。

希尔排序方法是一种不稳定的排序方法。

8.3　交　换　排　序

交换排序是两两比较待排序记录的关键字,一旦发现两个记录不满足次序排列要求则进行交换,直至整个序列全部满足要求为止。冒泡排序(Bubble Sort)和快速排序(Quick Sort)是两种典型的交换排序算法,其中快速排序是目前最快的排序算法之一。

8.3.1　冒泡排序

冒泡排序是一种最简单的交换排序方法，其基本思想是：通过两两比较相邻记录的关键字，一旦发生逆序就进行交换，从而使关键字小的记录如气泡一般逐渐"浮"到待排序序列的顶端，或者使关键字大的记录如石块一样逐渐"沉"到待排序序列的底端。

冒泡排序的算法步骤为：

(1)设待排序的记录存放在数组 data[1..n]中，首先比较第一个记录和第二个记录的关键字，若为逆序，则交换两个记录；然后比较第二个记录和第三个记录的关键字，……，依次类推，直至第 $n-1$ 个记录和第 n 个记录的关键字比较完毕为止。第一趟排序结束，关键字最大的记录被放置到最后一个位置上。

(2)第二趟排序，对前 $n-1$ 个记录进行同样的操作，使关键字次大的记录被放置到第 $n-1$ 个记录的位置上。

(3)重复上述比较和交换过程，直到在某一趟排序中没有进行过交换记录的操作为止，说明序列已全部满足排序要求，则排序完成。

例 8-3　已知待排序记录的关键字序列为{37, 23, 41, 67, 53, 5, 19, <u>37</u>}，请给出用冒泡排序法进行排序的过程。

冒泡排序过程如图 8-3 所示，其中( )中为已排好序的记录的关键字。

初始关键字:	37	23	41	67	53	5	19	<u>37</u>
第一趟排序:	23	37	41	67	53	5	19	<u>37</u>
	23	37	41	67	53	5	19	<u>37</u>
	23	37	41	67	53	5	19	<u>37</u>
	23	37	41	53	67	5	19	<u>37</u>
	23	37	41	53	5	67	19	<u>37</u>
	23	37	41	53	5	19	67	<u>37</u>
	23	37	41	53	5	19	<u>37</u>	67
第一趟排序结果:	23	37	41	53	5	19	<u>37</u>	(67)
第二趟排序结果:	23	37	41	5	19	<u>37</u>	(53	67)
第三趟排序结果:	23	37	5	19	<u>37</u>	(41	53	67)
第四趟排序结果:	23	5	19	37	(<u>37</u>	41	53	67)
第五趟排序结果:	5	19	23	(37	<u>37</u>	41	53	67)
第六趟排序结果:	5	19	(23	37	<u>37</u>	41	53	67)

图 8-3　冒泡排序过程

从图 8-3 可以看出，待排序的记录总共有 8 个，但算法在第六趟排序过程中并没有进行过交换记录的操作，这说明序列已全部满足排序要求，则排序完成。

在代码 8-1 的基础上，冒泡排序算法具体实现如代码 8-3 所示。

代码 8-3　冒泡排序算法

```
//对顺序表做冒泡排序
void BubbleSort (List *l)
{
    int i, n, flag = TRUE;                    //flag 用于标记某一趟排序过程中是否发生过交换
    n = l->size – 1;                          //n 为待排序记录的个数
    while (n > 1 && flag)
    {
        //flag 置为 FALSE，如果本趟排序没有发生过交换，则不会执行下一趟排序
        flag = FALSE;
        for (i = 1; i < n; i++)
            //两两比较相邻记录的关键字
            if (l->data[i].key > l->data[i + 1].key)
            {
                flag = TRUE;                  //flag 置为 TRUE，表示本趟排序已发生了交换
                //交换相邻两个记录，data[0]作为临时存储单元
                l->data[0] = l->data[i]; l->data[i] = l->data[i + 1]; l->data[i + 1] = l->data[0];
            }
        n—;
    }
}
int main ()
{
    Position i;
    List l;                                   //定义顺序表 l
    //eTable[1..8]为待排序的记录值，eTable[0]为临时存储单元的初始值
    ElementType eTable[9] = {{0, 0}, {37, 'A'}, {23, 'B'}, {41, 'C'}, {67, 'D'}, {53, 'E'}, {5, 'F'}, {19, 'G'}, {37,
'H'}};
    InitList (&l);                            //初始化顺序表 l
    for (i = 1; i <= 9; i++)
        InsertList (&l, i, eTable[i – 1]);    //向顺序表依次插入 9 个元素
    BubbleSort (&l);                          //调用冒泡排序算法
    return 0;
}
```

分析上述算法，最好情况(初始序列为正序)下只需进行一趟排序，总的关键字比较次数达最小值 $n-1$，记录无须移动；最坏情况(初始序列为逆序)下需要进行 $n-1$ 趟排序，总的关键字比较次数为

$$\sum_{i=n}^{2}(i-1)=\frac{n(n-1)}{2} \tag{8-3}$$

记录移动次数为

$$3\sum_{i=n}^{2}(i-1)=\frac{3n(n-1)}{2} \tag{8-4}$$

在平均情况下，冒泡排序关键字的比较次数和记录移动次数分别约为 $n^2/4$ 和 $3n^2/4$。因此，其时间复杂度为 $O(n^2)$；由于排序过程中仅使用了一个记录的辅助存储空间 data[0]，所以其空间复杂度为 $O(1)$。

冒泡排序是一种稳定的排序方法。

8.3.2 快速排序

快速排序是对冒泡排序的改进,其基本思想为:在待排序的记录序列中任取一个记录作为枢轴(或称作支点),经过一趟排序后,把所有关键字小于枢轴关键字的记录交换到前面,把所有关键字大于或等于枢轴关键字的记录交换到后面,如此将待排序的记录序列分成两个子序列,最后将枢轴放置在分界处的位置上。然后,分别对左、右子序列重复上述过程,直至每个子序列只有一个记录时,排序完成。

快速排序的算法步骤为:

(1)设待排序的记录存放在数组 data[1..n]中,首先选择待排序序列中的第一个记录作为枢轴,将枢轴记录暂存在 data[0]的位置上,另设两个指针 low 和 high,初始时分别指向序列的头部和尾部。

(2)从序列的最右端位置依次向左搜索,找到第一个关键字小于枢轴关键字的记录,将其移到 low 处,具体操作是:当 low<high 时,若 high 所指记录的关键字大于或等于枢轴关键字,则向左移动指针 high;否则将 high 所指记录移动到 low 所指的位置上。

(3)从序列的最左端位置依次向右搜索,找到第一个关键字大于或等于枢轴关键字的记录,将其移到 high 处,具体操作是:当 low<high 时,若 low 所指记录的关键字小于枢轴关键字,则向右移动指针 low;否则将 low 所指记录移动到 high 所指的位置上。

(4)重复步骤(2)和(3),直至 low≥high 为止。再将暂存在 data[0]的枢轴记录移到 low 所指的位置上,此位置即枢轴在此趟排序中的最终位置,原序列被分成了左、右两个子序列。

(5)分别对左、右子序列递归重复上述过程,直至每个子序列只有一个记录时,排序完成。

例 8-4 已知待排序记录的关键字序列为{37, 23, 41, 67, 53, 5, 19, 37},请给出用快速排序法进行排序的过程。

快速排序过程如图 8-4(a)所示,其中( )中为尚未排好序的记录的关键字。整个快速排序算法的过程可递归进行,用二叉树描述如图 8-4(b)所示,称为递归树。

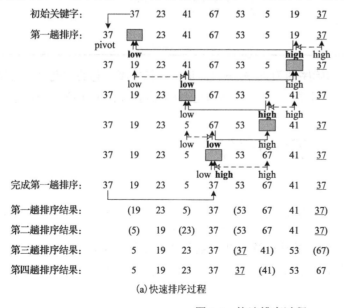
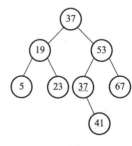

(a)快速排序过程　　　　　　　　　(b)递归树

图 8-4　快速排序过程

在代码 8-1 的基础上，快速排序算法具体实现如代码 8-4 所示。

代码 8-4 快速排序算法

```
//对顺序表中的子序列 data[low..high]进行一趟快速排序，返回枢轴下标
int Partition (List *l, int low, int high)
{
    KeyType pivot;
    l->data[0] = l->data[low];              //用子序列的第一个记录作枢轴记录
    pivot = l->data[low].key;               //枢轴记录关键字保存在 pivot 中
    while (low < high)                      //从序列的两端交替地向中间扫描
    {
        while (low < high && l->data[high].key >= pivot) --high;
        l->data[low] = l->data[high];       //把比枢轴关键字小的记录移到低端
        while (low < high && l->data[low].key < pivot) ++low;
        l->data[high] = l->data[low];       //把比枢轴关键字大的记录移到高端
    }
    l->data[low] = l->data[0];              //将暂存在 data[0]的枢轴记录移到最终位置
    return low;
}
//对顺序表中的子序列 data[low..high]做快速排序
void QuickSort (List *l, int low, int high)
{
    if (low < high)                         //序列长度大于 1
    {
        int pivotLoc = Partition (l, low, high);  //将序列 data[low..high]一分为二，pivotLoc 是枢轴位置
        QuickSort (l, low, pivotLoc - 1);   //对左子序列递归快速排序
        QuickSort (l, pivotLoc + 1, high);  //对右子序列递归快速排序
    }
}
int main ()
{
    Position i;
    List l;                                 //定义顺序表 l
    //eTable[1..8]为待排序的记录值，eTable[0]为枢轴存储单元的初始值
    ElementType eTable[9] = {{0, 0}, {37, 'A'}, {23, 'B'}, {41, 'C'}, {67, 'D'}, {53, 'E'}, {5, 'F'}, {19, 'G'}, {37, 'H'}};
    InitList (&l);                          //初始化顺序表 l
    for (i = 1; i <= 9; i++)
        InsertList (&l, i, eTable[i - 1]);  //向顺序表依次插入 9 个元素
    QuickSort (&l, 1, l.size - 1);          //调用快速排序算法
    return 0;
}
```

分析上述算法，最好情况是每一趟排序后都能把当前记录序列均匀地分割成两个长度大

致相等的子序列，类似于折半查找。假设记录序列长度为 n，则递归深度为 $O(\log_2 n)$，在每一趟快速排序中，对枢轴记录定位需要对整个序列扫描一遍，做 n 次比较，所需时间为 $O(n)$，因此有

$$
\begin{aligned}
T(n) &= 2T(n/2) + O(n) \\
&= 2(2T(n/4) + O(n/2)) + O(n) = 4T(n/4) + 2O(n) \\
&= 4(2T(n/8) + O(n/4)) + 2O(n) = 8T(n/8) + 3O(n) \\
&\quad \vdots \\
&= 2^h T(n/2^h) + hO(n)
\end{aligned}
\tag{8-5}
$$

式中，h 为递归深度 $O(\log_2 n)$，代入式（8-5）可得

$$
T(n) = nT(1) + \log_2 n \cdot O(n) = nO(1) + O(n \log_2 n) \approx O(n \log_2 n) \tag{8-6}
$$

最坏情况是待排序序列为正序或者逆序，每次划分只得到比上一次少一个记录的子序列，注意另一个子序列为空，即递归树退化成为单支树，此时需要执行 $n-1$ 趟快速排序才能将所有记录定位，其中第 i 趟需要进行 $n-i$ 次的关键字比较。因此，总的关键字比较次数为

$$
\sum_{i=1}^{n-1} n - i = \frac{n(n-1)}{2} \tag{8-7}
$$

可以看出，在最坏情况下，快速排序的速度已退化为冒泡排序，其时间复杂度为 $O(n^2)$。枢轴记录的合理选择则可以避免这种最坏情况的出现，通常以"三者取中法"来选择枢轴记录，即取待排序序列的左右两个端点及中间三个记录关键字居中的记录作为枢轴记录，事先调换到第一个记录的位置上。理论上可以证明，平均情况下，快速排序的时间复杂度为 $O(n \log_2 n)$。

快速排序的递归执行需要栈空间来存放相应的数据。最大递归调用次数与递归树的深度一致，所以最好情况下的空间复杂度为 $O(\log_2 n)$，最坏情况下为 $O(n)$。

由于在排序过程中关键字的比较和交换是跳跃进行的，所以快速排序是一种不稳定的排序方法。

8.4　选　择　排　序

选择排序的基本思想是每一趟从待排序的序列中选取关键字最小的记录，按顺序放置在已排序的记录序列的最后，直到全部排完为止。

8.4.1　简单选择排序

简单选择排序（Simple Selection Sort）也称作直接选择排序，其基本思想是：通过 $n-i$ 次关键字间的比较，从 $n-i+1$ 个记录中选出关键字最小的记录，将其交换到第 i 个记录位置，其中 $1 \leqslant i \leqslant n-1$。其算法可实现如下：

（1）设待排序的记录存放在数组 data[1..n] 中，首先通过 $n-1$ 次的关键字比较，从 data[1..n] 中选出关键字最小的记录 data[k]，交换 data[k] 与 data[1]。

（2）第二趟排序，通过 $n-2$ 次的关键字比较，从 data[2..n] 中选出关键字最小的记录 data[k]，

交换 data[k]和 data[2]。

(3) 重复上述过程，经过 n−1 趟排序，排序完成，得到有序序列。

例 8-5　已知待排序记录的关键字序列为{37, 23, 41, 67, <u>37</u>, 53, 5, 19}，请给出用简单选择排序法进行排序的过程。

简单选择排序过程如图 8-5 所示，其中( )中为已排好序的记录的关键字。

初始关键字：	37	23	41	67	<u>37</u>	53	5	19
第一趟排序结果：	(5)	23	41	67	<u>37</u>	53	37	19
第二趟排序结果：	(5	19)	41	67	<u>37</u>	53	37	23
第三趟排序结果：	(5	19	23)	67	<u>37</u>	53	37	41
第四趟排序结果：	(5	19	23	<u>37</u>)	67	53	37	41
第五趟排序结果：	(5	19	23	<u>37</u>	37)	53	67	41
第六趟排序结果：	(5	19	23	<u>37</u>	37	41)	67	53
第七趟排序结果：	(5	19	23	<u>37</u>	37	41	53)	67

图 8-5　简单选择排序过程

在代码 8-1 的基础上，简单选择排序算法具体实现如代码 8-5 所示。

代码 8-5　简单选择排序算法

```
//对顺序表做简单选择排序
void SimpleSelectSort(List *l)
{
    int i, j, k, n;
    n = l->size – 1;                       //n 为待排序记录的个数
    for (i = 1; i < n; i++)                 //在 data[i..n]中选择关键字最小的记录
    {
        k = i;                             //k 为此趟排序中关键字最小的记录下标，初始为 i
        for (j = i + 1; j <= n; j++)
            if (l->data[j].key < l->data[k].key)
                k = j;                     //k 指向关键字较小的记录下标
        if (k != i)
        {
            ElementType t;
            //交换 data[i]和 data[k]
            t = l->data[i]; l->data[i] = l->data[k]; l->data[k] = t;
        }
    }
}
int main()
{
    Position i;
    List l;                                //定义顺序表 l
    //eTable[1..8]为待排序的记录值，eTable[0]为哨兵单元的初始值
```

```
    ElementType eTable[9] = {{0, 0}, {37, 'A'}, {23, 'B'}, {41, 'C'}, {67, 'D'}, {37, 'E'}, {53, 'F'}, {5, 'G'}, {19,
'H'}};
    InitList(&l);                          //初始化顺序表 l
    for (i = 1; i <= 9; i++)
        InsertList(&l, i, eTable[i – 1]);  //向顺序表依次插入 9 个元素
    SimpleSelectSort(&l);                  //调用简单选择排序算法
    return 0;
}
```

简单选择排序总共需要执行 $n–1$ 趟排序，第 i 趟需要经过 $n–i$ 次关键字间的比较，因此，总的关键字比较次数为

$$\sum_{i=1}^{n-1} n - i = \frac{n(n-1)}{2} \tag{8-8}$$

因此，同冒泡排序一样，简单选择排序的时间复杂度也是 $O(n^2)$。

简单选择排序只有在交换两个记录时需要一个记录的辅助存储空间，所以空间复杂度为 $O(1)$。

值得一提的是，简单选择排序本身是一种稳定的排序方法，但有的描述形式会产生不稳定现象，如算法代码 8-5，这是由算法实现时采用"跨越式"的交换记录策略所造成的，它改变了被交换记录和其他记录的相对位置。通过改变此策略，比如采用交换相邻记录策略则可写出稳定的简单选择排序算法，如代码 8-6 所示。

代码 8-6　稳定的简单选择排序算法

```
//对顺序表做稳定的简单选择排序
void SimpleSelectSort(List *l)
{
    int i, j, k, m, n;
    n = l->size – 1;                       //n 为待排序记录的个数
    for (i = 1; i < n; i++)                //在 data[i..n]中选择关键字最小的记录
    {
        k = i;                             //k 为此趟排序中关键字最小的记录下标，初始为 i
        for (j = i + 1; j <= n; j++)
            if (l->data[j].key < l->data[k].key)
                k = j;                     //k 指向关键字较小的记录下标
        if (k != i)
        {
            ElementType t;
            t = l->data[k];
            for (m = k; m > i; m—)
                l->data[m] = l->data[m – 1]; //之前的记录依次向后移动一个位置
            l->data[i] = t;
        }
    }
}
int main()
```

```
{
    Position i;
    List l;                                    //定义顺序表 l
    //eTable[1..8]为待排序的记录值，eTable[0]为哨兵单元的初始值
    ElementType eTable[9] = {{0, 0}, {37, 'A'}, {23, 'B'}, {41, 'C'}, {67, 'D'}, {37, 'E'}, {53, 'F'}, {5, 'G'}, {19, 'H'}};
    InitList(&l);                              //初始化顺序表 l
    for (i = 1; i <= 9; i++)
        InsertList(&l, i, eTable[i – 1]);      //向顺序表依次插入 9 个元素
    SimpleSelectSort(&l);                      //调用稳定的简单选择排序算法
    return 0;
}
```

8.4.2 堆排序

堆排序(Heap Sort)是一种利用堆这种数据结构进行排序的算法。

堆是具有下列性质的完全二叉树：每个结点的值都大于或等于其左右孩子结点的值，称为最大堆(或大顶堆、大根堆)，如图 8-6(a)所示；或者每个结点的值都小于或等于其左右孩子结点的值，称为最小堆(或小顶堆、小根堆)，如图 8-6(b)所示。

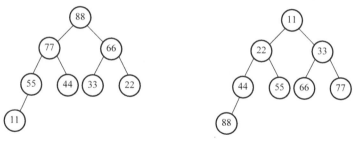

(a)最大堆(或大顶堆、大根堆)　　　　　　(b)最小堆(或小顶堆、小根堆)

图 8-6　堆的实例

堆的定义：n 个元素的序列 $\{k_1, k_2, \cdots, k_n\}$ 称为堆，当且仅当满足如下关系：

$$\begin{cases} k_i \geqslant k_{2i} \\ k_i \geqslant k_{2i+1} \end{cases} \quad 或 \quad \begin{cases} k_i \leqslant k_{2i} \\ k_i \leqslant k_{2i+1} \end{cases}, \quad 1 \leqslant i \leqslant \left\lfloor \dfrac{n}{2} \right\rfloor \tag{8-9}$$

堆排序的基本思想：利用最大堆(或最小堆)输出堆顶记录，即关键字最大(或最小)的记录，将剩余记录重新生成最大堆(或最小堆)，继续输出堆顶记录，重复此过程，直至全部记录都已输出，得到的输出记录序列即有序序列。

下面讨论用最大堆进行排序，其堆排序的算法步骤为：

(1)设待排序的记录存放在数组 data[1..n]中，首先按堆的定义将待排序序列 data[1..n]调整为最大堆，即建初堆，交换堆顶记录 data[1]和堆尾记录 data[n]，得到关键字最大的记录 data[n]。

(2)将剩余序列 data[1..n–1]重新调整为堆，交换堆顶记录 data[1]和堆尾记录 data[n–1]，得到关键字次大的记录 data[n–1]。

(3)循环 n–1 次，直到交换了 data[1]和 data[2]为止，从而得到一个非递减的有序序列。

由此，实现堆排序需要解决两个问题：①建初堆，如何将一个无序序列建成一个堆？②调整堆，移掉堆顶记录之后，如何调整剩余记录成为一个新的堆？

因为建初堆过程中需要反复调整堆，所以下面先讨论如何调整堆，然后讲解如何建初堆以及如何进行堆排序。

1. 调整堆

如图 8-7(a)所示的最大堆，将堆顶记录 67 和堆尾记录 23 交换后，如图 8-7(b)所示。交换后除了根结点，其余结点均满足最大堆的性质，由此仅需将根结点记录自上而下进行"下沉"。具体操作为：将根结点记录 23 与其左、右孩子结点的关键字进行比较，由于左孩子结点的关键字 53 较大，同时其大于根结点的关键字，则交换 23 和 53；23 替代了 53 之后破坏了左子树的"堆"，则需要进行和上述相同的调整，直至叶子结点，调整后的状态如图 8-7(c)所示。通过将较小的关键字逐层筛下去，同时让较大的关键字逐层浮上来，这种自上而下进行过滤的方法称为筛选法。

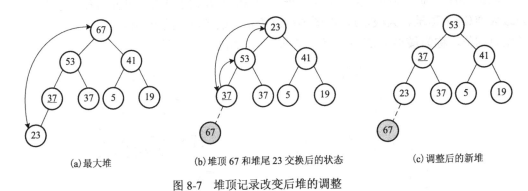

(a) 最大堆　　　　　　　　　　(b) 堆顶 67 和堆尾 23 交换后的状态　　　　　　　(c) 调整后的新堆

图 8-7　堆顶记录改变后堆的调整

筛选法的具体实现如代码 8-7 所示。

代码 8-7　筛选法调整堆

```
//已知序列 data[r..n]中记录的关键字除根结点 data[r]之外均满足最大堆的性质，该函数调整 data[r]的关键
  字，使序列重新成为最大堆
void HeapAdjust(List *l, int r, int n)
{
    int i;
    l->data[0] = l->data[r];                    //根结点记录暂存到临时存储单元 data[0]中
    for (i = 2 * r; i <= n; i *= 2)             //沿关键字较大的孩子结点向下筛选
    {
        //如果有右孩子结点，且左孩子结点的关键字比右孩子结点的关键字小
        if (i < n && l->data[i].key < l->data[i + 1].key)
            ++i;                                //i 指向关键字较大的记录的下标
        if (l->data[i].key <= l->data[0].key)   //若根结点的关键字大于或等于左右孩子结点的关键字
            break;                              //则已满足堆的性质，无须筛选，跳出循环
        l->data[r] = l->data[i];                //否则关键字较大的孩子结点上浮
```

`        r = i;`	`//r 指向新的位置，继续向下筛选，直至叶子结点`
`    }`	
`    l->data[r] = l->data[0];`	`//根结点记录放置到最终位置 r 上`
`}`	

2. 建初堆

建初堆的过程：首先构造一棵和待排序序列对应的完全二叉树，然后从最后一个分支结点 $\lfloor n/2 \rfloor$ 开始，依次将序号 $\lfloor n/2 \rfloor$、$\lfloor n/2 \rfloor - 1$、$\cdots$、1 的结点作为根的子树都调整为堆即可。其算法描述如代码 8-8 所示。

代码 8-8　建初堆

```
//将无序序列 data[1..n]建成最大堆
void CreateHeap(List *l)
{
    int i, n;
    n = l->size - 1;                      //n 为待排序记录的个数
    for (i = n / 2; i >= 1; i—)           //从最后一个分支结点开始，直至根结点
        HeapAdjust(l, i, n);              //反复调用 HeapAdjust，进行筛选
}
```

例 8-6　已知待排序记录的关键字序列为{37, 23, 41, 67, 53, 5, 19, <u>37</u>}，请用筛选法将其调整为一个最大堆，并给出建堆的过程。

首先构造一棵和待排序记录的关键字序列对应的完全二叉树，如图 8-8(a)所示，然后从树的最后一个分支结点 67 开始筛选，由于以 67 为根的子树满足堆的性质，无须调整。同理，第 3 个记录 41 也无须调整。而第 2 个记录 23<67，自上而下筛选之后的二叉树状态如图 8-8(b)所示，最后对根结点 37 筛选之后得到初始最大堆，如图 8-8(c)所示。

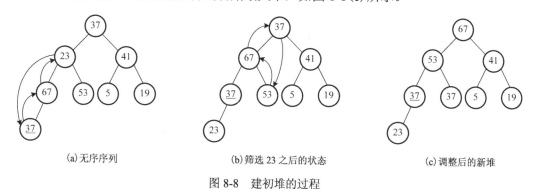

(a)无序序列　　　　　　　　(b)筛选 23 之后的状态　　　　　　(c)调整后的新堆

图 8-8　建初堆的过程

3. 堆排序算法的实现

堆排序就是在建初堆后，反复进行交换和堆调整。在代码 8-1、代码 8-6 和代码 8-7 的基础上，代码 8-9 给出堆排序算法的具体实现。

代码 8-9　堆排序算法

```
//对顺序表做堆排序
void HeapSort(List *l)
{
    int i, n;
    n = l->size – 1;                          //n 为待排序记录的个数
    CreateHeap(l);                            //把无序序列 data[1..n]建成最大堆
    for (i = n; i > 1; i—)
    {
        l->data[0] = l->data[1];              //交换堆顶记录和堆尾记录
        l->data[1] = l->data[i];
        l->data[i] = l->data[0];
        HeapAdjust(l, 1, i – 1);              //将 data[1..i–1]重新调整为最大堆
    }
}
int main()
{
    Position i;
    List l;                                   //定义顺序表 l
    //eTable[1..8]为待排序的记录值，eTable[0]为临时存储单元的初始值
    ElementType eTable[9] = {{0, 0}, {37, 'A'}, {23, 'B'}, {41, 'C'}, {67, 'D'}, {53, 'E'}, {5, 'F'}, {19, 'G'}, {37, 'H'}};
    InitList(&l);                             //初始化顺序表 l
    for (i = 1; i <= 9; i++)
        InsertList(&l, i, eTable[i – 1]);     //向顺序表依次插入 9 个元素
    HeapSort(&l);                             //调用堆排序算法
    return 0;
}
```

例 8-7　已知待排序记录的关键字序列为{37, 23, 41, 67, 53, 5, 19, <u>37</u>}，请给出用堆排序法进行排序的过程。

首先将待排序记录的关键字序列建初堆，过程如图 8-8 所示。在初始最大堆的基础上，反复交换堆顶记录和堆尾记录，然后重新调整为堆，直至最后得到一个有序序列，整个堆排序过程如图 8-9 所示。

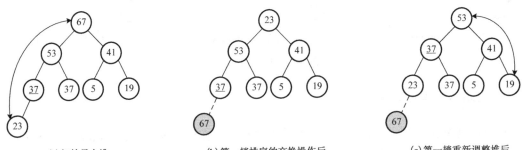

　　(a)初始最大堆　　　　　　　　　(b)第一趟排序的交换操作后　　　　　　　(c)第一趟重新调整堆后

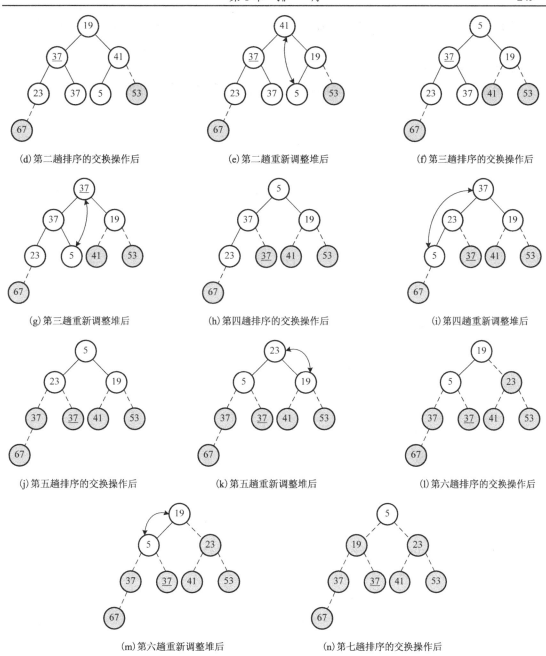

(d) 第二趟排序的交换操作后　　　(e) 第二趟重新调整堆后　　　(f) 第三趟排序的交换操作后

(g) 第三趟重新调整堆后　　　(h) 第四趟排序的交换操作后　　　(i) 第四趟重新调整堆后

(j) 第五趟排序的交换操作后　　　(k) 第五趟重新调整堆后　　　(l) 第六趟排序的交换操作后

(m) 第六趟重新调整堆后　　　(n) 第七趟排序的交换操作后

图 8-9　堆排序的过程

　　堆排序的运行时间主要耗费在建初堆和反复调整堆上。假如含 n 个记录的初始无序序列对应的完全二叉树的深度为 h，建初堆时，需要从最后一个分支结点开始到根结点进行自上而下的筛选，第 i 层结点的最大下沉深度为 $h-i$，每下沉一层要做两次比较，因此建初堆时总的关键字比较次数为

$$\sum_{i=h-1}^{1} 2^{i-1} \cdot 2(h-i) = \sum_{i=h-1}^{1} 2^{i} \cdot (h-i) = \sum_{j=1}^{h-1} 2^{h-j} \cdot j \leqslant 2n \sum_{j=1}^{h-1} j / 2^{j} \leqslant 4n \qquad (8\text{-}10)$$

因此，建初堆的时间复杂度为 $O(n)$。堆排序的过程中，每一趟排序都需要将根结点下沉到合适的位置，下沉的深度不超过完全二叉树的深度 $\lfloor \log_2 n \rfloor + 1$，需进行 $n-1$ 趟排序，总的时间复杂度为 $O(n\log_2 n)$。

在交换两个记录时需要一个记录的辅助存储空间，所以堆排序的空间复杂度为 $O(1)$。

堆排序是一种不稳定的排序方法。

8.5　归 并 排 序

归并排序（Merging Sort）是指将两个或两个以上的有序表合并成一个有序表的过程，这是利用归并的思想实现的排序方法。

归并排序的基本原理是：假设有含有 n 个记录的初始无序序列，将其看作 n 个有序的子序列，每个子序列的长度为 1，然后两两归并，得到 $\lceil n/2 \rceil$ 个长度为 2 或 1 的有序子序列；再两两归并，……，如此重复，直至得到一个长度为 n 的有序序列为止，这种排序方法称为 2 路归并排序。

例 8-8　已知待排序记录的关键字序列为{37, 23, 41, 67, 53, 5, 19, <u>37</u>}，请给出用 2 路归并排序法进行排序的过程。

2 路归并排序过程如图 8-10 所示。

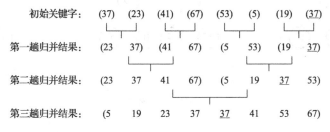

图 8-10　2 路归并排序的过程

2 路归并排序算法的核心操作是将待排序序列中前后相邻的两个有序序列归并为一个有序序列，具体操作为：每次分别从两个相邻有序表中各取出一个记录进行关键字的比较，将较小者放入辅助表的表尾，重复此过程，直至其中一个表为空，最后将另一非空表中剩余的记录直接复制到辅助表中，最后把辅助表中的记录复制到原有序表中。其算法描述如代码 8-10 所示。

代码 8-10　相邻两个有序子序列的归并

```
//将有序表 t[low..mid]和 t[mid+1..high]归并为有序表 t[low..high]
void Merge(ElementType t[], ElementType s[], int low, int mid, int high)
{
    int i, j, k;
    i = low; j = mid + 1; k = 0;
    while (i <= mid && j <= high)              //遍历相邻的两个有序序列
    {
        if (t[i].key <= t[j].key) s[k++] = t[i++]; //按从小到大的顺序存放到辅助数组 s 中
```

```
        else s[k++] = t[j++];
    }
    while (i <= mid) s[k++] = t[i++];        //将 t[low..mid]中剩余的记录复制到 s 中
    while (j <= high) s[k++] = t[j++];       //将 t[mid+1..high]中剩余的记录复制到 s 中
    for (i = low, k = 0; i <= high; i++)
        t[i] = s[k++];
}
```

2 路归并排序算法的步骤：将序列分为两个子序列，然后分别对子序列进行递归 2 路归并排序，再把两个已排好序的子序列合并为一个有序的序列。

在代码 8-1 和代码 8-10 的基础上，2 路归并排序算法具体实现如代码 8-11 所示。

代码 8-11 2 路归并排序算法

```
//对 t[low..high]进行 2 路归并排序
void MSort(ElementType t[], ElementType s[], int low, int high)
{
    if (low < high)
    {
        int mid = (low + high) / 2;              //求出当前序列的中间点
        MSort(t, s, low, mid);                   //对子序列 t[low..mid]进行递归 2 路归并排序
        MSort(t, s, mid + 1, high);              //对子序列 t[mid+1..high]进行递归 2 路归并排序
        Merge(t, s, low, mid, high);             //将 t[low..mid]和 t[mid+1..high]归并到 t[low..high]
    }
}
//对顺序表做 2 路归并排序
void MergeSort(List *l)
{
    int n;
    ElementType *s;
    n = l->size - 1;                             //n 为待排序记录的个数
    //申请辅助数组空间 s[]，若失败则退出
    if ((s = (ElementType *) malloc (n * sizeof(ElementType))) == NULL) exit(1);
    MSort(l->data, s, 1, n);
    free(s);                                     //释放辅助数组的空间
}
int main()
{
    Position i;
    List l;                                      //定义顺序表 1
    //eTable[1..8]为待排序的记录值，eTable[0]为哨兵单元的初始值
    ElementType eTable[9] = {{0, 0}, {37, 'A'}, {23, 'B'}, {41, 'C'}, {67, 'D'}, {53, 'E'}, {5, 'F'}, {19, 'G'}, {37, 'H'}};
    InitList(&l);                                //初始化顺序表 1
    for (i = 1; i <= 9; i++)
```

```
        InsertList(&l, i, eTable[i – 1]);        //向顺序表依次插入 9 个元素
        MergeSort(&l);                          //调用 2 路归并排序算法
        return 0;
}
```

分析上述算法,当有 n 个记录时,需要进行 $\lceil \log_2 n \rceil$ 趟 2 路归并排序,每一趟排序,其关键字比较次数不超过 n,记录移动次数均为 $2n$,因此,2 路归并排序的时间复杂度为 $O(n\log_2 n)$。

用顺序表实现 2 路归并排序时,需要和待排序记录个数相等的辅助存储空间,所以空间复杂度为 $O(n)$。在递归调用过程中所使用的栈空间与递归树的深度相关,为 $O(\log_2 n)$。

8.6 分 配 排 序

前述各类排序方法都是建立在关键字比较的基础上的,而分配排序不需要比较关键字的大小,它是根据关键字中各位的值,通过对待排序记录进行若干趟"分配"与"收集"来实现排序的。

8.6.1 桶排序

桶排序(Bucket Sort)是将待排序序列划分为若干个区间,每个区间可形象地看作一个桶,如果桶中的记录多于一个则使用较快的排序方法进行排序,然后把每个桶中的记录收集起来,最终得到有序序列。

例 8-9 已知待排序记录的关键字序列为{37, 23, 41, 67, 53, 5, 19, 31},请给出用桶排序法进行排序的过程。

桶排序的算法步骤如下:

(1)分配。待排序记录的关键字范围为 0~69,可以划分为 7 个桶,即 0~9、10~19、…、60~69,将待排序记录的关键字依次放入桶中,如图 8-11(a)所示。

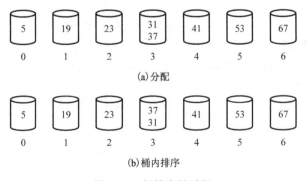

图 8-11 桶排序的过程

(2)排序。利用先进的排序方法①对每个桶内的关键字进行排序。例如,第 3 个桶进行直接插入排序后为 31、37,如图 8-11(b)所示。

---

① 通常指速度较快的排序算法,可以看作对某一简单排序算法的改进,实现过程较为复杂。

（3）收集。将每个桶内的关键字依次收集起来，得到一个有序的序列{5, 19, 23, 31, 37, 41, 53, 67}。

桶排序使用时需要注意以下几点：①桶排序的数据最好是均匀分布的；②桶排序针对不同的数据选择的划分方法是不同的，例如，序列{9, 23, 9527, 985, 38, 65535, 62, 211, 310018}，可以按照数据的位数来划分桶；③桶内排序时使用的比较排序算法也有可能不同。如可以使用直接插入排序，也可以使用快速排序。

8.6.2　多关键字排序

先看一个具体例子。

已知一副扑克牌中有 52 张牌，将每张牌都看作一个记录，它包含两个关键字：花色、面值。假设 52 张牌面是按如下次序排列的：

♣2，♣3，…，♣A，♦2，♦3，…，♦A，♥2，♥3，…，♥A，♠2，♠3，…，♠A

该有序序列是先按花色分成 4 堆，每一堆中再按面值大小排列。因此，"花色"是一张牌的"最主位关键字"，而面值是"最次位关键字"。

对于一般有 k 个关键字的情况，有以下两种排序法：主位优先法（Most Significant Digit First，MSD）和次位优先法（Least Significant Digit First，LSD）。下面仍以整理扑克牌为例进行说明。

（1）主位优先法。先为最主位关键字（花色）建立 4 个桶，将所有牌按花色分别放入 4 个桶中；然后对每个桶中的牌按其次位关键字（面值）进行排序，最后将 4 个桶中的牌收集后顺序叠放在一起，即形成一个有序序列。

（2）次位优先法。先为最次位关键字建立桶，即按面值建立 13 个桶，将所有牌按面值分别放入 13 个桶中；然后将所有桶中的牌收集起来，顺序叠放在一起；再为主位关键字（花色）建立 4 个桶，顺序将每张牌放入对应花色的桶中，则 4 个花色桶中的牌必是有序的，最后只要将它们收集起来，顺序叠放即可。

从上述例子可见，主位优先法基本上是分治法的思路，将序列分割成若干子序列后，分别排序再合并结果。而次位优先法是将排序过程分解成了"分配"和"收集"这两个相对简单的步骤，并不需要分割子序列排序，所以一般情况下次位优先法的效率更高一些。

8.6.3　基数排序

基数排序（Radix Sort）是桶排序的一种推广，它借助多关键字排序的思想，将单关键字按某种基数分解成"多关键字"，然后借助"分配"和"收集"两种操作进行排序。该排序法一般仅适用于记录的关键字为整数或字符的情况。例如，985 可以根据基数 10 分解为 9、8、5 这三个关键字，其中 9 是最主位关键字，5 是最次位关键字；还可以根据基数 16 分解为 6、1、9 这三个关键字，其中 6 是最主位关键字，9 是最次位关键字。

假设记录的逻辑关键字由 d 个关键字组成，每个关键字可能取 rd 个值。只要从最次位关键字起，按关键字的不同值将序列中所有记录"分配"到 rd 个队列中后再"收集"之，如此重复 d 次完成排序，这种方法称为基数排序法，其中"基"指的是 rd 的取值范围。

通常采用链式存储结构来实现基数排序。下面以具体例子来讲解链式基数排序。

例 **8-10** 已知待排序记录的关键字序列为{37, 23, 41, 67, 53, 5, 19, <u>37</u>}，请给出用基数排序法进行排序的过程。

基数排序过程如图 8-12 所示。

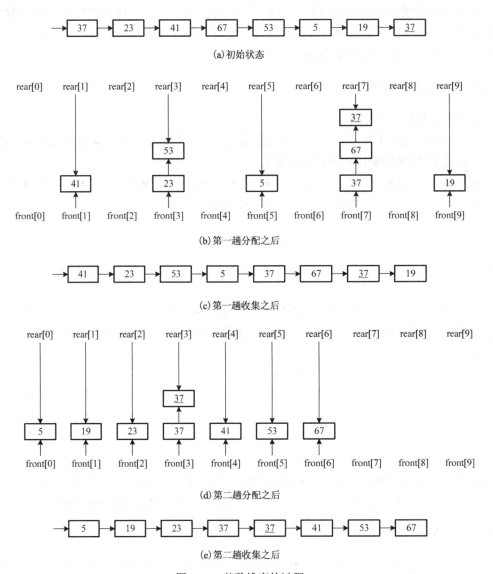

图 8-12 基数排序的过程

待排序记录的关键字 K 都是整数，且其取值都在[0, 99]范围内，则可把每个数位上的数字都看成一个关键字，即可认为 K 是由 2 个关键字(K^1, K^0)组成的，其中 K^1 是十位数，K^0 是个位数。

(1)首先以链表存储 n 个待排序记录，并令表头指针指向第一个记录，如图 8-12(a)所示，然后通过以下两趟分配和收集操作来完成排序。

(2)第一趟分配对最低位关键字(个位数)进行，改变记录的指针值将链表中的记录分配至 10 个链队列中，每个队列中的记录关键字的个位数相等，如图 8-12(b)所示，其中 front[i] 和 rear[i]分别为第 i 个队列的头指针和尾指针；第一趟收集是改变所有非空队列的队尾记录的指针域，令其指向下一个非空队列的队头记录，重新将 10 个队列中的记录链成一个链表，如图 8-12(c)所示。

(3) 第二趟分配和第二趟收集是对十位数进行的，其过程同步骤(2)。分配和收集结果分别如图 8-12(d)和图 8-12(e)所示。至此排序结束。

为了更有效地存储和重排记录，基数排序的算法实现采用静态链表，其数据结构定义如下：

```
#define MAXSIZE 100                      //顺序表的最大长度
#define RADIX 10                         //关键字的基数，十进制整数的基数可定义为 10
#define KEYNUM 3                         //记录的单关键字分解成的关键字个数
typedef int KeyType;                     //定义关键字类型为整型
typedef char InfoType;                   //定义其他数据域类型为字符型
typedef struct {
    KeyType key;                         //关键字域
    InfoType info;                       //其他数据域
    int next;                            //虚拟指针，指向下一个记录结点
} ElementType;                           //数据元素(记录)类型
typedef struct {
    ElementType data[MAXSIZE];           //存储元素的数组，data[0]用作静态链表头结点
    int size;                            //线性表中已存储元素的个数，size≤MAXSIZE
} List;
```

在代码 8-1 的基础上，链式基数排序算法具体实现如代码 8-12 所示。

代码 8-12　链式基数排序算法

```
#include <stdio.h>
#include <stdlib.h>
#define MAXSIZE 100                      //顺序表的最大长度
#define RADIX 10                         //关键字的基数，十进制整数的基数可定义为 10
#define KEYNUM 3                         //记录的单关键字分解成的关键字个数
typedef enum {FALSE, TRUE} Boolean;      //重命名枚举类型，枚举值为 FALSE(0) 和 TRUE(1)
typedef int Position;                    //定义顺序表中元素的位置序号类型为整型
typedef int KeyType;                     //定义关键字类型为整型
typedef char InfoType;                   //定义其他数据类型为字符型
typedef struct {
    KeyType key;                         //关键字域
    InfoType info;                       //其他数据域
    int next;                            //虚拟指针，指向下一个记录结点
} ElementType;                           //数据元素(记录)类型
typedef struct {
    ElementType data[MAXSIZE];           //存储元素的数组，data[0]用作静态链表头结点
    int size;                            //顺序表中已存储的记录数，size≤MAXSIZE
} List;                                  //顺序表类型
//求整数 x 的第 k 个数位上的数字
int Index (int x, int k)
```

```
{
    int i;
    for (i = 0; i < k; i++) x /= 10;
    return x % 10;
}
```

//按照静态链表中每个记录的第 k 个关键字建立 RADIX 个子表，使同一子表中记录的第 k 个关键字相同，
  front[0..RADIX−1]和 rear[0..RADIX−1]分别指向各子表中第一个和最后一个记录
```
void Distribute(ElementType *r, int k, int *front, int *rear)
{

    int i, p;
    for (i = 0; i < RADIX; i++) front[i] = 0;        //各子表指针初始化为空
    for (p = r[0].next; p; p = r[p].next)
    {
        i = Index(r[p].key, k);                      //求出记录的第 k 个关键字
        if (!front[i]) front[i] = p;
        else r[rear[i]].next = p;
        rear[i] = p;                                 //将 p 所指的结点插入第 i 个子表
    }
}
```

//将 front[0..RADIX−1]所指各非空子表依次链接成一个链表，rear[0..RADIX−1]为各非空子表的尾指针
```
void Collect(ElementType *r, int *front, int *rear)
{

    int i, t;
    for (i = 0; i < RADIX && !front[i]; i++);         //寻找第一个非空子表
    if (i == RADIX) exit(1);                          //全部为空表，则退出程序
    r[0].next = front[i]; t = rear[i];                //r[0].next 指向第一个非空子表中第一个结点记录
    while (i < RADIX)
    {
        if (front[i])                                 //若 front[i]为非空子表
        {
            r[t].next = front[i];                     //链接两个非空子表
            t = rear[i];
        }
        i++;                                          //继续寻找下一个非空子表
    }
    r[t].next = 0;                                    //t 指向最后一个非空子表中的最后一个结点
}
```

//对采用静态链表表示的顺序表做基数排序，使得表中记录按关键字从小到大有序，data[0]为头结点
```
void RadixSort(List *l)
{

    int i;
```

```
        int front[RADIX], rear[RADIX];              //队列的头指针和尾指针数组
        for (i = 0; i < l->size – 1; i++)
                l->data[i].next = i + 1;            //将所有记录链成一个链表
        l->data[l->size – 1].next = 0;             //链表最后一个结点的指针域置为 0
        for (i = 0; i < KEYNUM; i++)                //按最低数位优先依次对各关键字进行排序
        {
                Distribute (l->data, i, front, rear) ;   //第 i+1 趟分配
                Collect (l->data, front, rear) ;         //第 i+1 趟收集
        }
        //输出排序后的有序序列
        for (i = l->data[0].next; i != 0; i = l->data[i].next)
                printf ("->%d(%c)", l->data[i].key, l->data[i].info) ;
}
int main ()
{
        Position i;
        List l;                                     //定义顺序表 l
        //eTable[1..8]为待排序的记录值, eTable[0]为静态链表头结点的初始值
        ElementType eTable[9] = {{0, 0}, {37, 'A'}, {23, 'B'}, {41, 'C'}, {67, 'D'}, {53, 'E'}, {5, 'F'}, {19, 'G'}, {37, 'H'}};
        InitList (&l) ;                             //初始化顺序表 l
        for (i = 1; i <= 9; i++)
                InsertList (&l, i, eTable[i – 1]) ;  //向顺序表依次插入 9 个元素
        RadixSort (&l) ;                            //调用链式基数排序算法
        return 0;
}
```

分析上述算法，对 n 个记录进行链式基数排序时，假设每个记录的单逻辑关键字可分解为 d 个关键字，每个关键字可取 rd 个值，则每一趟分配的时间复杂度为 $O(n)$，每一趟收集的时间复杂度为 $O(rd)$，整个排序需要进行 d 趟分配和收集，所以总的时间复杂度为 $O(d(n+rd))$。

链式基数排序法在排序过程中所需辅助存储空间为 $2rd$ 个队列指针，另外由于采用链表作为存储结构，相对于采用顺序存储结构的排序法而言，还额外增加了 n 个指针域的存储空间，所以空间复杂度为 $O(n+rd)$。

8.7　本 章 小 结

本章共介绍了 5 类 8 种较常用的内部排序方法，下面从时间复杂度、空间复杂度、稳定性和适用情况几个方面对这些内部排序方法做比较，如表 8-1 所示。

几点使用建议：

（1）当待排序的记录数 n 较小时，n^2 和 $n\log_2 n$ 的差别不大，可选用简单的排序方法如直接插入排序或冒泡排序，特别是关键字基本有序时，可选用直接插入排序，速度很快、性能最佳。

表 8-1　内部排序方法的比较

排序类别	排序方法	时间复杂度			空间复杂度	稳定性
		最好情况	最坏情况	平均情况		
插入排序	直接插入排序	$O(n)$	$O(n^2)$	$O(n^2)$	$O(1)$	稳定
	希尔排序			$O(n^{1.3})$	$O(1)$	不稳定
交换排序	冒泡排序	$O(n)$	$O(n^2)$	$O(n^2)$	$O(1)$	稳定
	快速排序	$O(n\log_2 n)$	$O(n^2)$	$O(n\log_2 n)$	最好 $\log_2(n)$，最坏 $O(n)$	不稳定
选择排序	简单选择排序	$O(n^2)$	$O(n^2)$	$O(n^2)$	$O(1)$	稳定
	堆排序	$O(n\log_2 n)$	$O(n\log_2 n)$	$O(n\log_2 n)$	$O(1)$	不稳定
归并排序	2 路归并排序	$O(n\log_2 n)$	$O(n\log_2 n)$	$O(n\log_2 n)$	$O(n)$	稳定
分配排序	基数排序	$O(d(n+rd))$	$O(d(n+rd))$	$O(d(n+rd))$	$O(n+rd)$	稳定

（2）当待排序的记录数 n 较大时，应该选用先进的排序方法：①关键字分布随机，稳定性不做要求时，可采用快速排序；②关键字基本有序，稳定性不做要求时，可采用堆排序；③关键字基本有序，要求稳定排序且内存允许时，可采用归并排序；④若关键字是整数或字符等结构特征明显且关键字较小时，也可采用基数排序。

（3）先进的排序方法可以和简单的排序方法结合使用。例如，在归并排序中，当 n 较大时，可以先将待排序序列划分为若干子序列，分别进行直接插入排序，再使用归并排序。比如目前世界上最快的工业级排序算法 Timsort 算法就是一种起源于归并排序和插入排序的混合排序算法，它高效且稳定，已成为 Java、Python 等主流编程语言的默认排序算法。在快速排序中，当划分的子区间的长度小于某值时，可调用直接插入排序方法；在基数排序中，当 n 较大且关键字也很大，而序列中大多数记录的"最主位关键字"均不同时，则可先按"最主位关键字"不同将序列划分成若干子序列，然后进行直接插入排序。

学完本章后，要求掌握与排序相关的基本概念，如关键字比较次数、记录移动次数、稳定性、内部排序、外部排序。深刻理解各种内部排序方法的基本思想、特点、实现方法及其性能分析，能从时间复杂度、空间复杂度、稳定性和适用情况等各个方面对各种排序方法做综合比较，并能加以灵活应用。

习　　题

8.1　设待排序的关键字序列为 {49, 28, 97, <u>49</u>, 26, 7, 91, 18, 85, 63, 50, 73, <u>18</u>}，请分别用直接插入排序法、希尔排序法（增量选取 5、3、1）、冒泡排序法、快速排序法、简单选择排序法、堆排序法、2 路归并排序法进行排序，写出排序过程中每一趟排序结束后关键字序列的状态，并分析排序结果是否稳定。

8.2　给出如下关键字序列 {321, 56, 157, 48, 26, 7, 333, 31, 33, 64}，试按链式基数排序法列出每一趟分配和收集的过程。

8.3　有 n 个记录存储在带头结点的双向链表中，现用双向冒泡排序法对其按升序进行排序，请写出这种排序的算法。（注：双向冒泡排序即相邻两趟排序向相反方向冒泡）

8.4　请用非递归的方法实现归并排序。

8.5 编写算法，对 *n* 个关键字为整数值的记录序列进行整理，以使所有关键字为负值的记录排在关键字为非负值的记录之前，要求：①采用顺序存储结构，至多使用一个记录的辅助存储空间；②算法的时间复杂度为 $O(n)$。

8.6 借助快速排序法的思想，在一组无序的记录中查找给定关键字等于 key 的记录。设此组记录存放于数组 *r*[n]中。若查找成功，则输出该记录在数组 *r* 中的位置及其值，否则显示"Not Found"信息。请简要说明算法思想并编写代码实现。

8.7 试以单链表为存储结构，实现简单选择排序算法和冒泡排序算法。

8.8 设有顺序放置的 *n* 个桶，每个桶中装有一颗钻石，每颗钻石的颜色是黑、白、粉之一。要求重新安排这些钻石，使得所有粉色钻石在前，所有白色钻石居中，所有黑色钻石在后，重新安排时对每颗钻石的颜色只能看一次，并且只允许通过交换操作来调整钻石的位置。

参 考 文 献

陈越, 2019. 数据结构学习与实验指导. 2 版. 北京: 高等教育出版社.

陈越, 何钦铭, 徐镜春, 2015. 数据结构. 2 版. 北京: 高等教育出版社.

陈小玉, 2019. 趣学数据结构. 北京: 人民邮电出版社.

程杰, 2011. 大话数据结构. 北京: 清华大学出版社.

CORMEN T H, LEISERSON C E, RIVEST R L, et al., 2012. 算法导论(原书第 3 版). 殷建平, 等译. 北京: 机械工业出版社.

WEISS M A, 2019. 数据结构与算法分析(C 语言描述). 冯舜玺, 译. 北京: 机械工业出版社.

吴海燕, 任午令, 章志勇, 2011. 数据结构. 杭州: 浙江大学出版社.

严蔚敏, 李冬梅, 吴伟民, 2015. 数据结构(C 语言版). 2 版. 北京: 人民邮电出版社.

严蔚敏, 吴伟民, 2018. 数据结构(C 语言版). 北京: 清华大学出版社.